全国高等职业教育机电类“十二五”规划教材

数字电子技术

主　编　谷立新　李性珂
副主编　劳胜领　王　辉
　　　　郑　冰　李晗佳
主　审　王雅芳

黄河水利出版社
·郑州·

内 容 提 要

本书是以教育部颁发的《国务院关于高职高专教育人才培养工作的意见》为依据，结合编者近几年的教学实践经验编写而成的。

全书共分9章，包括数字电路基础、逻辑门电路、组合逻辑电路、触发器、时序逻辑电路、脉冲信号的产生及波形变换、数/模转换和模/数转换、存储器与可编程逻辑器件和数字系统设计。每章后除有小结和习题外，还有丰富的实验与实训内容。本书具有内容精炼、实用性强、通俗易懂、注重新技术和新器件的应用等特点。

本书可作为高等职业技术学院、高等专科学校、成人高校及本科院校举办的二级职业技术学院的数字电子技术课程的教材，也可供工程技术人员参考。

图书在版编目(CIP)数据

数字电子技术／谷立新，李性珂主编．—郑州：黄河水利出版社，2011.9

全国高等职业教育机电类"十二五"规划教材

ISBN 978-7-5509-0026-4

Ⅰ.①数… Ⅱ.①谷…②李… Ⅲ.①数字电路-电子技术-高等职业教育-教材 Ⅳ.①TN79

中国版本图书馆CIP数据核字(2011)第184321号

组稿编辑：王文科 电话：0371-66025273 E-mail：wwk5257@163.com

出 版 社：黄河水利出版社

地址：河南省郑州市顺河路黄委会综合楼14层 邮政编码：450003

发行单位：黄河水利出版社

发行部电话：0371-66026940、66020550、66028024、66022620(传真)

E-mail：hhslcbs@126.com

承印单位：黄河水利委员会印刷厂

开本：787 mm×1 092 mm 1/16

印张：13.5

字数：328千字 印数：1—4 000

版次：2011年9月第1版 印次：2011年9月第1次印刷

定价：28.00元

前　言

数字电子技术是一门应用性很强的专业基础课,其主要任务是在传授有关数字电子技术基本知识的基础上,培养学生分析和设计数字电路的能力。它对后续课程的学习和分析、解决问题能力的培养有着十分重要的作用。

本书紧密结合高职高专教育特点,主动适应社会实际需要,突出应用性、针对性,加强学生实践能力的培养,并根据初学者的学习规律,在内容的编写上力求通俗易懂,在内容的处理上符合高职教学"以应用为目的,以必需、够用为度"的原则,并体现以下特色。

(1)理论和实践的密切结合。

教材内容由理论知识和实验与实训内容构成。在教材内容的编写上,尽量深入浅出地阐明学生所必须掌握的数字电子技术基础知识,淡化不实用又难学的器件内部结构知识的学习,突出器件实际应用知识的学习,使学生能从器件资料,如符号、功能表等来掌握应用器件的方法,并通过每个章节后面的习题和实验与实训,强化学生应用知识的能力。

(2)实用的工程理念贯穿其中。

本教材在强调基本概念的同时突出实用的应用技术,重视学生动手实践能力的培养。本教材选用的实例是截取于典型电子产品的部分电路,学生学习后可方便地把所学知识和实际应用紧密地结合在一起。实用的工程理念始终贯穿在整个内容处理过程中。教材通过单元电路的实训项目,以及对总内容整合的课程设计,把资料查阅、电路整合、安装调试、报告编写等电子工程设计和制作的方法传授给读者,培养其再学习和自学的能力,在基础课程中逐步培养其完成项目和构筑工程的能力。

本书由谷立新、李性珂任主编,劳胜领、王辉、郑冰、李晗佳任副主编。其中,第一章由郑冰编写,第二章由王辉编写,第三、九章由劳胜领编写,第四、六章由李性珂编写,第五章由李晗佳编写,第七、八章由谷立新编写。全书由谷立新统稿,由王雅芳任主审。

在本书编写过程中参阅了很多著作,这些已列入本书的参考文献中,在此对这些作者表示衷心的感谢!

由于编者水平有限,书中的错误和缺点在所难免。殷切希望读者,特别是使用本书的教师和学生批评指正。

编　者

2011 年 4 月

目　录

第一章　数字电路基础

本章主要介绍分析数字电路逻辑功能的数学方法。首先介绍数字信号、数字电路等基本概念,然后介绍计算机中各种进制数的表示方法,最后介绍逻辑代数的基本概念、公式和定理,逻辑函数的公式化简法和卡诺图化简法。逻辑代数是分析及设计数字电路的基本工具。逻辑函数化简是数字电路分析及设计的基础。

第一节　数字电路概述

一、数字信号与模拟信号

(一)数字信号

数字信号在时间和数值上是离散的和量化的,它们的变化发生在离散的瞬间,它们的值也仅在有限个量化值之间阶跃变化,如图 1-1(a)所示。

(二)模拟信号

模拟信号的变化在时间和数值上都是连续变化的,不会突然跳变,如图 1-1(b)所示。

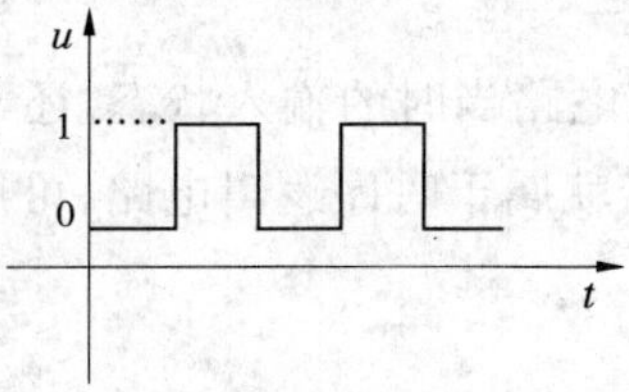

(a)数字信号

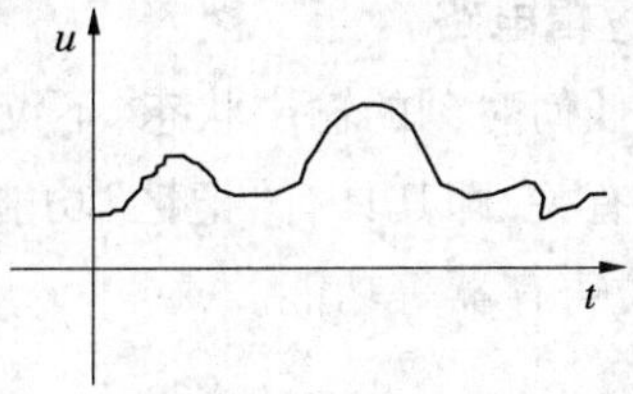

(b)模拟信号

图 1-1　数字信号和模拟信号

二、数字电路

(一)基本概念

对数字信号进行传送、加工和处理的电路称为数字电路。

(二)结构特点

数字电路是以二值数字逻辑为基础的,其工作信号是离散的数字信号。电路中的电子器件,如二极管、三极管(BJT)、场效应管(FET)处于开关状态,时而导通,时而截止。

(三)组成材料

数字集成器件所用的材料以硅材料为主,在高速电路中,也使用化合物半导体材料,例如砷化镓等。

三、数字电路的发展

（一）发展历史

与模拟电路一样，数字电路经历了由电子管、半导体分立器件到集成电路等几个阶段。但数字集成电路比模拟集成电路发展得更快，使数字集成电路的性能产生了质的飞跃。

（二）器件工艺的发展

逻辑门是一种重要的逻辑单元电路。TTL 逻辑门电路问世较早，其工艺经过不断改进，至今已成为主要的基本逻辑器件之一。随着 MOS 工艺特别是 CMOS 工艺的发展，TTL 的主导地位有被 CMOS 器件所取代的趋势。近年来，可编程逻辑器件（PLD）特别是现场可编程门阵列（FPGA）的飞速进步，使数字电子技术开创了新局面，不仅规模大，而且将硬件与软件相结合，使器件的功能更加完善、使用更加灵活。

四、数字电路的功能划分

数字电路按其功能来分，可分为以下两大类。

（一）组合逻辑电路

其定义为：任何时刻的输出状态，仅取决于该电路当时输入各变量的状态组合，而与电路过去的输入、输出状态无关，即其无“记忆”功能。各种逻辑门电路均属于组合逻辑电路，可用于实现加法器、译码器、数据选择器等逻辑功能部件。

（二）时序逻辑电路

其定义为：任何时刻的输出状态，不仅取决于该电路当时的输入状态，还与电路过去的输入、输出状态有关，即其具有“记忆”功能。触发器就属于时序逻辑电路，可用于实现计数器、寄存器、移位寄存器等功能。

五、数字电路的应用和分类

数字电路在日常生活中的应用很多，尤其是数字电路和计算机技术的发展，使数字电路的应用越来越普遍，它已经被广泛地应用于工业、农业、通信、医疗、家用电子等各个领域，如工农业生产中用到的数控机床、温度控制、气体检测、家用冰箱、空调的温度控制、通信用的数字手机以及正在发展中的网络通信、数字化电视等。随着数字电路的发展，其应用将会越来越广泛，它将会深入到生活的每一个角落。

按集成度来分，数字电路可分为小规模、中规模、大规模、超大规模和甚大规模五类。所谓集成度，是指每一芯片所包含的晶体管的个数。表 1-1 列出了五类数字集成电路的分类依据。由表 1-1 可以看出，存储器是基本数字部件之一，集成度很高。利用存储器可以记忆或存储二值数字 1 或 0。存储的数字信息可以取出来分析或直接利用，例如打印机可从计算机的存储器里读取信息并打印在纸上。

表 1-1　数字电路的分类

分类	三极管的个数	典型集成电路
小规模	最多 10 个	逻辑门电路
中规模	10 ~ 100	计数器、加法器
大规模	100 ~ 1 000	小型存储器、门阵列
超大规模	1 000 ~ 10^6	大型存储器、微处理器
甚大规模	10^6 以上	可编程逻辑器件、多功能集成电路

六、数字电路的特点和数字系统

数字电路的信号是不连续变化的数字信号，所以在数字电路中工作的器件多数工作在开关状态，即工作在饱和区和截止区，而放大区只是过渡状态。数字电路的主要研究对象是电路的输入和输出之间的逻辑关系，因而在数字电路中就不能采用模拟电路的分析方法，例如微变等效电路法等。这里的主要分析工具是逻辑代数，表达电路的功能主要用真值表、逻辑表达式及波形图等。

数字系统的构成如图 1-2 所示。

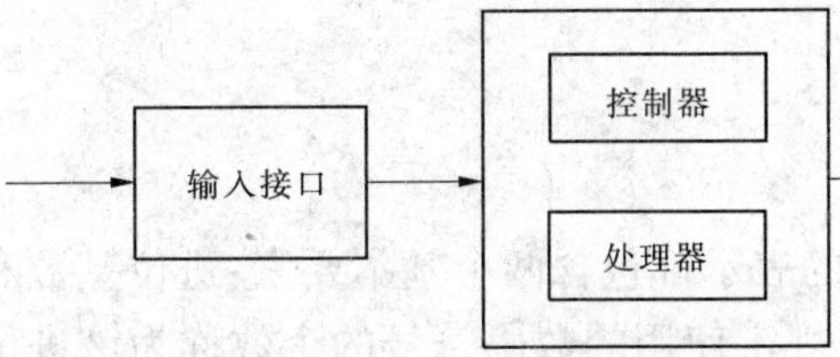

图 1-2　数字系统框图

数字系统通常由输入接口、输出接口、处理器和控制器构成。输入接口和输出接口的主要任务是将模拟量转换为数字量，或将数字量转换为模拟量。处理器的主要作用是控制系统内部各部件的工作，使它们按照一定的程序操作。通常以是否有控制器作为区分功能部件和数字系统的标志，凡是包含控制器且能够按顺序进行操作的系统，无论规模大小，一律称为数字系统。

七、数字电路的学习方法

数字电路所需的先修课程是电路分析基础和模拟电路，数字电路在研究的对象和方法上都跟模拟电路有很大的不同，表 1-2 把它们作了一个简单的对比。

表 1-2　模拟电路与数字电路的比较

内容	模拟电路	数字电路
工作信号	模拟信号	数字信号
管子工作状态	放大	饱和导通或截止
研究对象	放大性能	逻辑功能
基本单元电路	放大器	逻辑门、触发器
分析工具	图解法、微变等效电路法	真值表、卡诺图、逻辑表达式、状态转换图、布尔代数

显然,模拟电路和数字电路的差异是很大的,初学者应当在学习方法上作一些改变,以适应数字电路的特点,才能取得良好的效果。

(1)在数字电路中,所有的变量都归结为0和1两个对立的状态。通常,我们只需关心信号的有或无、电平的高或低、开关的通或断等,而不必理会某个变量的详细数值。例如,电平幅值的微小变化就可能毫无意义。

(2)数字电路的研究方法以逻辑代数(又称布尔代数)作为数学基础。它主要研究输入与输出变量之间的逻辑关系,并建立了一套逻辑函数运算及化简的方法。布尔代数又称双值代数,由于其变量取值只有0和1两种可能,比之模拟电路,数字电路中没有复杂的计算问题。

(3)由于数字集成电路技术的高度发展,数字电路更鲜明地体现了管路合一的特点。初学者应充分注意这一特点。一般来说,我们的最终目的不是学习电路结构,而是掌握电路功能。

第二节　数制与编码

各种数制与二进制数间的转换以及各种代码与二进制数之间的关系,是数字电子技术中最为基础的内容。

一、进位计数制

无论用哪种进位计数制,数值的表示都包含两个基本要素:进位基数和数位的权值。

(1)进位基数。在一个数位上,规定使用的数码符号的个数称为该进位计数制的进位基数(J)或进位模数(M)。例如,十进制数,每个数位规定使用的数码符号为0、1、2、3、4、5、6、7、8、9,共10个符号,因而其进位基数$J=10$或进位模数$M=10$,该数位计满J就向其高位进1,即“逢J进一”。例如,十进制为逢十进一,八进制为逢八进一、十六进制为逢十六进一等。

(2)数位的权值。某个数位上数码为1时所表征的数值称为该数位的权值,简称为权。例如,十进制中的符号“1”,在个位上表示10^0,即1;在十位上则表示10^1,即10;在百位上则表示10^2,即100;在小数点后第一位上表示10^{-1},即0.1等。因此,要表示一个J进制数的大小,可用各数位的数码a_i与该数位的权值J^i相乘之后累加来表示,这种方法称为按权展开法。

下面介绍四种常用的进位计数制及其按权展开情况。

(一)十进制

十进制数用下标“10”或“D”来表示,例如

$$(368.258)_{10}=3\times10^2+6\times10^1+8\times10^0+2\times10^{-1}+5\times10^{-2}+8\times10^{-3}$$

(二)二进制

二进制数用下标“2”或“B”来表示,它的每个数位只有2个数码符号,即0、1,进位基数$J=2$,其计数规则为逢二进一,例如

$$(1011.01)_2=1\times2^3+0\times2^2+1\times2^1+1\times2^0+0\times2^{-1}+1\times2^{-2}$$

(三)八进制

八进制数用下标“8”或“O”来表示,它的每个数位可有8个数码符号,即0、1、2、3、4、5、

6、7，进位基数 $J=8$，其计数规则为逢八进一，例如

$$(752.34)_8 = 7\times8^2+5\times8^1+2\times8^0+3\times8^{-1}+4\times8^{-2}$$

因为 $2^3=8$，所以 3 位二进制数可用 1 位八进制数来表示。

（四）十六进制

十六进制数用下标“16”或“H”来表示，它的每个数位可有 16 个数码符号，即 0、1、2、3、4、5、6、7、8、9、A、B、C、D、E、F，进位基数 $J=16$，其计数规则为逢十六进一，例如

$$(\mathrm{BD2.3C})_{16} = 11\times16^2+13\times16^1+2\times16^0+3\times16^{-1}+12\times16^{-2}$$

因为 $2^4=16$，所以 4 位二进制数可用 1 位十六进制数来表示。

在计算机应用系统中，二进制主要用于机器内部的数据处理，八进制和十六进制主要用于书写程序，十进制主要用于运算最终结果的输出。另外，十六进制数还经常用来表示内存的地址，例如 $(\mathrm{8FD9})_{16}$ 表示要寻找该地址的存储单元。

二、数制转换

（一）非十进制数转换为十进制数

其方法为：按权展开相加法。具体步骤是先按权展开成多项式，然后按十进制计算规则求其和。

【例 1-1】 (1) $(\mathrm{2A.8})_{16}=(?)_{10}$

(2) $(165.2)_8=(?)_{10}$

(3) $(10101.11)_2=(?)_{10}$

解 (1) $(\mathrm{2A.8})_{16}=2\times16^1+10\times16^0+8\times16^{-1}=32+10+0.5=(42.5)_{10}$

(2) $(165.2)_8=1\times8^2+6\times8^1+5\times8^0+2\times8^{-1}=64+48+5+0.25=(117.25)_{10}$

(3) $(10101.11)_2=1\times2^4+0\times2^3+1\times2^2+0\times2^1+1\times2^0+1\times2^{-1}+1\times2^{-2}$

$=(21.75)_{10}$

（二）十进制数转换为其他进制数

十进制数转换成其他进制数时，对于整数部分，采取除 J 取余法；对于小数部分，采取乘 J 取整法。具体方法可由以下各例表明。

【例 1-2】 $(43.6875)_{10}=(?)_2$

解 整数部分，用除 2 取余法得

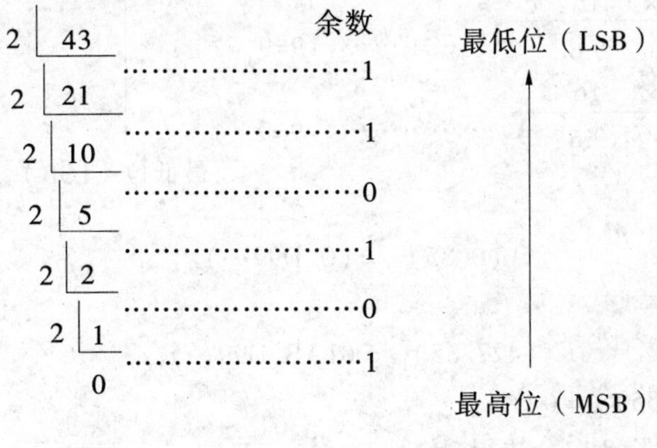

所以 $(43)_{10}=(101011)_2$

小数部分,用乘 2 取整法得

		整数	
0.6875			最高位(MSB)
× 2			↓
1.3750	………………	1	
× 2			
0.750	………………	0	
× 2			
1.50	………………	1	
× 2			
1.0	………………	1	最低位(LSB)

所以 $(0.6875)_{10}=(0.1011)_2$

综合以上两部分得

$$(43.6875)_{10}=(101011.1011)_2$$

【例 1-3】 $(427.85)_{10}=(?)_{16}$

解 整数部分,用除 16 取余法得

		余数	
16 ⌊ 427			最低位(LSB)
16 ⌊ 26	………………	11=B	↑
16 ⌊ 1	………………	10=A	
0	………………	1=1	最高位(MSB)

即 $(427)_{10}=(1AB)_{16}$

小数部分,用乘 16 取整法得

		整数	
0.85			最高位(MSB)
× 16			↓
13.6	………………	13=D	
× 16			
9.6	………………	9=9	
× 16			
9.6	………………	9=9	
⋮		⋮	最低位(LSB)

即 $(0.85)_{10}=(0.D99\cdots)_{16}$

综合以上两部分得

$$(427.85)_{10}=(1AB.D99\cdots)_{16}$$

【例 1-4】 $(427.35)_{10}=(?)_8$

解 整数部分,用除 8 取余法得

$$
\begin{array}{r|l l l}
8 & 427 & & \text{余数} \\ \hline
8 & 53 & \cdots\cdots\cdots\cdots & 3 \\ \hline
8 & 6 & \cdots\cdots\cdots\cdots & 5 \\ \hline
 & 0 & \cdots\cdots\cdots\cdots & 6
\end{array}
\qquad \text{最低位（LSB）} \uparrow \text{最高位（MSB）}
$$

即 $$(427)_{10} = (653)_8$$

小数部分，用乘 8 取整法得

$$
\begin{array}{r l l}
0.35 & & \text{整数} \\
\times\quad 8 & & \\ \hline
2.8 & \cdots\cdots\cdots\cdots & 2 \\
\times\quad 8 & & \\ \hline
6.4 & \cdots\cdots\cdots\cdots & 6 \\
\times\quad 8 & & \\ \hline
3.2 & \cdots\cdots\cdots\cdots & 3 \\
\times\quad 8 & & \\ \hline
1.6 & \cdots\cdots\cdots\cdots & 1 \\
\vdots & & \vdots
\end{array}
\qquad \text{最高位（MSB）} \downarrow \text{最低位（LSB）}
$$

即 $$(0.35)_{10} = (0.2631\cdots)_8$$

综合以上两部分得

$$(427.35)_{10} = (653.2631\cdots)_8$$

注意：小数部分，凡无穷尽者，可采用类似十进制数四舍五入的办法保留最后一位有效数字。例如，例 1-4 中若仅保留小数点后一位有效数字，则因 6 比 $\frac{1}{2}\times 8$ 大，故 $(0.2631\cdots)_8$ 进位为 $(0.3)_8$，即 $(427.35)_{10} \approx (653.3)_8$。

（三）二进制数—八进制数—十六进制数互相转换

每一位八进制数正好对应 3 位二进制数，每一位十六进制数正好对应 4 位二进制数，所以二进制数转换成八进制数时，只要以小数点为界，整数部分向左、小数部分向右分成 3 位一组，各组分别用对应的 1 位八进制数表示，即可得到所求的八进制数，两头不足 3 位时，可分别用 0 补足。同理，二进制数转换成十六进制数的方法与此相同，只是以小数点为界，向左和向右分别按 4 位一组进行分组即可。

【例 1-5】 $(1011010.10111)_2 = (?)_8 = (?)_{16}$

解 二进制数化成八进制数，按 3 位一组得

$$(1011010.10111)_2 = (\underset{1}{\underline{001}}\ \underset{3}{\underline{011}}\ \underset{2}{\underline{010}}.\underset{5}{\underline{101}}\ \underset{6}{\underline{110}})_2 = (132.56)_8$$

二进制数化成十六进制数，按 4 位一组得

$$(1011010.10111)_2 = (\underset{5}{\underline{0101}}\ \underset{A}{\underline{1010}}.\underset{B}{\underline{1011}}\ \underset{8}{\underline{1000}})_2 = (5A.B8)_{16}$$

八进制数与十六进制数相互转换应经过二进制数。

【例 1-6】 $(5A.B8)_{16} = (?)_8$

解 先把每一位十六进制数用 4 位二进制数表示出来，为

$$\begin{array}{cccc} 5 & A & . & B & 8 \\ \downarrow & \downarrow & & \downarrow & \downarrow \\ 0101 & 1010 & . & 1011 & 1000 \end{array}$$

即

$$(5A.B8)_{16}=(1011010.10111)_2$$

再将二进制数按 3 位一组划分得八进制数，为

$$(1011010.10111)_2=(\underset{1}{\underline{001}}\ \underset{3}{\underline{011}}\ \underset{2}{\underline{010}}.\ \underset{5}{\underline{101}}\ \underset{6}{\underline{110}})_2=(132.56)_8$$

故有

$$(5A.B8)_{16}=(132.56)_8$$

三、常用代码

常用的 BCD 码（Binary Coded Decimals）有 8421BCD 码、2421BCD 码、余 3BCD 码、5421BCD 码等，它们的编码如表 1-3 所示。

表 1-3　常用 BCD 编码表

十进制数	8421BCD 码	2421BCD 码	5421BCD 码	余 3BCD 码
0	0000	0000	0000	0011
1	0001	0001	0001	0100
2	0010	0010	0010	0101
3	0011	0011	0011	0110
4	0100	0100	0100	0111
5	0101	1011	1000	1000
6	0110	1100	1001	1001
7	0111	1101	1010	1010
8	1000	1110	1011	1011
9	1001	1111	1100	1100

（一）8421BCD 码

8421BCD 码用 4 位二进制数表示 1 位十进制数，每位二进制数都有固定的权值，所以这种代码也称为有权码。8421BCD 码中每位的权值从高到低分别为 $2^3(8)$、$2^2(4)$、$2^1(2)$、$2^0(1)$，与常规的二进制数的位权完全一致，所以这是一种最自然、最简单的 BCD 码。

注意：在 8421BCD 码中不允许出现 1010 ~ 1111 这六个代码，因为十进制数 0 ~ 9 中没有与之对应的数字符号，这些代码称为伪码，也常称为“无关码”或“无关项”。

因为每位 8421BCD 码是以 4 位二进制数为一组来表示的，所以 8421BCD 码与十进制数之间的转换可以直接以组为单位来进行。

【例 1-7】 将 $(126)_{10}$ 转换为对应的 8421BCD 码。

解

$$\begin{array}{ccc} 1 & 2 & 6 \\ \downarrow & \downarrow & \downarrow \\ \underline{0001} & \underline{0010} & \underline{0110} \end{array}$$

即 $$(126)_{10} = (000100100110)_{8421BCD}$$

【例 1-8】 将 8421BCD 码$(100100000011.10000101)_{8421BCD}$转换成对应的十进制数。

解

$$\begin{array}{cccccc} \underline{1001} & \underline{0000} & \underline{0011} & . & \underline{1000} & \underline{0101} \\ \downarrow & \downarrow & \downarrow & & \downarrow & \downarrow \\ 9 & 0 & 3 & . & 8 & 5 \end{array}$$

即$(100100000011.10000101)_{8421BCD} = (903.85)_{10}$

(二)2421BCD 码和 5421BCD 码

2421BCD 码的各位权值分别为 2、4、2、1,5421BCD 码的各位权值分别为 5、4、2、1,它们都是有权码。

用 BCD 码表示十进制数时,只要把十进制数的每一位数码分别用 BCD 码取代即可;反之,需要知道 BCD 码代表的十进制数,只要把 BCD 码以小数点为起点向左、向右每 4 位分一组,然后写出每一组代码代表的十进制数,并保持原顺序即可。

【例 1-9】 $(902.45)_{10} = (?)_{2421BCD} = (?)_{5421BCD}$

解 $(902.45)_{10} = (111100000010.01001011)_{2421BCD}$

$(902.45)_{10} = (110000000010.01001000)_{5421BCD}$

(三)余 3BCD 码

余 3BCD 码是 8421BCD 码的每个码组加 0011 形成的。其中 0 和 9、1 和 8、2 和 7、3 和 6、4 和 5 各对码组相加均为 1111,具有这种特性的代码称为“自补码”。同样,2421BCD 码也属于自补码。

余 3BCD 码各位无固定权值,故属于无权码。

记住余 3BCD 码的每一位编码都比 8421BCD 码相应的编码大 3 这个规律,就不难完成两者之间的转换。

【例 1-10】 $(01001000.1011)_{余3BCD} = (?)_{8421BCD} = (?)_{10}$

解 注意到余 3BCD 码每一位编码都比 8421BCD 码相应的编码多 3,即各组减 3 之后便得到 8421BCD 码,故有

$$(01001000.1011)_{余3BCD} = (00010101.1000)_{8421BCD}$$

它所代表的十进制数为$(15.8)_{10}$。

(四)数的原码、反码和补码表示

教材中的二进制数,没有提到符号问题,故是一种无符号数。但在实际中,数显然会有正有负,那么在数字设备中“+”、“-”符号是如何表示的呢?

1. 机器数与真值

按我们习惯表示方法正 5 用 +5 表示,二进制数为 +101;负 5 用 -5 表示,二进制数为

-101。在数字设备中"+"、"-"也要数值化，一般将数的最高位设为符号位，"0"表示为"+"，"1"表示为"-"。例如：

$$+101 \quad \rightarrow \quad 0101$$

$$-101 \quad \rightarrow \quad 1101$$

（真值）　　（机器数）

为了区分"+"、"-"号数值化后的两个对应数，引入真值和机器数两个术语。连同符号位在一起的数称为机器数，而它的数值称为真值。

为了运算方便，将减法运算变为加法运算，常用的机器数有原码、反码和补码三种形式。

2. 原码、反码及补码

1）原码

将数的真值形式中正数符号用符号位0表示，负数符号用符号位1表示时，叫做数的原码形式，简称原码。如绝对值为9的数，它的真值形式和原码形式如下所示（用四位数码表示，最高位为符号位）：

数　真值　原码

$$+9 = +1001 = 01001$$

$$-9 = -1001 = 11001$$

2）反码

对于正数，反码与原码相同；对于负数，符号位不变，反码数位由原码数位逐位求反而得。例如：

+9用四位二进制数表示为

数　原码　反码

$$+9 = 01001 = 01001$$

-9用四位二进制数表示为

数　原码　反码

$$-9 = 11001 = 10110$$

3）补码

对于正数，补码和原码、反码的表示是相同的。对于负数，补码的表示则不相同，符号位不变，其余各位取反，并在最低位加1，即在反码最低位加1。例如：

求反　　+1

$$-6 = -110 \rightarrow 1110 \rightarrow 1001 \rightarrow 1010$$

真值　原码　反码　补码

3. 原码、反码和补码的算术运算

机器数有三种表示方法，它们形成规则不同，算术运算的方法也不相同。

【例 1-11】 已知 $X = +1101$，$Y = +0110$，用原码、反码及补码计算 $Z = X - Y$。

解　（1）原码运算。采用原码运算时，需将真值表示为原码：

$$[X]_{原} = 01101, [Y]_{原} = 00110$$

首先，判别相减的两数是同号还是异号。若为同号，则进行减法；若为异号，则进行加法。本例 X、Y 同号，故进行减法。其次，判别 X、Y 的大小，以便确定被减数。本例 $|X| > |Y|$，故X为被减数，结果的符号应与 $[X]_{原}$ 相同。

$$\begin{array}{r} 01101 \\ -00110 \\ \hline 00111 \end{array}$$

所以，$[Z]_{原}=00111$，其真值 $Z=+0111$。

(2)反码运算。采用反码运算时，需将真值表示为反码。进行反码减法时可按$[X]_{反}+[-Y]_{反}$进行，将减法变为加法运算。其运算结果仍为反码。

$$[X]_{反}=01101,[-Y]_{反}=11001$$

则$[Z]_{反}=[X]_{反}+[-Y]_{反}$，其算式如下：

$$\begin{array}{r} 01101 \\ +11001 \\ \hline 100110 \\ +\quad\ 1 \\ \hline 100111 \end{array}$$

对反码运算是按下列规则进行的：

$$[Z]_{反}=[X+Y]_{反}=[X]_{反}+[Y]_{反}+符号位进位$$

所以，$[Z]_{反}=00111$，其真值为 $Z=+0111$。

(3)补码运算。采用补码运算时，需将真值表示为补码，其运算过程与反码运算相似，按$[X]_{补}+[-Y]_{补}$进行，将减法运算变为加法运算。其运算结果仍为补码。

$[X]_{补}=01101,[-Y]_{补}=11010$，则

$$\begin{array}{r} 01101 \\ +11010 \\ \hline 100111 \end{array}$$

其符号位自然丢失，即$[Z]_{补}=00111$，其真值 $Z=+0111$，其计算结果为正数。

由原码、反码和补码的算术运算举例可见，虽然三种运算方法不同，但运算的结果是相同的。

第三节　逻辑代数基础

在数字电路中，1 位二进制数码的 0 和 1 不仅可以表示数量的大小，而且可以表示两种不同的逻辑状态。例如，可以用 1 和 0 分别表示一件事情的是和非、真和伪、有和无、好和坏，或者表示电路的通和断、电灯的亮和暗等。这种只有两种对立逻辑状态的逻辑关系称为二值逻辑。数字电路实现的是逻辑关系。逻辑关系是指某事物的条件(或原因)与结果之间的关系。逻辑关系常用逻辑函数来描述。在这里，我们先来学习最基本的逻辑代数。

一、基本逻辑运算

逻辑代数中只有三种基本运算：与、或、非。

(一)与运算

与运算——只有当决定一件事情的条件全部具备之后，这件事情才会发生。我们把这

种因果关系称为与逻辑。

(1)可以用列表的方式表示上述逻辑关系,称为真值表,如图1-3(b)所示。

(2)如果用二值逻辑0和1来表示,并设1表示开关闭合或灯亮,0表示开关不闭合或灯不亮,则得到如图1-3(c)所示的表格,称为逻辑真值表。

(3)若用逻辑表达式来描述,则可写为

$$L = A \cdot B \tag{1-1}$$

其中,“·”为逻辑乘符号,也可以省略。在有些文献中,也采用∧、∩、& 等符号来表示逻辑乘。

与运算的规则为“输入有0,输出为0;输入全1,输出为1”。

(4)在数字电路中能实现与运算的电路称为与门电路,其逻辑符号如图1-3(d)所示。

与运算可以推广到多变量,则

$$L = A \cdot B \cdot C \cdots \tag{1-2}$$

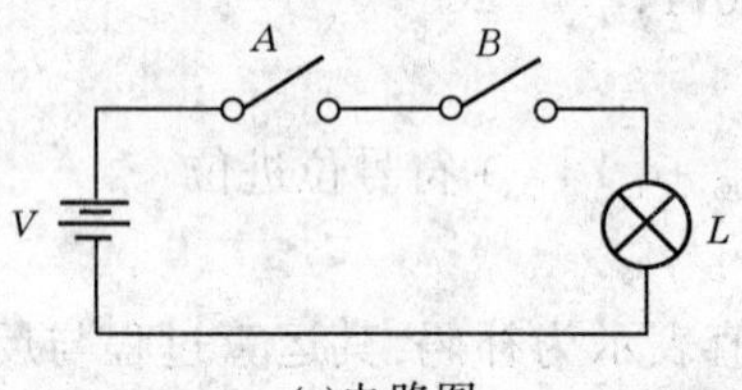

(a)电路图

开关 A	开关 B	灯 L
不闭合	不闭合	不亮
不闭合	闭合	不亮
闭合	不闭合	不亮
闭合	闭合	亮

(b)真值表

A	B	L
0	0	0
0	1	0
1	0	0
1	1	1

(c)逻辑真值表

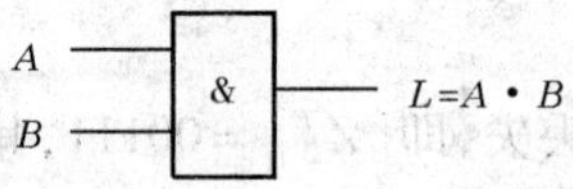

(d)逻辑符号

图1-3 与逻辑运算

(二)或运算

或运算——当决定一件事情的几个条件中,只要有一个或一个以上条件具备,这件事情就会发生。我们把这种因果关系称为或逻辑。

或运算的真值表如图1-4(b)所示,逻辑真值表如图1-4(c)所示。若用逻辑表达式来描述,则可写为

$$L = A + B \tag{1-3}$$

其中,“+”为逻辑加符号。在有些文献中,也采用∨、∪等符号来表示逻辑加。

或运算的规则为“输入有1,输出为1;输入全0,输出为0”。

在数字电路中能实现或运算的电路称为或门电路,其逻辑符号如图(d)所示。或运算也可以推广到多变量,则

$$L = A + B + C + \cdots \tag{1-4}$$

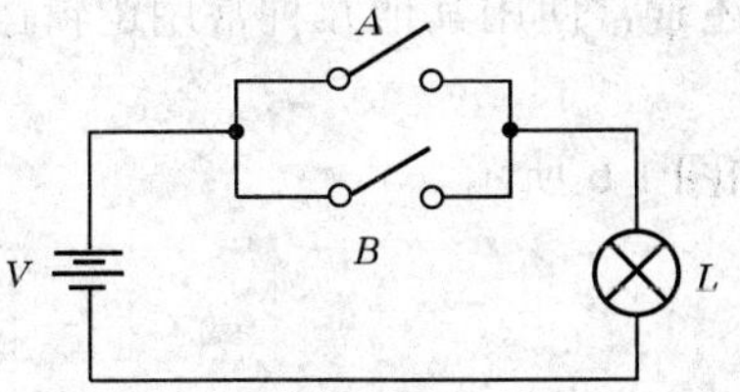

(a)电路图

开关 A	开关 B	灯 L
不闭合	不闭合	不亮
不闭合	闭合	亮
闭合	不闭合	亮
闭合	闭合	亮

(b)真值表

A	B	$L=A+B$
0	0	0
0	1	1
1	0	1
1	1	1

(c)逻辑真值表

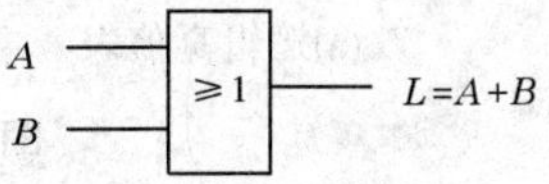

(d)逻辑符号

图 1-4　或逻辑运算

(三)非运算

非运算——某事情发生与否,仅取决于一个条件,而且是对该条件的否定。即条件具备时事情不发生,条件不具备时事情才发生。

如图 1-5(a)所示的电路,当开关 A 闭合时,灯不亮;而当开关 A 不闭合时,灯亮。其真值表如图 1-5(b)所示,逻辑真值表如图 1-5(c)所示。若用逻辑表达式来描述,则可写为

$$L = \overline{A} \tag{1-5}$$

非运算的规则为:$\overline{0}=1$;$\overline{1}=0$。

在数字电路中实现非运算的电路称为非门电路,其逻辑符号如图 1-5(d)所示。

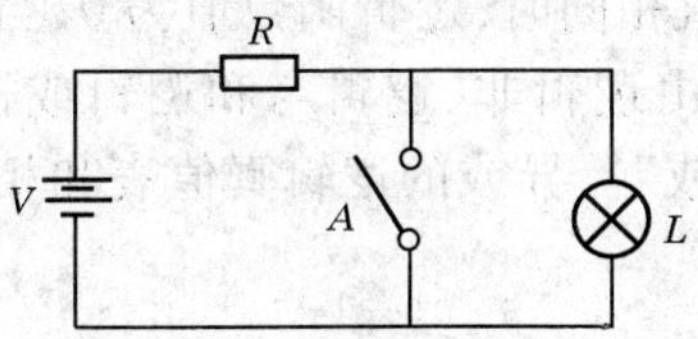

(a)电路图

开关 A	灯 L
不闭合	亮
闭合	不亮

(b)真值表

A	$L=\overline{A}$
0	1
1	0

(c)逻辑真值表

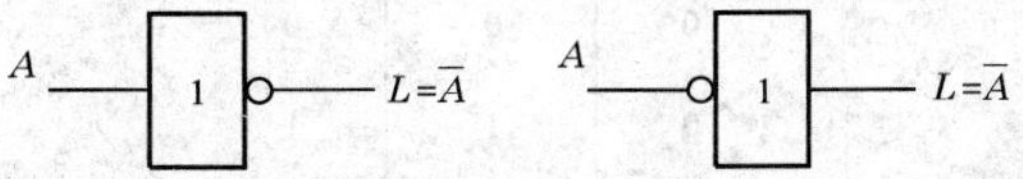

(d)逻辑符号

图 1-5　非逻辑运算

二、其他常用逻辑运算

任何复杂的逻辑运算都可以由这三种基本逻辑运算组合而成。在实际应用中,为了减

少逻辑门的数目,使数字电路的设计更方便,还常常使用其他几种常用逻辑运算。

(一)与非

与非是由与运算和非运算组合而成的,如图 1-6 所示。

A	B	$L=\overline{A\cdot B}$
0	0	1
0	1	1
1	0	1
1	1	0

(a)逻辑真值表

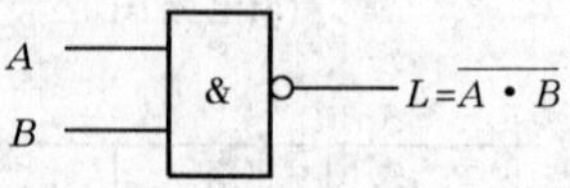

(b)逻辑符号

图 1-6　与非逻辑运算

(二)或非

或非是由或运算和非运算组合而成的,如图 1-7 所示。

A	B	$L=\overline{A+B}$
0	0	1
0	1	0
1	0	0
1	1	0

(a)逻辑真值表

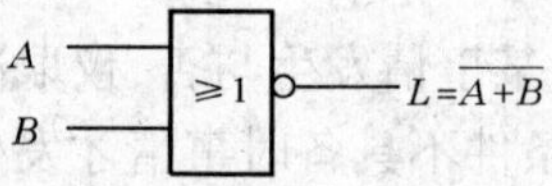

(b)逻辑符号

图 1-7　或非逻辑运算

(三)异或

异或是一种两个变量的逻辑运算,当两个变量取值相同时,逻辑函数值为 0;当两个变量取值不同时,逻辑函数值为 1。异或运算及异或门由逻辑非、逻辑与和逻辑或构成,即 $L=A\oplus B$。式中"$\oplus$"为异或逻辑运算符号,读为"异或"。异或的逻辑真值表和相应逻辑符号如图 1-8 所示。

A	B	$L=A\oplus B$
0	0	0
0	1	1
1	0	1
1	1	0

(a)逻辑真值表

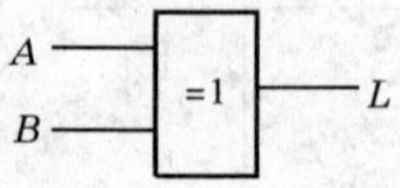

(b)逻辑符号

图 1-8　异或逻辑运算

(四)同或

同或逻辑运算的规则是:若两个输入变量的逻辑值相同,则它们的同或值为 1;若两个输入变量的逻辑值不相同，则它们的同或值为0。简言之，“相同则1，相异则0”。

由逻辑非、逻辑异或可以实现同或逻辑运算，即 $L=\overline{A\oplus B}=A\odot B$。式中“$\odot$”为同或逻辑运算符号，读为“同或”。实现同或运算的门电路是同或门，同或门的真值表如图1-9(a)所示，其逻辑符号如图1-9(b)所示。

A	B	$L=A\odot B$
0	0	1
0	1	0
1	0	0
1	1	1

(a)逻辑真值表

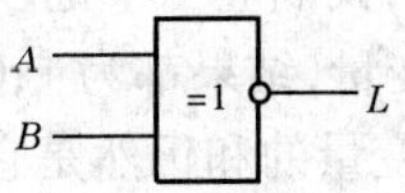

(b)逻辑符号

图1-9 同或逻辑运算

三、基本公式和基本规则

(一)基本公式

逻辑代数是通过它特有的基本公式(或称基本定律)来实现各种逻辑函数化简的，它的常用基本公式如表1-4所示。

表1-4 逻辑代数常用的基本公式

公式名称	公式	
0-1律	$A\cdot 0=0$	$A+1=1$
自等律	$A\cdot 1=A$	$A+0=A$
等幂律	$A\cdot A=A$	$A+A=A$
互补律	$A\cdot\overline{A}=0$	$A+\overline{A}=1$
交换律	$A\cdot B=B\cdot A$	$A+B=B+A$
结合律	$A\cdot(B\cdot C)=(A\cdot B)\cdot C$	$A+(B+C)=(A+B)+C$
分配律	$A(B+C)=AB+AC$	$A+BC=(A+B)(A+C)$
吸收律1	$(A+B)(A+\overline{B})=A$	$AB+A\overline{B}=A$
吸收律2	$A(A+B)=A$	$A+AB=A$
吸收律3	$A(\overline{A}+B)=AB$	$A+\overline{A}B=A+B$
多余项定律	$(A+B)(\overline{A}+C)(B+C)=(A+B)(\overline{A}+C)$	$AB+\overline{A}C+BC=AB+\overline{A}C$
求反律	$\overline{AB}=\overline{A}+\overline{B}$	$\overline{A+B}=\overline{A}\cdot\overline{B}$
否否律	$\overline{\overline{A}}=A$	

【例1-12】 证明：$A+\overline{A}B=A+B$。

证 由公式得

$$\text{左端}=(A+\overline{A})\cdot(A+B)=1\cdot(A+B)=(A+B)=\text{右端}$$

即

$$A+\overline{A}B=A+B \tag{1-6}$$

上式说明：当一项中为变量 x，另一个与项中含有 $\overline{x}$ 时，这个 $\overline{x}$ 是多余的，可以去掉。显然

$$\overline{A}+AB=\overline{A}+B \tag{1-7}$$

也是成立的。

在基本公式中，我们应当牢记以下几个常用结论：

(1) 1 加任何变量，结果都为 1；0 乘任何变量，结果都为 0。

(2) 多个同一变量的和仍然是它本身，例如 $A+A+\cdots+A=A$。多个同一变量的积仍然是它本身，例如 $A\cdot A\cdot\cdots\cdots\cdot A=A$。

(3) 同一变量的原变量与反变量之和恒为 1（$x+\overline{x}=1$）。同一变量的原变量与反变量之积恒为 0（$x\cdot\overline{x}=0$）。

(4) 摩根定律：$\overline{AB}=\overline{A}+\overline{B}$，$\overline{A+B}=\overline{A}\cdot\overline{B}$。

(5) $A+\overline{A}B=A+B$，$AB+\overline{A}C+BC=AB+\overline{A}C$，这两个公式也应牢记。

（二）基本规则

逻辑代数中还有三个基本规则：代入规则、反演规则和对偶规则，它们和基本公式一起构成了完整的逻辑代数系统，可以用来对逻辑函数进行描述、推导和变换。

1. 代入规则

这个规则与普通代数没有区别，我们由以下两例可以看出该规则的含义。

【例 1-13】 证明：$\overline{A+B+C}=\overline{A}\cdot\overline{B}\cdot\overline{C}$。 (1-8)

证　由摩根定律知 $\overline{A+B}=\overline{A}\cdot\overline{B}$，若将等式两端的 B 用 $B+C$ 代替，可得

$$\overline{A+B+C}=\overline{A+(B+C)}=\overline{A}\cdot\overline{(B+C)}=\overline{A}\cdot\overline{B}\cdot\overline{C}$$

即多个变量之和的非等于各变量之非的积。

【例 1-14】 证明：$\overline{ABC}=\overline{A}+\overline{B}+\overline{C}$。 (1-9)

证　由摩根定律知 $\overline{AB}=\overline{A}+\overline{B}$，若将等式两端的 B 用 BC 代替，可得

$$\overline{ABC}=\overline{A\cdot(BC)}=\overline{A}+\overline{BC}=\overline{A}+\overline{B}+\overline{C}$$

即多个变量之积的非等于各变量之非的和。

2. 反演规则

已知函数 F，要求其反函数 $\overline{F}$ 时，只要将 F 中所有原变量变为反变量、反变量变为原变量、与运算变成或运算（乘变加）、或运算变成与运算（加变乘）、0 变为 1、1 变为 0、两个或两个以上变量公用的长"非"号保持不变，便得到 $\overline{F}$，这就是反演规则。

我们可用一个例子来证明其正确性。

【例 1-15】 求 $F=A+\overline{B+\overline{C}+\overline{\overline{D+E}}}$ 的反函数 $\overline{F}$。

解　按照反演规则可直接得到

$$\overline{F}=\overline{A}\cdot\overline{\overline{B}\cdot C\cdot\overline{\overline{\overline{D}\cdot\overline{E}}}}$$

我们还可以用摩根定律求出 $\overline{F}$，即

$$\overline{F}=\overline{A+\overline{B+\overline{C}+\overline{\overline{D+E}}}}$$

$$=\overline{A}\cdot\overline{\overline{B+\overline{C}+\overline{\overline{D+E}}}}$$

$$= \overline{A}\cdot\overline{\overline{B}\cdot C\cdot\overline{\overline{D+E}}}$$

$$= \overline{A}\cdot\overline{\overline{B}\cdot C\cdot\overline{\overline{D}\cdot\overline{E}}}$$

显然这两种求 $\overline{F}$ 的方法的结果是一样的,这就验证了反演规则的正确性。

应当注意:为了保持原函数逻辑运算的优先顺序,应合理加入括号,以避免出错。加括号的方法还可以从下面讲到的对偶规则中明确看出。

3. 对偶规则

函数 F 中各变量保持不变,而所有的与运算变为或运算(乘变加)、所有的或运算变为与运算(加变乘)、0 变为 1、1 变为 0、两个或两个以上变量所公用的长“非”号保持不变,则得到一个新函数 G,G 就是 F 的对偶函数,这就是对偶规则。

【例 1-16】 求 $F=AB+\overline{A}C$ 的对偶函数 G。

解 按对偶规则得

$$G=(A+B)\cdot(\overline{A}+C)$$

注意到原先的逻辑优先级,即 F 表达式总体上是两个与项相加,应该变成两大项相乘才对,否则,会有

$$G=A+B\cdot\overline{A}+C$$

这个结果显然是错误的。由此可见正确使用括号的重要性。

【例 1-17】 已知$\overline{A+B}=\overline{A}\cdot\overline{B}$,试证明

$$\overline{A\cdot B}=\overline{A}+\overline{B} \tag{1-10}$$

证 由对偶规则知,

若 $F=\overline{A+B}$,则有 $G=\overline{A\cdot B}$。

同样 $F=\overline{A}\cdot\overline{B}$,则有 $G=\overline{A}+\overline{B}$。

由于 $F=\overline{A+B}=\overline{A}\cdot\overline{B}$,故有 $G=\overline{AB}=\overline{A}+\overline{B}$。

即

$$\overline{A\cdot B}=\overline{A}+\overline{B}$$

实际上,表 1-4 的基本公式中,左右两边的公式是互相对偶的,即每一个定律的或运算形式,它的对偶式就是该定律的与运算形式。利用这个规则,对基本定律的记忆可以事半功倍了。

第四节 逻辑函数的化简

逻辑函数的化简能够节省集成电路数目,减少焊接点,还可大大提高电路的可靠性。

一、逻辑函数的化简原则

逻辑函数化简,通常遵循以下原则:

(1)逻辑电路所用的门数少。

(2)各个门的输入端要少。

(3)逻辑电路所用的级数要少。

(4)逻辑电路能可靠的工作。

在实际问题中,往往首先将电路化简成最简与或式,用公式法化简的基本依据就是

表1-4中所介绍的基本公式,其中常用的有以下几个:

$$\overline{AB}=\overline{A}+\overline{B} \qquad \text{(摩根定律)}$$

$$\overline{A+B}=\overline{A}\cdot\overline{B} \qquad \text{(摩根定律)}$$

$$1+A=1$$

$$A+A=A$$

$$A+\overline{A}=1$$

$$A+\overline{A}B=A+B \text{ 或 } \overline{A}+AB=\overline{A}+B$$

$$AB+\overline{A}C+BC=AB+\overline{A}C$$

化简过程中,还常用到普通代数的提取公因式法、分组法、去括号法等,有时还根据需要利用公式进行添加项后,再进行分组化简。

二、逻辑函数的公式化简法

【例1-18】 化简函数 $F=AB+CD+A\overline{B}+\overline{C}D$。

解

$$
\begin{aligned}
F &= (AB+A\overline{B})+(CD+\overline{C}D) && \text{(分组)}\\
&= A(B+\overline{B})+D(C+\overline{C}) && \text{(提取公因式)}\\
&= A\cdot 1+D\cdot 1 && (A+\overline{A}=1)\\
&= A+D
\end{aligned}
$$

【例1-19】 化简函数 $F=A\overline{B}C+A\overline{B}\cdot\overline{C}$。

解

$$
\begin{aligned}
F &= A\overline{B}(C+\overline{C}) && \text{(提取公因式)}\\
&= A\overline{B}\cdot 1 && (A+\overline{A}=1)\\
&= A\overline{B}
\end{aligned}
$$

由以上两例看出,任何两个逻辑项中,若只有一个变量取值不同,一个以原变量形式出现(如 $A\overline{B}C$ 中的 C),另一项中以反变量形式出现(如 $A\overline{B}\cdot\overline{C}$ 中的 $\overline{C}$),我们称这两个逻辑项为相邻项,可利用公式消去这个不同的变量之后,将它们合并为一项。例如,$AB+A\overline{B}$消去变量 B 后化成一项为 A;$A\overline{B}C+A\overline{B}\cdot\overline{C}$ 消去变量 C 后化成一项为 $A\overline{B}$。由此可总结出如下规律:凡两个逻辑相邻项,可合并为一项,其合并后的结果中只保留相邻项中的相同变量,消去取值不同的变量。

【例1-20】 化简 $F=\overline{A}\cdot\overline{B}\cdot\overline{C}\cdot\overline{D}+\overline{A}\cdot\overline{B}\cdot\overline{C}\cdot D+\overline{A}\cdot\overline{B}CD+\overline{A}B\overline{C}D+A\overline{B}\cdot\overline{C}D$。

解 仔细分析发现,式中 $\overline{A}\cdot\overline{B}\cdot\overline{C}D$ 是其他四项的逻辑相邻项,因此可再增加三个相同的 $\overline{A}\cdot\overline{B}\cdot\overline{C}D$ 项之后进行分组,按上述规律,消去不同变量。

$$
\begin{aligned}
F &= \overline{A}\cdot\overline{B}\cdot\overline{C}\cdot\overline{D}+\overline{A}\cdot\overline{B}\cdot\overline{C}D+\overline{A}\cdot\overline{B}CD+\overline{A}B\overline{C}D+A\overline{B}\cdot\overline{C}D\\
&= \overline{A}\cdot\overline{B}\cdot\overline{C}\cdot\overline{D}+\overline{A}\cdot\overline{B}\cdot\overline{C}D+\overline{A}\cdot\overline{B}CD+\overline{A}B\overline{C}D+A\overline{B}\cdot\overline{C}D+\overline{A}\cdot\overline{B}\cdot\overline{C}D+\\
&\quad \overline{A}\cdot\overline{B}\cdot\overline{C}D+\overline{A}\cdot\overline{B}\cdot\overline{C}D && (A+A+A=A)\\
&= (\overline{A}\cdot\overline{B}\cdot\overline{C}\cdot\overline{D}+\overline{A}\cdot\overline{B}\cdot\overline{C}D)+(\overline{A}\cdot\overline{B}CD+\overline{A}\cdot\overline{B}\cdot\overline{C}D)+\\
&\quad (\overline{A}B\overline{C}D+\overline{A}\cdot\overline{B}\cdot\overline{C}D)+(A\overline{B}\cdot\overline{C}D+\overline{A}\cdot\overline{B}\cdot\overline{C}D) && \text{(分组)}\\
&= \overline{A}\cdot\overline{B}\cdot\overline{C}+\overline{A}\cdot\overline{B}D+\overline{A}\cdot\overline{C}D+\overline{B}\cdot\overline{C}D
\end{aligned}
$$

(两个相邻项合并为一项)

【例1-21】 化简 $F=\overline{B}+AB+A\overline{B}CD$。

解

$$F=(\overline{B}+AB)+A\overline{B}CD \qquad \text{(分组)}$$

$$=\overline{B}+A+A\overline{B}CD$$

$$=A+(\overline{B}+A\overline{B}CD) \qquad \text{（分组）}$$

$$=A+\overline{B}(1+ACD) \qquad \text{（提公因式）}$$

$$=A+\overline{B}\cdot 1$$

$$=A+\overline{B}$$

【例 1-22】 化简 $F=AC+ABCD(E+F)$。

解

$$F=AC[1+BD(E+F)] \qquad \text{（提公因式）}$$

$$=AC\cdot 1$$

$$=AC$$

【例 1-23】 化简 $F=A\overline{B}+\overline{A}B+ABCD+\overline{A}\cdot\overline{B}CD$。

解

$$F=(A\overline{B}+\overline{A}B)+CD(AB+\overline{A}\cdot\overline{B}) \qquad \text{（分组、提公因式）}$$

$$=(A\oplus B)+CD\,\overline{(A\oplus B)}$$

$$=A\oplus B+CD$$

$$=A\overline{B}+\overline{A}B+CD$$

本例中利用了异或门公式及同或门取非就是异或门这一结论，关于异或门公式在数字电路中应用较多，必须牢记。

【例 1-24】 化简 $F=AB+\overline{A}CD+BCDE$。

解 第一项中含有 A，第二项中含有 $\overline{A}$，这两项除 A 和 $\overline{A}$ 之外剩余项 B 和 CD 组成了第三项，由公式知，第三项为多余项，可以去掉。

即

$$F=AB+\overline{A}CD$$

【例 1-25】 化简 $F=AB\overline{C}+(\overline{A}+C)D+BD$。

解

$$F=A\overline{C}\cdot B+\overline{\overline{(\overline{A}+C)}}D+BD \qquad (\overline{\overline{A}}=A)$$

$$=(A\overline{C})\cdot B+\overline{A\cdot\overline{C}}\cdot D+BD$$

$$=A\overline{C}\cdot B+\overline{A\overline{C}}\cdot D$$

$$=AB\overline{C}+(\overline{A}+C)D$$

$$=AB\overline{C}+\overline{A}D+CD$$

由以上各例题看出，公式法化简逻辑函数，既需要牢记一些公式，又需有一定技巧性，掌握起来比较困难，但作为数字电路化简的一个基本工具，还是应该掌握一些常用的公式化简法。对三变量和四变量的化简，更多使用的是下一节介绍的卡诺图化简法，相对公式化简法，卡诺图法要容易得多。

三、逻辑函数的卡诺图化简法

在上节的例 1-18 和例 1-19 中，我们已总结出一个规律：凡两个逻辑相邻项可合并成一项。按照这个规律，可以把逻辑函数中的各个最小项用图形表示出来，这种图就叫卡诺图。

（一）卡诺图的结构

卡诺图的结构特点是：要保证逻辑函数的逻辑相邻关系，卡诺图上每一个小方格代表一个最小项，对于有 n 个变量的逻辑函数，全部最小项的个数有 2^n 个，因而对应卡诺图中的小方格就有 2^n 个，每两个相邻方格的变量组合之间只允许一个变量取值不同，这就保证了每两项之间逻辑相邻关系。

例如,A、B、C 三个输入变量中的最小项 $\overline{A}BC$ 对应的三个逻辑相邻项为 $\overline{A}\,\overline{B}C$、$\overline{A}B\overline{C}$、$ABC$,这三个最小项中的每一个都只有一个变量的取值与它不同,因而在画卡诺图时,要保证这三个最小项的小方格与 $\overline{A}BC$ 所在的小方格互相靠在一起,如图 1-10(b)所示。

图 1-10 给出了根据相邻原则构成的二变量、三变量、四变量的卡诺图。

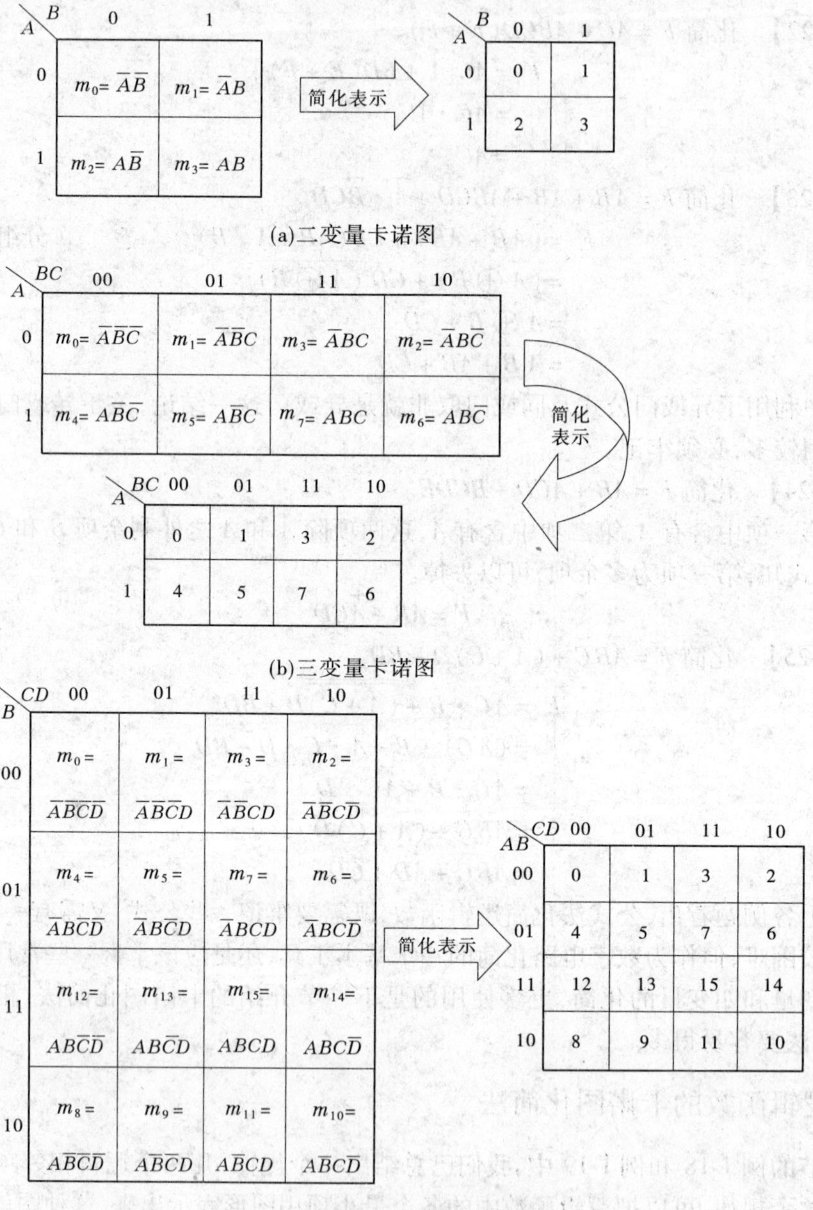

(a)二变量卡诺图

(b)三变量卡诺图

(c)四变量卡诺图

图 1-10　二、三、四变量卡诺图

图 1-10(a)为二变量卡诺图,图中小方格分别代表 m_0、m_1、m_2、m_3 四个最小项,图框外的“0”、“1”表示变量 A、B 的反变量和原变量。例如,m_0 小方格左方的“0”表示 A 取反变量,上方的“0”表示 B 取反变量;m_1 小方格左方的“0”表示 A 取反变量,上方的“1”表示 B

取原变量。m_2 小方格左边的"1"表示 A 取原变量，上方的"0"表示 B 取反变量；m_3 小方格左边的"1"表示 A 取原变量，上方的"1"表示 B 取原变量。因而，四个最小项的取值组合00、01、10、11 分别代表$\overline{A}\,\overline{B}$、$\overline{A}B$、$A\overline{B}$、$AB$，方格的序号分别为 0、1、2、3。

图 1-10(b)为三变量卡诺图，图中小方格分别代表 $m_0 \sim m_7$ 八个最小项，每个最小项均有三个相邻项，小方格所在的行和列上所标的"0"和"1"确定了对应的最小项，例如，"0"行和"11"列交叉的小方格，取值为 011，表示 A 取反变量，B、C 分别取原变量，即该方格表示最小项 $m_3 = \overline{A}BC$。

需要强调的是，为了符合相邻原则，BC 的排列次序必须是 00、01、11、10，这样排列就保证了 m_3 与它的三个相邻方格 m_1、m_2、m_7 在逻辑上是相邻的，即 m_3 与它的三个相邻最小项都仅有一个变量取值不同。例如，m_3 与 m_1 仅有变量 B 取值不同，m_3 与 m_2 仅有变量 C 取值不同，m_3 与 m_7 仅有变量 A 取值不同，这样排列的结果，还同时保证了两边相邻，即 m_0 与 m_2 也是逻辑相邻的，它们仅有变量 B 取值不同。

图 1-10(c)为四变量卡诺图，图中小方格分别代表 $m_0 \sim m_{15}$ 共十六个最小项，每个最小项均有四个相邻项。与三变量卡诺图一样，"0"、"1"含义分别表示反变量和原变量，例如图 1-10(c)中 10 行和 01 列交叉点的小方格，表示 A、D 取原变量，B、C 取反变量，即 $m_9 = A\overline{B}\,\overline{C}D$。同三变量卡诺图 BC 排列次序一样，四变量卡诺图 AB 和 CD 必须分别按 00、01、11、10 次序排列，只有这样才能保证每个小方格与其相邻的四个小方格在逻辑上相邻，即与其相邻的每个方格变量取值中仅有一个变量不同。例如，m_{15} 与上方的 m_7 仅变量 A 不同，与下方的 m_{11} 仅变量 B 不同，与左边的 m_{13} 仅变量 C 不同，与右边的 m_{14} 仅变量 D 不同。

应强调指出：卡诺图中，两边也是相邻的，例如图 1-10(c)中的 m_1 除与 m_0、m_3、m_5 相邻外，还与 m_9 相邻，显然 m_1 与 m_9 中只有变量 A 取值不同，完全符合逻辑相邻原则，同样 m_2 除与 m_3、m_6 相邻外，它还与左边的 m_0 相邻（仅有变量 C 取值不同），与右下角的 m_{10} 也相邻（仅有变量 A 取值不同）。

在实际使用中，从卡诺图行、列上变量的组合值中，就可以看出某小格所对应的最小项，不必像图 1-10 那样标出 m_i 或其对应的最小项表达式。

五变量或五变量以上的卡诺图较复杂，通常很少使用，在数字电路中，用得最多的也正是二、三、四变量卡诺图。

（二）逻辑函数的卡诺图表示法

因为卡诺图的每一个小方格都唯一地对应一个最小项，所以要用卡诺图来表示某逻辑函数，可先将该函数转换成标准最小项表达式，再在表达式含有的最小项所对应的卡诺图小方格填入"1"，其余位置则填入"0"，就得到该函数所对应的卡诺图，用熟了卡诺图后，也可以只填"1"，将"0"省略不填。

【例 1-26】 填写函数 F 的卡诺图，F 的表达式如下

$$F = \sum(1,7,12) = m_1 + m_7 + m_{12} = \overline{A}\cdot\overline{B}\cdot\overline{C}\cdot D + \overline{A}BCD + AB\overline{C}\cdot\overline{D}$$

解 由最大数 12 即 m_{12} 判断出，这是一个四变量的函数，因为三变量最大只能到 7，四变量最大可到 15，故 F 为四变量函数，其卡诺图如图 1-11 所示，在 $ABCD$ 对应的 0001 格内填入 1，即表示是最小项 $m_1 = 1$，同样在 0111 格和 1100 格内也填入 1，其余格或者填入 0，如图 1-11(a)所示，或者省去"0"不填，如图 1-11(b)所示。

AB \ CD	00	01	11	10
00	0	1	0	0
01	0	0	1	0
11	1	0	0	0
10	0	0	0	0

(a)

AB \ CD	00	01	11	10
00		1		
01			1	
11	1			
10				

(b)

图 1-11　例 1-26 图

【例 1-27】　填写函数 $F=\overline{A}C+A\overline{B}C+AB$ 的卡诺图。

解　由表达式看出，这是一个三变量 A、B、C 的函数，其中 $\overline{A}C$ 和 AB 两项不是最小项，应利用公式 $A+\overline{A}=1$ 将其化成最小项表达式之后才能填写卡诺图。

$$
\begin{aligned}
F &= \overline{A}C(B+\overline{B})+A\overline{B}C+AB(C+\overline{C})\\
&= \overline{A}BC+\overline{A}\cdot\overline{B}C+A\overline{B}C+ABC+AB\overline{C}\\
&= \overline{A}\cdot\overline{B}C+\overline{A}BC+A\overline{B}C+AB\overline{C}+ABC\\
&= m_1+m_3+m_5+m_6+m_7\\
&= \sum(1,3,5,6,7)
\end{aligned}
$$

如图 1-12 所示，在 ABC 对应的 001、011、101、110、111 格内分别填入 1，其他各格为 0，对于 0，图中省略未填。

由本例看出，将函数表达式化成最小项比较麻烦，下面介绍一种快速填写卡诺图的方法。

A \ BC	00	01	11	10
0		1	1	
1		1	1	1

图 1-12　例 1-27 图

【例 1-28】　填写函数 $F=\overline{A}\cdot\overline{B}+AC+BC+\overline{B}\cdot\overline{C}\cdot\overline{D}$ 的卡诺图。

解　由变量 D 可知，这是一个四变量函数。

由第一项 $\overline{A}\cdot\overline{B}$ 知道，它与 C、D 无关，可以写作 $\overline{A}\cdot\overline{B}\times\times$，在对应 $\overline{A}\cdot\overline{B}=00$ 的所有小格内填入 1，如图 1-13(a)所示。

由第二项 AC 知道，它与 B、D 无关，可以写作 $A\times C\times$，即在所有既符合 $A=1$ 且符合 $C=1$ 的格内填入 1，在图 1-13(b)中，下边两行(11、10 行)符合 $A=1$，右边两列(11、10 列)符合 $C=1$，因而在这两行和两列交叉的右下角四个格内填入 1。

由第三项 BC 知道，它与 A、D 无关，可以写作 $\times BC\times$，在既符合 $B=1$(图 1-13(c)中的 01、11 两行)又符合 $C=1$(图 1-13(c)中的 11、10 两列)的交叉方格内填入 1 即可，如图 1-13(c)所示。

由第四项 $\overline{B}\cdot\overline{C}\cdot\overline{D}$ 知道，它与 A 无关，可以写作 $\times\overline{B}\cdot\overline{C}\cdot\overline{D}$，在卡诺图 1-13(d)中，第一列(00 列)符合 $\overline{C}\cdot\overline{D}=00$；第一行(00 行)和第四行(10 行)符合 $\overline{B}=0$，所以在 0000 格和 1000 格内填入 1 即可。

将图 1-13(a)、(b)、(c)、(d)中的 1 全部填入到图 1-13(e)中，就得到了函数 F 的卡诺图，剩下未填入 1 的格内应为 0，这里省去是为了使卡诺图更加清晰。

在实际填写中，按照上述规律，仅用一个卡诺图就可填写出函数 F 的卡诺图，这里分项填写是为了说明快速填表法的具体操作过程而已。

AB\CD	00	01	11	10
00	1	1	1	1
01				
11				
10				

(a)

AB\CD	00	01	11	10
00				
01				
11			1	1
10			1	1

(b)

AB\CD	00	01	11	10
00				
01			1	1
11			1	1
10				

(c)

AB\CD	00	01	11	10
00	1			
01				
11				
10	1			

(d)

AB\CD	00	01	11	10
00	1	1	1	1
01			1	1
11			1	1
10	1		1	1

(e)

图 1-13　例 1-28 图

应当说明的是，用快速填表法，在一个卡诺图中填写 1 时，有可能同一个格内会填入两个 1 或三个 1，但因布尔代数中 $1+1+1=1$，故仅填一个 1 即可。

由本例题可得，快速填写卡诺图或者真值表的基本规律是：

(1)首先从函数表达式中找出第一个与项，按照该项对应变量在卡诺图中找出符合要求的小方格，在该方格中填写“1”。例如第一项为 $\overline{A}\cdot\overline{B}$，则在卡诺图中对应 AB 为“00”的所有方格中填入“1”，因为这个与项与 C、D 毫无关系，所以在填写这些小方格时完全不必要考虑函数表达式中 C、D 的取值情况。

(2)接着按函数表达式的第二个与项，在卡诺图中找出符合要求的小方格并在这些方格中填写“1”。例如第二个与项 AC，则在 A 为“1”、同时 C 也为“1”的小方格中填入“1”即可，在填写过程中完全不必要考虑函数表达式中 B 和 D 的取值情况。

(3)按照同样的规律，在卡诺图中或者在真值表中，将函数表达式中的其他与项也用这种快速填表法填入“1”。

(4)在快速填表过程中，如果表格中已经有了一个“1”，则不必再填该表格，最后在无“1”的方格中填入“0”即可。此方法对填写卡诺图和真值表都有同样的快速效果。

(三)卡诺图化简逻辑函数的原理

用卡诺图化简逻辑函数的基本原理是，每两个相邻项可以合并为一项，例如

$$ABC + AB\overline{C} = AB(C+\overline{C}) = AB$$

下面，我们用几个例题来说明其化简规律。

【例 1-29】　化简 $F=\overline{A}BC+A\overline{B}\cdot\overline{C}+AB\overline{C}+ABC$。

解　因 $F=\sum(3,4,6,7)$，故在对应 ABC 为 011、100、110、111 四个方格内填入 1，如图 1-14(a)所示。

图 1-14(a)中，根据相邻情况可画出两个圈，应特别注意左下角和右下角的两个最小项是相邻的，这个圈表示的两个最小项是 $A\overline{B}\cdot\overline{C}$ 和 $AB\overline{C}$，其公共部分为 $A\overline{C}$；另一个圈中的两

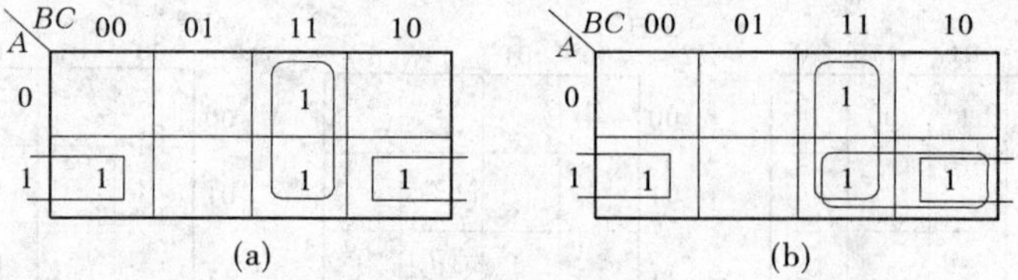

图 1-14　例 1-29 图

个最小项是 $\overline{A}BC$ 和 ABC，其公共部分为 BC。因此，函数 F 化简后为

$$F = A\overline{C} + BC$$

实际上，公共部分是可以直接看出的，如图 1-14(a)中对 11 列中两个小方格画的圈对应左边 0、1，即 A 不可能是公共部分，而对应的 11 列显然同时管着这个圈的两个 1，因此该圈化简结果为 BC。

从本例还可以得出图 1-14(b)的三个圈，这样，与图 1-14(a)相比，多出来的那个圈的公共部分为 AB，化简后的函数为

$$F = A\overline{C} + BC + AB$$

与上式相比，显然多出一项 AB，所以这个式子并不是最简式。

仔细分析会发现，图 1-14(b)中所增加的那个圈中的两个最小项虽然相邻，但它的两个"1"项已经分别被图 1-14(a)中的两个圈包含进去了，即该圈中没有新的 1。

由上述分析可得出两个结论：

(1)取每个圈中对应的公共变量相与，即为化简后函数表达式的一个与项。

(2)因为每个圈对应化简后为一个与项，因而画圈时要保证圈数最少，且每个圈中都必须至少有一个其他圈未包含进去的新 1。

【例 1-30】　化简 $F = \sum(0,2,8,9,10,11,13,15)$。

解　先将最小项用简式表示出来，例如 9 表示为 $m_9 = A\overline{B}\cdot\overline{C}D = 1001$，15 表示为 $m_{15} = ABCD = 1111$ 等，然后在四变量卡诺图中对应填入 1，如图 1-15(a)所示。图 1-15(a)中，按相邻两项可圈出四个圈，其中，圈 1 的公共部分为 ABD，圈 2 的公共部分为 $A\overline{B}D$，这两个与项可化为

$$ABD + A\overline{B}D = AD(B + \overline{B}) = AD\cdot 1 = AD$$

圈 3 的公共部分为 $\overline{A}\cdot\overline{B}\cdot\overline{D}$，圈 4 的公共部分为 $A\cdot\overline{B}\cdot\overline{D}$，这两个与项可化为

$$\overline{A}\cdot\overline{B}\cdot\overline{D} + A\overline{B}\cdot\overline{D} = \overline{B}\cdot\overline{D}(A + \overline{A}) = \overline{B}\cdot\overline{D}\cdot 1 = \overline{B}\cdot\overline{D}$$

由此可见，若按图 1-15(b)画成每四个相邻项为一个圈，然后直接取每个圈中的公共部分的话，则圈 1 中四个变量的公共部分为 AD，圈 2 中四个变量的公共部分为 $\overline{B}\cdot\overline{D}$，因而该函数化简后的表达式为

$$F = AD + \overline{B}\cdot\overline{D}$$

由本例可以得出两个结论：

(1)圈应该画得最大，每个圈中包含的 1 的个数应符合 2^n 关系，即按 2，4，8，16，…的关系。

(2)应特别注意四个角是相邻的，当然两边也是相邻的。

【例 1-31】　化简 $F = \sum(0,1,2,3,4,5,6,8,9,10,11,12,13,14)$。

解　由最大数 14 知道这是个四变量函数，其卡诺图如图 1-16 所示，按上例中的两个结

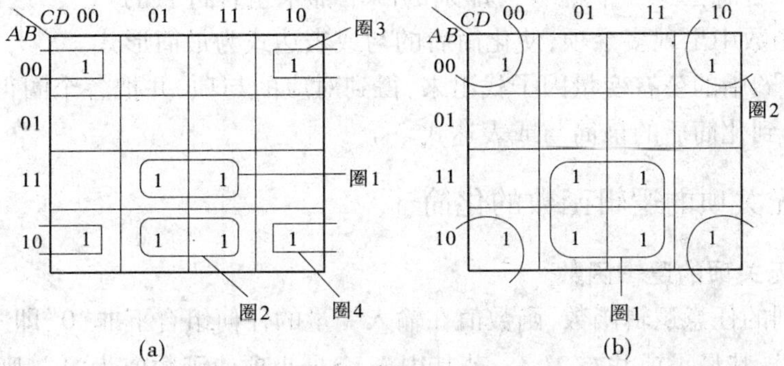

图 1-15　例 1-30 图

论,可画出三个圈分别如图 1-16(a)、(b)、(c)所示,每个圈中都包含有至少一个其他两个圈未包括进去的新 1,故没有多余的圈。

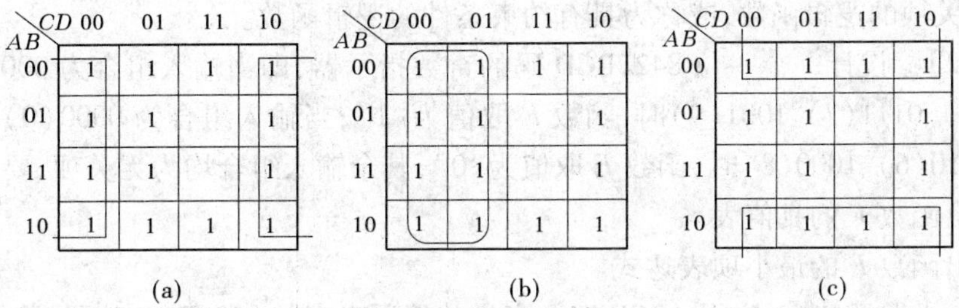

图 1-16　例 1-31 图

由图 1-16(a)圈中可知该八个最小项的公共部分为 $\overline{D}$,由图 1-16(b)圈中可知该八个最小项的公共部分为 $\overline{C}$,由图 1-16(c)圈中可知该八个最小项的公共部分为 $\overline{B}$,因而该函数化简结果为

$$F = \overline{B} + \overline{C} + \overline{D}$$

由本例题可以得出一个重要结论:卡诺图中的"1"在画圈时是可以重复使用的,但每个圈中至少要包含一个其他圈未使用过的新"1"。

(四)用卡诺图化简逻辑函数的步骤

根据本节所举的例子,可以归纳出用卡诺图化简逻辑函数的一般步骤如下所述:

(1)根据最小项中的最大数确定变量的个数是二变量、三变量或者是四变量等,然后画出相应的卡诺图,并把函数 F 表达式中的相应项填入 1,其余小方格内填入 0 或者省略不填。

(2)对卡诺图中有"1"的方格画相邻区域圈,画圈时要按 2、4、8、16 格为单位,遵循的原则是:圈越大越好,这样各与项中所含变量因子就越少;圈的总数越少越好,因为圈数越少,与项的项数就越少。

具体操作时,要特别注意四角相邻、两边相邻,首先将与其他任何"1"方格都不相邻的孤立"1"方格单独圈出来;其次找出那些仅与另一个"1"方格唯一相邻的"1"方格,将它们两两相圈组成含有两个"1"方格的相邻区域;最后,再依次将含有四个"1"方格、八个"1"方格的相邻区域画出来。

在画相邻区域时,有些"1"方格可以被多个圈公用,这种区域间的重叠现象是允许的,但每个圈中必须含有至少一个新"1",即别的圈中都未包含进去的"1"。这样做,就可以避免在化简后的函数中出现多余项,使化简后的与或表达式为最简形式。

(3)将每个圈中的公有变量因子找出来,得到对应的与项,并把各个圈得到的与项相加(或)起来,便得到化简后的最简与或表达式。

四、包含无关项的逻辑函数的化简

(一)含有无关项的逻辑函数

前面所提到的任意逻辑函数,函数值在输入变量的任何组合下非"0"即"1"。对于 n 个变量的函数来说,其最小项共有 2^n 个,若其中 m 个最小项使函数值为"1",则其余 2^n-m 个最小项使函数值为"0",这样的函数称为完全定义函数。但在实际工程问题中,具有 n 个变量的函数并不一定与 2^n 个最小项都有关,而仅与其中一部分有关,与另一部分无关,这些与函数取值无关的最小项称为无关项,有时也称为约束项、任意项、禁止项,与之相关的函数就成为包含无关项的逻辑函数,或称为具有约束条件的逻辑函数。

【例1-32】 设计一个一位8421BCD码的奇数指示器,即当输入组合为0001(1)、0011(3)、0101(5)、0111(7)、1001(9)时,函数 F 取值为"1";当输入组合为0000(0)、0010(2)、0100(4)、0110(6)、1000(8)时,函数 F 取值为"0",其余输入组合均为无关项,要求:

(1)写出函数 F 的真值表。

(2)给出函数 F 的最小项表达式。

解 (1)由题意知道,应用 $ABCD$ 四个变量的编码来表示8421BCD编码,除十种输入组合对应0~9外,其余1010、1011、1100、1101、1110、1111六种组合不可能出现,换句话说,它们是8421BCD码的无关项,因而在填写函数 F 的真值表中,我们用"×"来代表这些无关项对应的 F 值,由此得函数 F 的真值表如表1-5所示。

表1-5 例1-32真值表

$ABCD$	F	$ABCD$	F
0000	0	1000	0
0001	1	1001	1
0010	0	1010	×
0011	1	1011	×
0100	0	1100	×
0101	1	1101	×
0110	0	1110	×
0111	1	1111	×

(2)函数 F 的最小项表达式。

借助本题,我们来说明含有无关项的函数 F 的两种表达式写法。

①用 $\sum(\cdots)$ 表示使函数 F 取值为"1"的所有最小项;用 $\sum d(\cdots)$ 表示函数 F 的无关项,则有

$$F = \sum(1,3,5,7,9) + \sum d(10,11,12,13,14,15)$$

②用约束条件式表示无关项$\sum d(\cdots)$，将无关项用卡诺图表示，如图 1-17(a)所示。

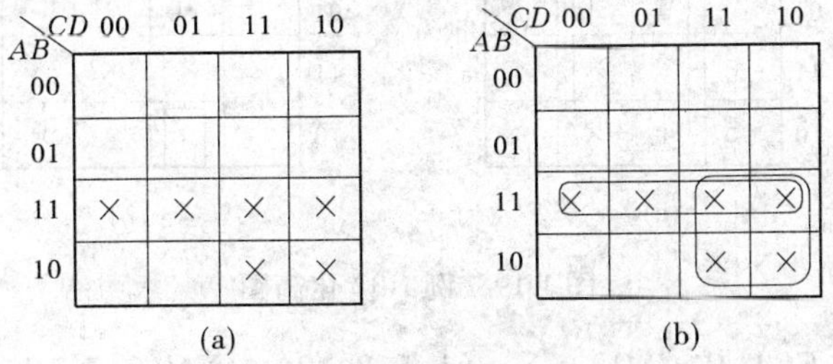

图 1-17　用卡诺图表示无关项

由图 1-17(b)的两个圈化简得

$$AB + AC = \times$$

进一步分析会发现：当 A、B 取值分别为 1、1 或 A、C 取值分别为 1、1 时，对应的两个与项 AB、AC 都是 1，而在无关项之外的其他变量组合中，A、B 取值至少有一个为 0，即与项 $AB=0$，A、C取值也至少有一个为 0，即与项 $AC=0$。因而约束条件可写为

$$AB + AC = 0$$

故本例题函数 F 的表达式可写成

$$\begin{cases} F = \sum(1,3,5,7,9) \\ AB + AC = 0 \quad (\text{约束条件}) \end{cases}$$

由上述分析可得结论如下：

凡用函数式等于 0 表示约束条件时，如本题上式 $AB+AC=0$，其含意指的是，在卡诺图中，对应 AB 为 11 的项内，F 的值应填入"×"号，对应 AC 为 11 的项内，F 的值也应填入"×"号，如图 1-17(a)所示。

这里还应说明一点，若约束条件的表达式的等号右端不是"0"而是"1"时，例如 $A+B=1$ 为约束条件时，我们可用摩根定律两端求反，使等式右端为 0，即 $\overline{A}\cdot\overline{B}=0$，在卡诺图中，对应变量 AB 取值为 00 的格内分别填入"×"号，如图 1-18 所示。

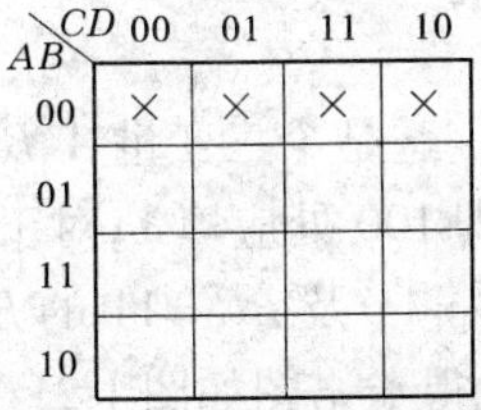

图 1-18　$A+B=1$ 约束条件图

(二)含有无关项的逻辑函数的最简与或式

由于无关项与函数 F 的取值无关，因此在卡诺图上化简时，把无关项的"×"号看做"1"或"0"对于函数 F 都无任何影响，故在画图时，既可把"×"看做 1 也可看做 0，这完全取决于对化简是否有利。也就是说，看做"1"对化简有利时就把"×"看做 1；看做"0"对化简有利时就把"×"看做 0；若对化简函数无作用时，就不去理睬"×"号。例 1-32 的卡诺图如图 1-19(a)所示，在所画的圈中，把 3 个"×"号看做 1，则从这 8 个最小项化简结果得最简与或式为

$$F = D$$

如果不利用无关项的"×"号，则由图 1-19(b)所画的两个圈中得

$$F = \overline{A}D + \overline{B}\cdot\overline{C}D$$

显然这个结果比较复杂，由此可见无关项在函数化简中的作用。

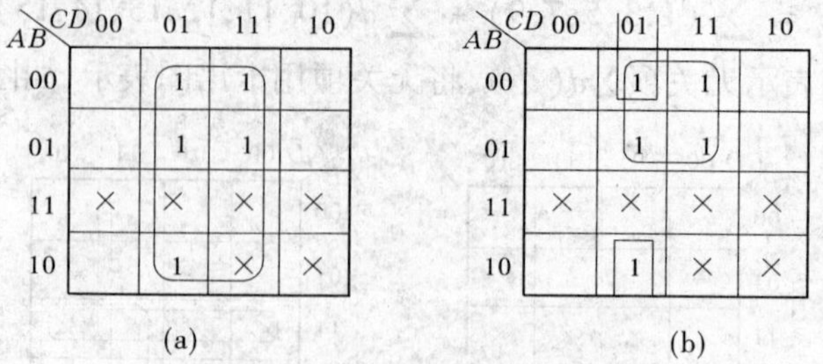

图 1-19　例 1-32 化简图

【例 1-33】　化简 $F(A,B,C,D)=\sum m(1,5,8,12)+\sum d(3,7,10,11,14,15)$

解　化简过程如图 1-20(a)所示，由于 m_{11}、m_{15} 两个无关项对化简无用，因此就没有圈进去，化简后的函数 F 为

$$F=\overline{A}D+A\overline{D}$$

可用图 1-20(b)逻辑图表示，当然也可以用一个异或门实现，如图 1-20(c)所示。

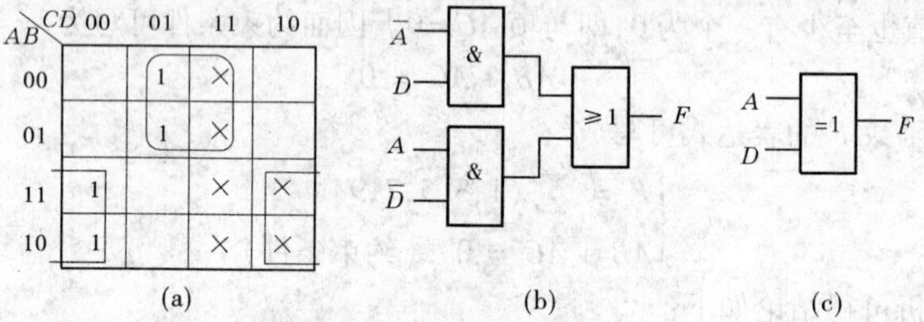

图 1-20　例 1-33 图

【例 1-34】　化简下面带有约束条件的逻辑函数：

$$\begin{cases}F=\overline{A}\cdot\overline{B}C+A\overline{B}\cdot\overline{C}\\AB+AC+BC=0\quad(\text{约束条件})\end{cases}$$

解　这是个三变量 A、B、C 的逻辑函数，其卡诺图中 $\overline{A}\cdot\overline{B}C$ 即对应 001 处应填 1，对应 $A\overline{B}\cdot\overline{C}$ 即 100 处应填 1；对于约束条件中的三个与项，对应 $AB=11$ 的方格内应填入“×”号，对应 $AC=11$ 及 $BC=11$ 的方格内也应填入“×”号，如果一个格中有多个“×”，只画一个即可，由此得卡诺图如图 1-21(a)所示。

由图化简得逻辑函数为

$$F=A+C$$

对应的逻辑图如图 1-21(b)所示。

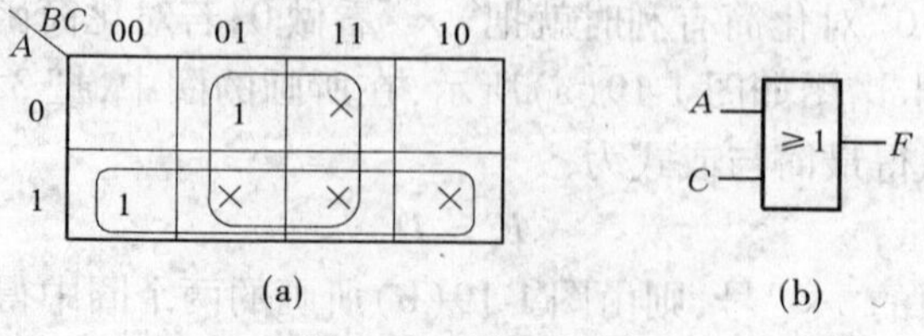

图 1-21　例 1-34 图

本章小结

数字信号在时间上和数值上均是离散的。对数字信号进行传送、加工和处理的电路称为数字电路。由于数字电路是以二值数字逻辑为基础的，即利用数字 1 和 0 来表示信息，因此数字信息的存储、分析和传输要比模拟信息容易。

数字电路中用高电平和低电平分别来表示逻辑 1 和逻辑 0，它和二进制数中的 0 和 1 正好对应。因此，数字系统中常用二进制数来表示数据。在二进制位数较多时，常用十六进制或八进制作为二进制的简写。各种计数体制之间可以相互转换。

常用 BCD 码有 8421BCD 码、2421BCD 码、5421BCD 码、余 3BCD 码等，其中 8421BCD 码使用最广泛。

逻辑运算中的三种基本运算是与、或、非。分析数字电路或数字系统的数学工具是逻辑代数。

描述逻辑关系的函数称为逻辑函数，逻辑函数是从生活和生产实践中抽象出来的，只有那些能明确地用"是"或"否"作出回答的事物，才能定义为逻辑函数。逻辑函数中的变量和函数值都只能取 0 或 1 两个值。

常用的逻辑函数表示方法有真值表、函数表达式、逻辑图和卡诺图等，它们之间可以任意地相互转换。

习　题

1-1　将下列的二进制数转换成十进制数。

(1)1011　　(2)10101　　(3)11111　　(4)100001

1-2　将下列的十进制数转换成二进制数。

(1)8　　(2)27　　(3)31　　(4)100

1-3　完成下列的数制转换。

(1) $(255)_{10}=(\quad)_2=(\quad)_{16}=(\quad)_{8421BCD}$

(2) $(11010)_2=(\quad)_{16}=(\quad)_{10}=(\quad)_{8421BCD}$

(3) $(3FF)_{16}=(\quad)_2=(\quad)_{10}=(\quad)_{8421BCD}$

(4) $(1000\ 0011\ 0111)_{8421BCD}=(\quad)_{10}=(\quad)_2=(\quad)_{16}$

1-4　完成下列二进制的算术运算。

(1) $1011+111$　　(2) $1000-11$　　(3) 1101×101　　(4) $1100\div 100$

1-5　设：$Y_1=\overline{AB}$，$Y_2=\overline{A+B}$，$Y_3=A\oplus B$。

已知 A、B 的波形如图 1-22 所示。试画出 Y_1、Y_2、Y_3 对应 A、B 的波形。

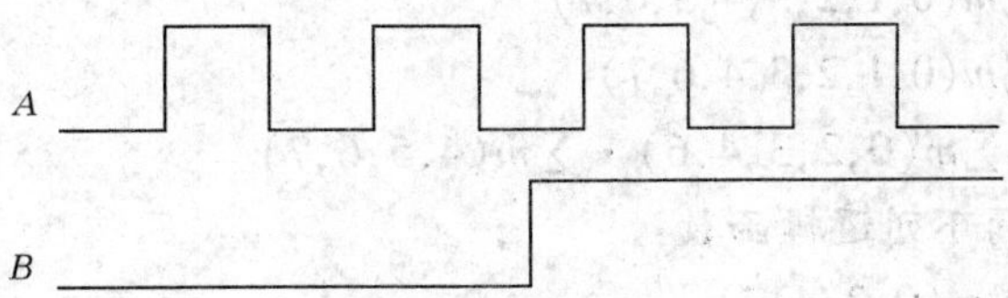

图 1-22　题 1-5 图

1-6　试写出图 1-23 所示各逻辑图的表达式。

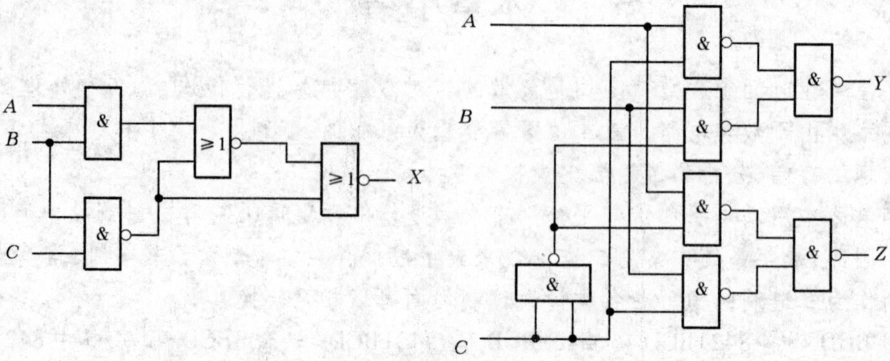

图 1-23　题 1-6 图

1-7　已知真值表如表 1-6、表 1-7 所示，试写出对应的逻辑表达式。

表 1-6

A	B	C	Y	A	B	C	Y
0	0	0	0	1	0	0	1
0	0	1	1	1	0	1	0
0	1	0	1	1	1	0	0
0	1	1	0	1	1	1	1

表 1-7

A	B	C	D	Y	A	B	C	D	Y
0	0	0	0	0	1	0	0	0	0
0	0	0	1	0	1	0	0	1	0
0	0	1	0	0	1	0	1	0	1
0	0	1	1	0	1	0	1	1	1
0	1	0	0	0	1	1	0	0	0
0	1	0	1	0	1	1	0	1	1
0	1	1	0	0	1	1	1	0	1
0	1	1	1	1	1	1	1	1	1

1-8　用公式化简下列逻辑函数：

(1) $Y = A\bar{B} + B + \bar{A}B$

(2) $Y = \bar{A}B\bar{C} + A + \bar{B} + C$

(3) $Y = \overline{A + B + C} + A\bar{B}\bar{C}$

(4) $Y = A\bar{B}CD + ABD + A\bar{C}D$

(5) $Y = A\bar{C} + ABC + AC\bar{D} + CD$

(6) $Y = \bar{A} \cdot \bar{B} \cdot \bar{C} + A + B + C$

(7) $Y = AD + A\bar{D} + \bar{A}B + \bar{A}C + BFE + CEFG$

(8) $Y(A,B,C) = \sum m(0,1,2,3,4,5,6,7)$

(9) $Y(A,B,C) = \sum m(0,1,2,3,4,6,7)$

(10) $Y(A,B,C) = \sum m(0,2,3,4,6) \cdot \sum m(4,5,6,7)$

1-9　用卡诺图化简下列逻辑函数：

(1) $Y(A,B,C) = \sum m(0,2,4,7)$

(2) $Y(A,B,C)=\sum m(1,3,4,5,7)$

(3) $Y(A,B,C,D)=\sum m(2,6,7,8,9,10,11,13,14,15)$

(4) $Y(A,B,C,D)=\sum m(1,5,6,7,11,12,13,15)$

(5) $Y=\overline{A}\cdot\overline{B}\cdot\overline{C}+\overline{A}B\overline{C}+\overline{A}C$

(6) $Y=\overline{\overline{A}BC+A\overline{B}C+AB\overline{C}}$

(7) $Y(A,B,C)=\sum m(0,1,2,3,4)+\sum d(5,7)$

(8) $Y(A,B,C,D)=\sum m(2,3,5,7,8,9)+\sum d(10,11,12,13,14,15)$

第二章　逻辑门电路

在工程中每一个逻辑运算都通过对应的一种电路来实现，这种用以实现基本逻辑运算和复合逻辑运算的单元电路称为门电路。通常采用集成工艺将门电路做成的一种集成器件，称为集成逻辑门电路。目前使用的门电路大多为集成门电路，最常用的是 TTL 系列和 CMOS 系列。在两种不同系列的门电路中，他们虽具有相同的逻辑功能而两者的结构、制造工艺却不同，其外形尺寸、性能指标也有所差别。

本章的目的是要在实际设计中能合理地选择芯片，并能根据门电路的逻辑功能、外部特性以及正确的使用方法掌握其应用。所以，应着重掌握其逻辑功能、外部特性以及正确的使用方法，不必深究其内部的电路工作原理。本章部分涉及集成电路内部结构的内容，主要是帮助理解集成电路的外部特性而引入的。

在数字电路中，输入和输出信号只有高电平和低电平两种状态。这里高电平和低电平表示的都是一定的电压范围，而不是一个固定不变的数值，因此数字电路中二极管、三极管等元器件通常工作在开关状态，对其精度的要求比模拟电路要低一些。通常用高、低电平分别表示 1 和 0 两种逻辑状态。对电平关系表进行赋值时，存在两种逻辑体制：如果用逻辑 1 表示高电平，用逻辑 0 表示低电平，则为正逻辑体制，简称正逻辑；如果用逻辑 0 表示高电平，用逻辑 1 表示低电平，则为负逻辑体制，简称负逻辑。在本书中如果未注明，则一律采用正逻辑。

第一节　基本逻辑门电路

门电路能够实现逻辑运算。在门电路实现逻辑运算时，用输入端的电压或电平表示自变量，用输出端的电压或电平表示因变量。

一、二极管与门和或门电路

（一）二极管的开关特性

二极管符号及其伏安特性曲线如图 2-1 所示。

1. 开关电路

二极管开关电路图如图 2-2 所示。

$u_i = 0$ V 时，二极管截止，如同开关断开，$u_O = 0$ V。

$u_i = 5$ V 时，二极管导通，如同 0.7 V 的电压源，$u_O = 4.3$ V。

2. 主要开关参数

1）最大平均电流

最大平均电流指管子长期使用时允许通过的最大正向平均电流。

2）最高反向工作电压

最高反向工作电压指二极管反向工作电压的最大允许值，约为击穿电压的一半。

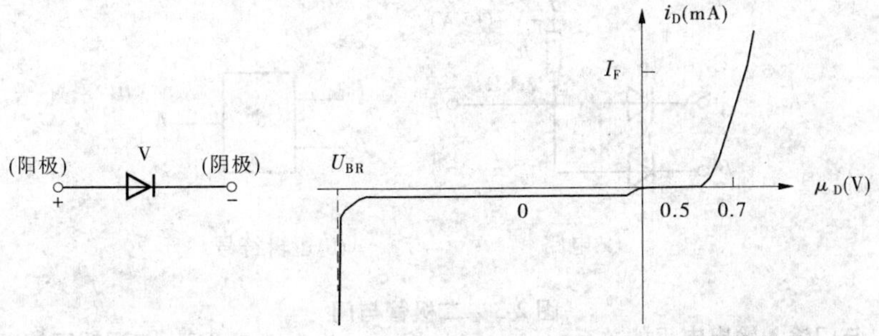

(a)符号　　　　　　　　(b)伏安特性曲线

图 2-1　二极管符号及其伏安特性曲线

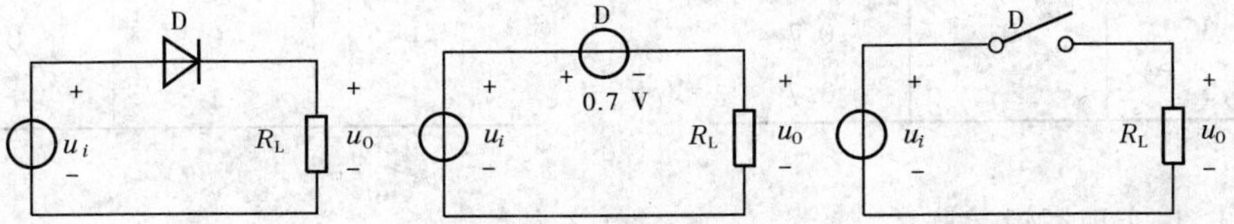

(a)开关电路　　(b)u_i=5 V时的等效电路　　(c)u_i=0 V时的等效电路

图 2-2　二极管开关电路

3)反向饱和电流

反向饱和电流指最高反向工作电压下的反向电流值,越小越好。

4)反向恢复时间

反向恢复时间指在一定负载下,二极管电流从正向一定值变化到反向一定值需要的时间。

(二)二极管与门电路

能实现与逻辑功能的电路称为与门电路。最简单的二极管与门电路如图 2-3(a)所示,A、B 为两个输入变量,L 为输出变量。图 2-3(b)是其逻辑符号。

(1)$V_A = V_B = 0$ V 时二极管 D_1 和 D_2 都导通,由于二极管正向导通时的钳位作用,$V_L =$ 0.7 V。

(2)$V_A = 0$ V,$V_B = 3$ V 时二极管 D_1 导通,由于 D_1 管钳位作用,D_2 受反向电压而截止 $V_L = 0.7$ V。

(3)$V_A = 3$ V,$V_B = 0$ V 时二极管 D_2 导通,由于 D_1 管钳位作用,D_1 受反向电压而截止 $V_L = 0.7$ V。

(4)$V_A = V_B = 3$ V 时二极管 D_1 和 D_2 都导通,由于二极管正向导通时的钳位作用,$V_L =$ 3.7 V。

把上述分析结果归纳起来列入表 2-1 中。若按正逻辑进行赋值,则可将表 2-1 转化为表 2-2 的与逻辑真值表。

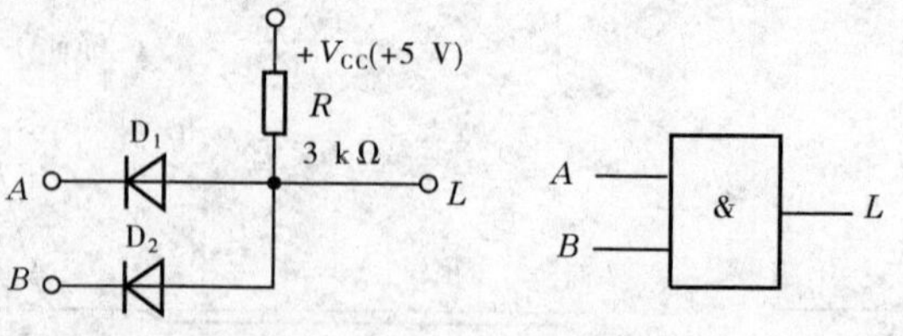

(a)电路　　　(b)逻辑符号

图 2-3　二极管与门

表 2-1　与门输入输出电平的关系

A(V)	B(V)	L(V)
0	0	0.7
0	3	0.7
3	0	0.7
3	3	3.7

表 2-2　与逻辑真值表

A	B	L
0	0	0
0	1	0
1	0	0
1	1	1

可见,它实现逻辑运算:

$$L = A \cdot B \tag{2-1}$$

若增加一个输入端和一个二极管,就可变成三输入端与门。按此办法可构成更多输入端的与门。

(三)二极管或门电路

能实现或逻辑功能的电路称为或门电路。二极管或门电路如图 2-4(a)所示,图 2-4(b)是其逻辑符号。其输入 A、B 和输出 L 的电平关系及逻辑真值表见表 2-3、表 2-4。

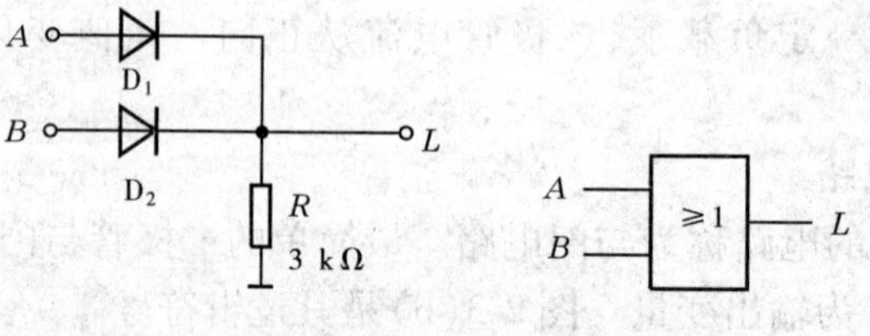

(a)电路　　　(b)逻辑符号

图 2-4　二极管或门

表 2-3　或门输入输出电平的关系

A(V)	B(V)	L(V)
0	0	0
0	3	2.3
3	0	2.3
3	3	2.3

表 2-4　或逻辑真值表

A	B	L
0	0	0
0	1	1
1	0	1
1	1	1

可见,它实现逻辑运算:

$$L = A + B \tag{2-2}$$

同样,可用增加输入端和二极管的方法,构成更多输入端的或门。

二、三极管非门电路

(一)三极管的开关特性

1. 开关特性

三极管开关特性如图 2-5 所示。

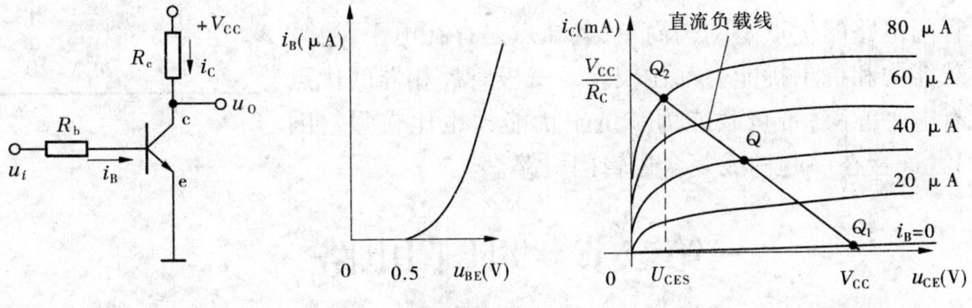

(a)电路　　(b)输入特性曲线　　(c)输出特性曲线

图 2-5　三极管开关特性

2. 主要开关参数

1)饱和压降(U_{BES},U_{CES})

U_{BES}是指三极管饱和时,基极与发射极间的压降。一般硅管 $U_{BES}\approx 0.7$ V,锗管 $U_{BES}\approx 0.3$ V。U_{CES}是指三极管饱和时,集电极与发射极间的压降。一般硅管 $U_{CES}\approx 0.3$ V,锗管 $U_{CES}\approx 0.1$ V。

2)开通时间(t_{on})

三极管由截止转换到饱和所需的时间,即为开通时间。

3)关断时间(t_{off})

三极管由饱和状态转换到截止所需的时间,即为关断时间。

(二)三极管非门电路

能实现非逻辑功能的电路,称为非门电路。

图 2-6(a)是由三极管组成的非门电路,非门又称反相器。图 2-6(b)是其逻辑符号。这里利用了三极管的开关特性。设输入信号为 +5 V 或 0 V。此电路只有以下两种工作状态:

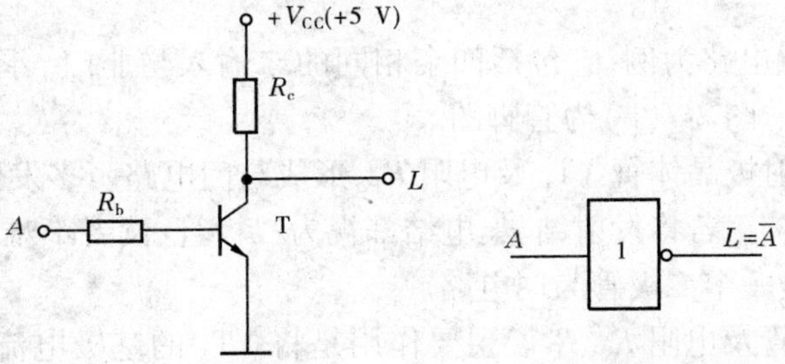

(a)电路　　(b)逻辑符号

图 2-6　三极管非门

(1)V_A =0 V。此时三极管的发射结电压小于其死区电压,满足截止条件,所以三极管 T

截止，则 $V_L = V_{CC} = 5\ V$。

(2) $V_A = 5\ V$。此时三极管的发射结正偏，管子导通，只要合理选择电路参数，使其满足饱和条件 $I_B > I_{BS}$（I_{BS}为三极管饱和电流），则管子工作处于饱和状态，有 $V_L = U_{CES} \approx 0\ V(0.3\ V)$。

根据上述分析结果即可以得出非逻辑真值表，如表 2-5 所示，此电路不管采用正逻辑体制还是负逻辑体制，都满足非运算的逻辑关系。

表 2-5　非逻辑真值表

A	L
0	1
1	0

由真值表可得到非门的输出逻辑表达式：

$$L = \overline{A} \tag{2-3}$$

二极管门电路的优点是结构简单，其缺点是存在电平漂移，而且带负载能力和抗干扰能力都比较差。三极管反相器的优点恰好是没有电平漂移，带负载能力和抗干扰能力也比较强。因此，常把两者连接在一起构成复合逻辑门电路。

第二节　TTL 门电路

在数字系统中通常需要应用大量的逻辑门电路，若采用分立元件门电路，不仅体积大，而且焊点多，易出故障，使得电路可靠性下降。集成门电路是通过采取特殊工艺方法将所有电路元件加工到一个很小的硅片上，其优点是体积小、重量轻、功耗小、成本低，使用起来焊点少、可靠性高。TTL 门电路是晶体管 - 晶体管逻辑（Transistor - Transistor Logic）门电路的简称，这种电路由于其输入级和输出级均采用晶体三极管而得名。

按照国际通用标准，根据工作温度不同，TTL 电路分为 54 系列（-55 ~ 125 ℃）和 74 系列（0 ~ 70 ℃）；根据工作速度和功耗不同，TTL 电路又分为标准系列、高速（H）系列、肖特基（S）系列和低功耗肖特基（LS）系列。CT74/54TTL 系列也称 TTL 标准系列，第一个字母 C 代表中国，T 代表 TTL，74 代表标准 TTL 民用系列，54 代表标准 TTL 军用系列。

与后面讲的 MOS 门电路相比，TTL 门电路有一个严重的缺点：功耗大。也正因为这一点，TTL 门电路通常集成度不高，一般只能做成小规模集成电路（简称 SSI，一般包含 10 个以内的门电路）和中规模集成门电路（简称 MSI，一般包含 10 ~ 100 个门电路），而无法做成大规模集成电路（简称 LSI，一般包含 1 000 ~ 10 000 个门电路）和超大规模集成电路（简称 VLSI，一般包含 10 000 个以上门电路）。

一、TTL 与非门电路结构

以 CT7400 型集成电路为例，它包括四个相同的二输入与非门。图 2-7（a）所示电路为其中一个与非门电路。图 2-7（b）为管脚图。

输入级包括多发射极晶体管 VT_1 及电阻 R_1，形成与门电路。多发射极晶体管一般是靠近基极制造多个发射结。若将发射结、集电结都视为二极管，读者不难将多发射极晶体管改画成图 2-8。显然这是一个二极管与门电路。

中间级包括 VT_2 管及电阻 R_2、R_3。主要作用是将 VT_2 的基极电流放大，以增强对输出级的驱动能力。其电路结构是共射极基本放大电路。

输出级由 VT_5、VT_3、VD_4、R_4 等元器件组成。与非门电路的输出级只有两种稳定工作状态：VT_5 导通，VT_3、VD_4 截止，输出为低电平；VT_5 截止，VT_3、VD_4 导通，输出为高电平。这种

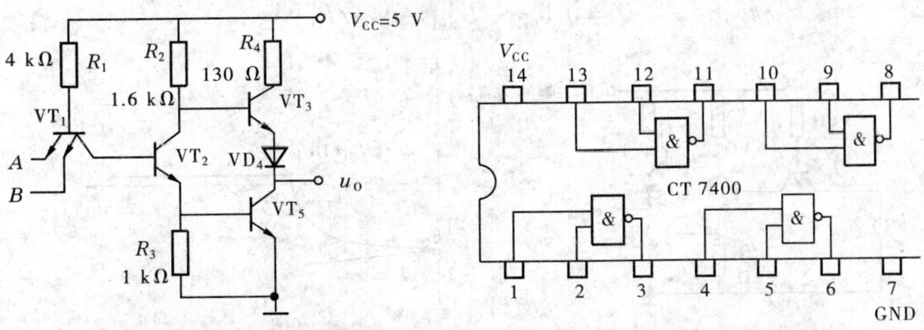

(a)电路　　　　　　　　(b)管脚图

图 2-7　CT7400 型与非门电路与管脚图

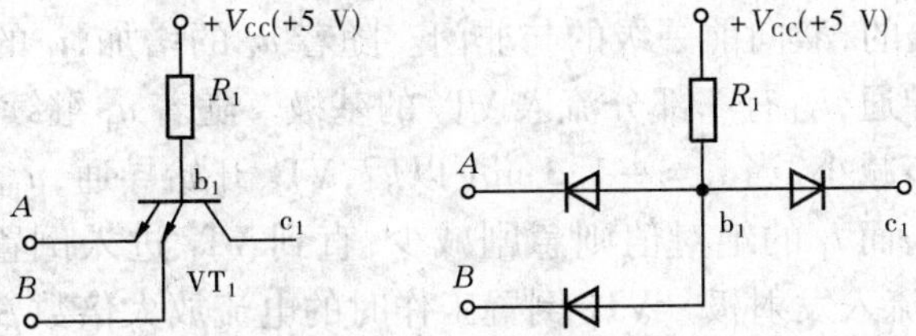

图 2-8　多发射极管等效一个与门

输出级的电路结构形式也称做图腾柱输出级(Totem post)。

CT7400 是一个与非门,当它的全部输入端是高电平时,输出为低电平,这一状态称为开态;输入端有低电平输入时,输出为高电平,这一状态称为关态。下面分别讨论这两个状态。

(1)当 A、B 两端有一个输入为低电平 0.3 V 时,VT_1 的发射结导通,其基极电位等于输入低电平加上发射结正向压降。VT_2、VT_5 都截止,VT_3 和 VD_4 导通,输出电压为 3.6 V 实现了"输入有低,输出为高"的逻辑关系。

(2)当 A、B 两端均输入高电平 3.6 V 时,VT_2、VT_5 饱和导通,输出为低电平,即 $u_O \approx U_{CES} \approx 0.3$ V,VT_1 处于发射结和集电结倒置使用的放大状态。$u_{C2} = U_{CES2} + u_{B5} = 0.3 + 0.7 = 1.0$ V,由于 $u_{B3} = u_{C2} = 1.0$ V,作用于 VT_3 的发射结和 VD_4 的串联支路的电压为 $u_{C2} - u_O = 1.0 - 0.3 = 0.7$ V。所以,VT_3 和 VD_4 均截止。此时,电路实现了"输入全高,输出为低"的逻辑关系。

二、特性曲线

逻辑门的特性曲线是指逻辑门输入端、输出端的电压与电流之间的函数关系,这种关系是非线性的,所以用特性曲线来描述。

(一)输入特性曲线

1. $u_I = f(i_I)$——输入伏安特性曲线

TTL 与非门的输入特性曲线是指输入电压和输入电流之间的关系曲线。规定输入电流以流入输入端为正,如图 2-9 所示。

当 $u_I < 0.6$ V 时,VT_2 尚未导通,VT_1 饱和,故有

$$i_I = (V_{CC} - U_{BE1} - u_I)/R_1 \tag{2-4}$$

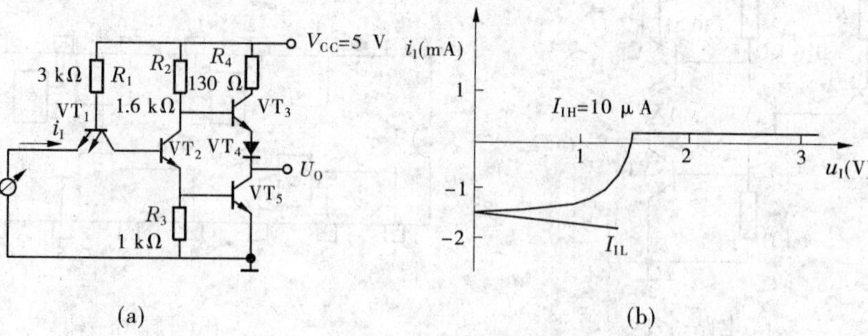

图 2-9　TTL 与非门的输入特性曲线

当 $u_I = 0$ V 时，$R_1 = 3$ kΩ，则 $i_I = I_{IL} = -1.4$ mA。此电流称为输入短路电流，记作 I_{IL}，式中负号表示电流是流出的，灌向前一级的与非门。随着 u_I 的增加，i_I 的绝对值在减少，当 $u_I = 0.6$ V 时，VT_2 开始导通，i_{R1} 有一部分流入 VT_2 的基极。随着 u_I 继续增大，i_{B2} 也继续增大，而 i_I 的绝对值又进一步减小，当 $i_I = -1.3$ mA 以后，VT_5 开始导通，u_{B1} 被钳位在 2.1 V。若 u_I 再增大，i_{B2} 增加很快，而 i_I 的绝对值则急剧减少，直到 VT_1 进入倒置工作状态，i_I 的方向由负变正，即由输入端流入发射极。VT_1 倒置工作时的电流放大倍数 $\beta_{反}$ 极小，约在 0.01 以下，所以

$$i_I = I_{IH} = \beta_{反}\, i_{B2} \tag{2-5}$$

I_{IH} 就是输入高电平时的输入电流，其值很小，约为 10 μA。此后，当 u_I 继续增加，i_I 仅有微小增加，可以认为基本不变。

输入特性曲线可以反映两个重要参数 I_{IL} 及 I_{IH}。I_{IL} 为输入低电平时流向前一级的电流，其值较大；I_{IH} 为输入高电平时由前一级流出的拉电流，其值很小。特别要指出的是，输入端不允许接 −0.5 V 以下的电压源，那样会因为拉电流过大而烧坏与非门。同样，将交流信号直接加到与非门的输入端也是不允许的。

2. 输入端电阻负载特性曲线

输入端电阻负载特性曲线反映了逻辑门输入端对地之间的接有电阻对逻辑门输出逻辑电平的影响。在数字电路和脉冲电路中，与非门电路有时是作为反相放大器使用的。同时，TTL 与非门输入回路的电阻值，对门的状态也有很大的影响。因此，在讨论实际的电路之前，很需要了解一下 TTL 与非门在这方面的一些性能。

TTL 与非门当输入端开路时（$R = \infty$），相当于接高电平，于是 $U_O = U_{OL}$；当输入端对地短路时（$R = 0$），相当于接低电平，于是 $U_O = U_{OH}$。现在进一步讨论当输入端经过电阻接地时（见图 2-10），输出端是高电平还是低电平？这要取决于所接电阻 R 的阻值。当电阻 R 大于一个被称为开门电阻 R_{on} 的电阻时，输入相当于高电平，与非门输出为低电平；当 R 小于一个被称为关门电阻 R_{off} 的电阻时，输入相当于低电平，与非门的输出为高电平。下面讨论与非门的开门电阻 R_{on} 和关门电阻 R_{off} 的概念。

1）关门电阻 R_{off}

当与非门输入端接有电阻 R 时，$R = 0$，该支路中的电流即为 I_{IS}。当 R 稍有增加时，R 上的压降也稍有增加，但这个压降 u_I 很小，仍能保持输入低电平的状态。随着 R 的增加，u_I 不

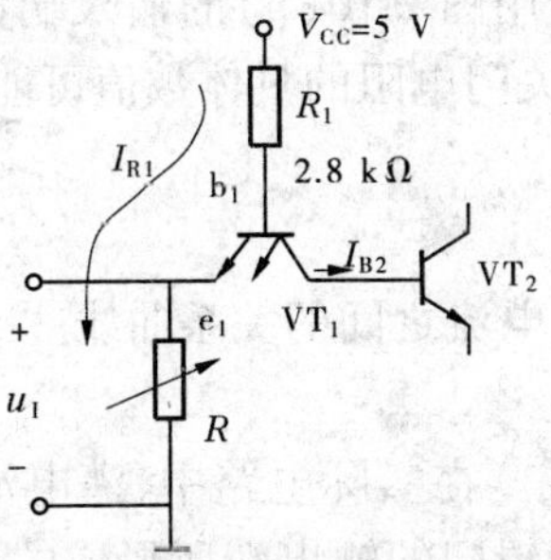

(a)实验电路

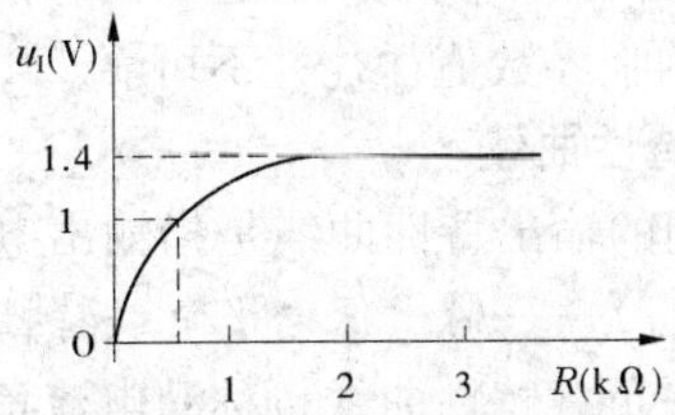

(b)输入端负载特性

图 2-10 输入端电阻对与非门工作状态的影响

断增加，当增加至某一数值时，R 上的电位达到 U_{off}。输出电压就要开始从 U_{OH} 下降，此时对应的电阻值称为关门电阻 R_{off}。当 $R<R_{off}$，与非门处于关态。

当 $R<R_{off}$时，I_{R1} 经 VT_1 发射结几乎全部流入 R，VT_2 此时处于截止状态。若取 TTL 与非门的 $U_{off}=1$ V，则可算出 R_{off}。

R 上的压降 u_I 可由下式得

$$u_I = \frac{V_{CC} - U_{BE1}}{R_1 + R}R \tag{2-6}$$

当 $u_I=U_{off}$时，$R=R_{off}$，可得

$$R_{off} = \frac{R_1 U_{off}}{V_{CC} - U_{BE1} - U_{off}} \tag{2-7}$$

当 $R_1=2.8$ kΩ，$V_{CC}=5$ V，$U_{BE1}=0.7$ V，$U_{off}=1$ V 时，代入式(2-7)可得关门电阻 $R_{off}=0.85$ kΩ。当 $R<R_{off}=0.85$ kΩ 时，与非门处于关态。

2）开门电阻 R_{on}

如果把与非门输入端的电阻 R 继续加大，输入电压 u_I 随之增加，当 u_I 增加到开门电平 U_{on}时，与非门转入开态，输出低电平。此时，对应的电阻值就是开门电阻 R_{on}。即当 $R>R_{on}$时，与非门处于开态。

由图 2-10(a)可知，当 $u_I=U_{on}$时，I_{R1} 将有一部分被分到 VT_2 的基极，由于与非门的状态刚刚由关态转为开态，分流到 VT_2 基极的电流还不算大。为了简化计算，可忽略 VT_2 的基流，仍可列出下式：

$$u_I = \frac{V_{CC} - U_{BE1}}{R_1 + R}R$$

当 $u_I=U_{on}$时，$R=R_{on}$，推导后可得

$$R_{on} = \frac{R_1 U_{on}}{V_{CC} - U_{BE1} - U_{on}} \tag{2-8}$$

将 $R_1=2.8$ kΩ、$V_{CC}=5$ V、$U_{BE1}=0.7$ V、$U_{on}=1.8$ V 代入式(2-8)可得开门电阻 $R_{on}=2$ kΩ。当 $R>R_{on}=2$ kΩ 时，与非门处于开态。实际上由于有 I_{B2}的分流，对于 $R=2$ kΩ，其上的压降要小于 1.8 V，为了保证与非门可靠地开启（输出低电平），R 常取得比 2 kΩ 稍大些。一般常选 $R_{on}=2.5$ kΩ。

R 从零开始逐渐增大，u_I 也不断增加，这一关系可用图 2-10(b)的输入端负载特性曲线来描述。要注意对于不同系列的逻辑门，开门电阻和关门电阻的具体数值可能差别很大，所以取以上计算的临界数值往往并不可靠。

（二）输出特性曲线

TTL 与非门的输出特性曲线是指输出电压和输出电流之间的关系曲线。

1. $u_{OL}=f(i_{OL})$——输出低电平负载特性曲线

输出低电平负载特性曲线也称灌电流负载性曲线。在实际电路中，灌电流是由后面所接的逻辑门输入低电平电流汇集在一起而灌入前面逻辑门的输出端所形成的，如图 2-11 所示。显然，灌电流负载特性曲线及其测试电路如图 2-12 所示，输入端所加的逻辑电平保证输出端能够获得低电平，只不过灌电流是通过接向电源的一只电位器而获得的，调节电位器可改变灌电流的大小，输出低电平的电压值也将随之变化。

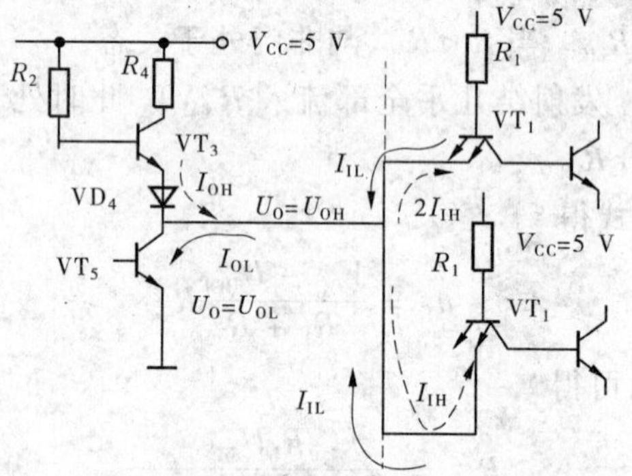

图 2-11　灌电流(实线箭头)与拉电流(虚线箭头)示意图

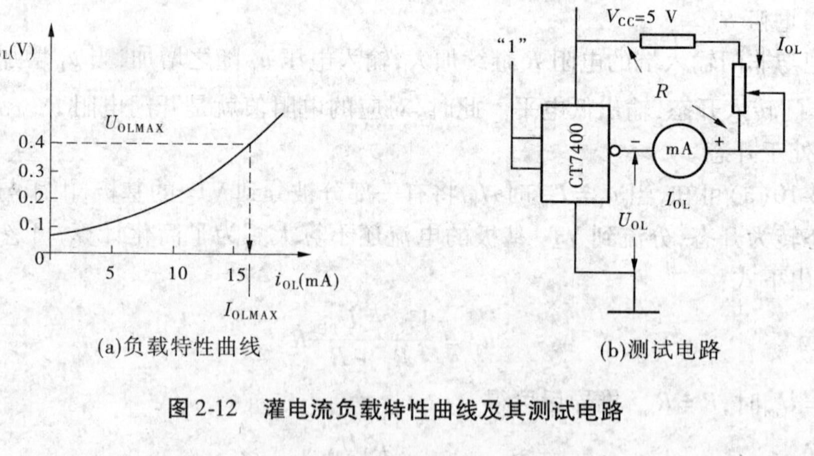

图 2-12　灌电流负载特性曲线及其测试电路

当输出低电平的电压值随着灌电流的增加而增加到输出低电平最大值时，即 $u_{OL}=U_{OLMAX}$ 时所对应的灌电流值定义为输出低电平电流的最大值 I_{OLMAX}。针对不同系列的逻辑电路，或同一系列中不同的型号的集成电路，国家标准中对输出低电平电流的最大值 I_{OLMAX} 的规范值的规定往往是不同的，比较常用的数值如下所示。

TTL 系列：$I_{OLMAX}=16$ mA。

LSTTL74 系列：$I_{OLMAX}=8$ mA。

LSTTL54 系列：$I_{OLMAX}=4$ mA。

扇出系数 N_O 是描述集成电路带负载能力的参数，它的定义式为

$$N_O=\frac{I_{OLMAX}}{I_{ILMAX}} \tag{2-9}$$

在决定扇出系数时，正确计算电流值是非常重要的，对于图 2-11 而言，后面所接的逻辑门的输入端有并联的情况。当输出为低电平时，后面逻辑门输入端流出的 I_{IL}，由于 R_1 的限流作用，其值与并联端头数无关。但是，当输出为高电平时，电流的方向改为流进输入端，后面逻辑门输入端的多发射极三极管相当于两个三极管并联。流入的 I_{IH} 就要加倍，其值与并联端头数有关。因此，在输出低电平和输出高电平两种情况下，扇出系数可能是不同的。由于 I_{IL} 的数值比 I_{IH} 的数值要大很多，对于集成电路来说，矛盾的主要方面是低电平扇出系数。所以，一般我们只需要考虑低电平扇出系数就可以了。

2. $u_{OH}=f(i_{OH})$——输出高电平负载特性曲线

在实际电路中，拉电流是由前面的逻辑门流出的高电平负载电流，流向后面所接的逻辑门的输入端。此时由于后面所接逻辑门的输入三极管的发射结是反向偏置，I_{IH} 很小，所以拉电流也比较小。拉电流的测试电路如图 2-13(b) 所示。

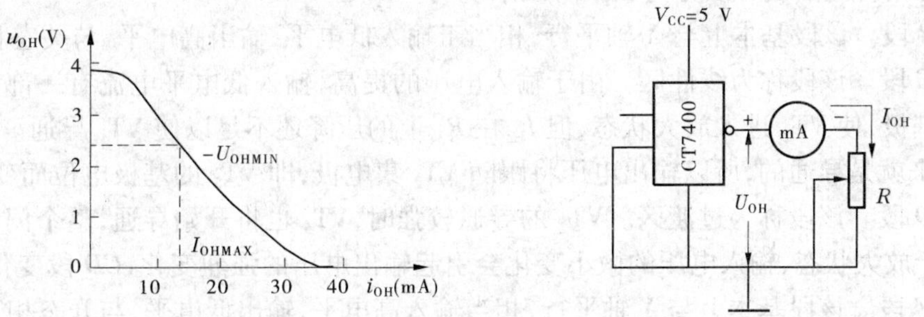

(a)拉电流负载特性曲线　　　　(b)测试电路

图 2-13　拉电流负载特性曲线及测试电路

输入端所加的低电平，是为了获得输出高电平，只不过拉电流是通过接向地线的一只电位器而获得电流通路，调节的电位器可改变拉电流的数值。输出高电平负载特性曲线的实测结果如图 2-13(a) 所示，其基本规律是随着拉电流的增加，输出高电平下降，当 $u_{OH}=U_{OHMIN}$ 时所对应的拉电流值定义为输出高电平电流的最大值 I_{OHMAX}。针对不同系列的逻辑电路，或同一系列中不同的型号的集成电路，国家标准中对输出电平电流的最大值 I_{OHMAX} 的规范值的规定往往是不同的。比较常用的数值如下所示。

标准 TTL 系列：$I_{OHMAX}=-400$ μA。

低功耗肖特基 LSTTL 系列：$I_{OHMAX}=-400$ μA。

−400 μA 前面的负号表示电流的方向是从集成电路流出的，正号表示电流是流进集成电路中的。

(三) $u_O=f(u_I)$——电压传输特性曲线

电压传输特性曲线表示输出电压随输入电压变化而变化的规律。正常使用时,逻辑门的输入是双值逻辑信号,在研究电压传输特性时,为了全方位地了解输入和输出的关系,所加的输入信号是从0 V连续变化到电源电压值。电压传输特性曲线的实验电路如图2-14所示,电压传输特性曲线如图2-15所示。

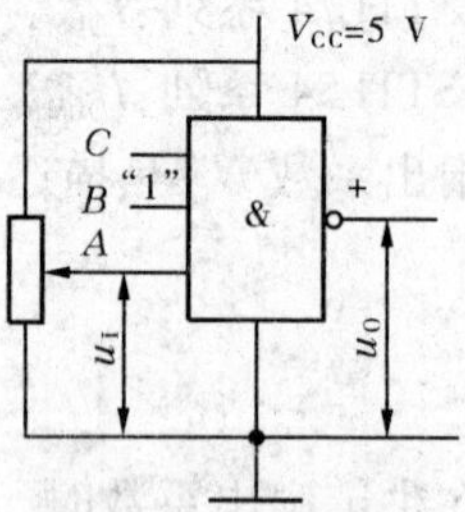

图2-14　实验电路

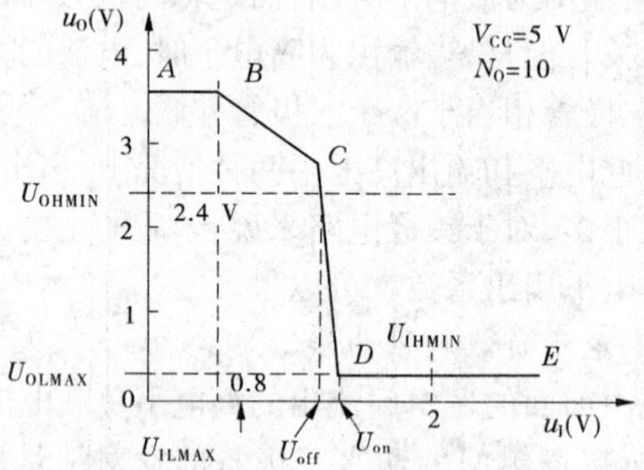

图2-15　电压传输特性曲线

电压传输特性曲线可以分为四个阶段来说明。

(1) *AB* 段。该段基本上与 *X* 轴平行,相当于输入低电平,输出高电平,与关态相当。

(2) *BC* 段。该段称为线性区。由于输入电压的提高,输入低电平电流有一部分开始流入 VT_2 的基极,使 VT_2 进入放大状态,但 I_{E2} 在 R_3 上的压降还不足以使 VT_5 导通。此时 VT_3 和 VD_4 原来就是导通的,所以输出电压将跟随 VT_2 集电极,即 VT_3 的基极电位而变化。

(3) *CD* 段。该段称为过渡区。VT_2 的导通较强时,VT_5 也将开始导通,整个门电路的三极管均处于放大状态,输入电压的微小变化会引起输出电压的强烈变化,*CD* 段变化很陡。

(4) *DE* 段。该段基本上与 *X* 轴平行,相当输入高电平,输出低电平,与开态相当。

由电压传输特性曲线,不仅可以知道与非门输出高电平 U_{OH} 和低电平 U_{OL} 的值,而且还可以求出阈值电压、关门电平、开门电平和噪声容限等重要参数。

1. 阈值电压

电压传输特性的过渡区(*CD* 段)所对应的输入电压,既是决定 VT_5 管截止和导通的分界线,又是决定输出高、低电平的分界线,因此经常形象地把这个电压叫做阈值电压或门槛电压,并用 U_T 表示。然而,过渡区所对应的输入电压,实际上有一定的范围,所以严格地讲,应当把阈值电压定义为过渡区中 $u_I=u_O$ 那一点所对应的输入电压值。

U_T 是一个很重要的参数,在近似分析估算中,常把它作为决定与非门工作状态的关键值。当 $u_I>U_T$ 时,就认为与非门开启,输出为低电平 U_{OL};当 $u_I<U_T$ 时,就认为与非门截止,输出为高电平 U_{OH}。

2. 关门电平和开门电平

输出电压下降到 U_{OH} 下限值时,对应的输入电压称做关门电平(U_{off})。显然只有当 $u_I<U_T$ 时,u_O 才是高电平 U_{OH}。当 $u_I>U_{off}$ 时,u_O 迅速下降到 U_{OL}。当 u_O 刚刚降到 U_{OL} 时,对应的输入电压定义为开门电平(U_{on}),U_{on} 相当于电压传输特性曲线中 *D* 点对应的输入电压值。

当 $u_I > U_{on}$时，u_O 为低电平 U_{OL}。

由于电压传输特性曲线中对应 U_{off}和 U_{on}处是很陡的，所以 U_{off}与 U_{on}不便于测量，此外，电源、温度的变化也会影响 U_{off}和 U_{on}，加上制造上不可避免的分散性，在工厂中不便通过这两个参数的测试来确定每个逻辑门是否合乎标准。因此，技术规范确定，U_{off}和 U_{on}各让出一定的电压值，确定了输入低电平最大值 U_{ILMAX}和输入高电平最小值 U_{IHMIN}以分别代替 U_{off}和 U_{on}。当 $u_I < U_{ILMAX}$时电路处于关态；当 $u_I > U_{IHMIN}$时电路处于开态。要注意 U_{ILMAX}和 U_{IHMIN}是用于测试，而 U_T 是用于分析，它们的概念相近，但用途不同。

3. 噪声容限

由图 2-15 和以上分析可知，当输入低电平时，虽有外来正向干扰，但只要不超过 U_{ILMAX}，电路的关态就不会受到破坏。输入低电平时，允许的干扰电平范围（$U_{ILMAX} \sim U_{OL}$）称为低电平噪声容限 U_{NL}。同样，当输入高电平时，加上外来干扰，只要不低于最小输入高电平，就不会破坏电路的开态。输入高电平时，允许的干扰电平范围（$U_{OH} \sim U_{IHMIN}$）称为高电平噪声容限 U_{NH}，参阅图 2-16。

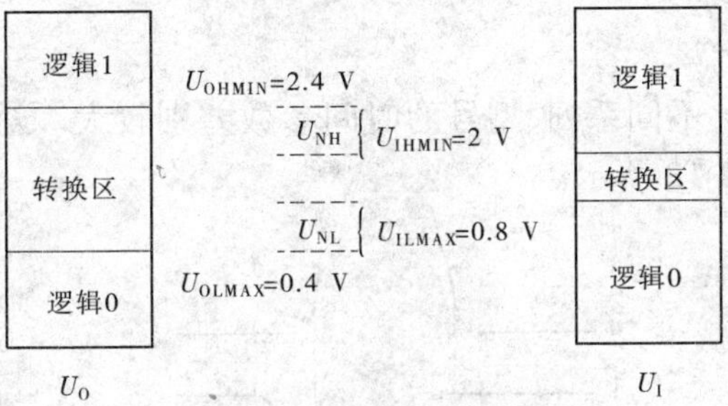

图 2-16　噪声容限的概念

由图 2-16 可知，TTL 与非门的低电平噪声容限为 $U_{NL} = U_{ILMAX} - U_{OL} = 0.8 - U_{OL}$，约 0.4 V；高电平噪声容限为 $U_{NH} = U_{OH} - U_{IHMIN} = U_{OH} - 2$，约 0.4 V。所以，在 TTL 电路中，噪声容限约 0.4 V。

三、参数与指标

逻辑门的参数分为静态参数和动态参数，或分别称之为直流参数和交流参数。静态参数有电压参数、电流参数、电源参数，动态参数主要指时间参数，分述如下。

（一）电压参数

电压参数在讲特性曲线时已经基本上都提到了，现归纳如下。

U_{OHMIN}——输出高电平电压最小值；

U_{OLMAX}——输出低电平电压最大值；

U_{ILMAX}——输入低电平电压最大值；

U_{IHMIN}——输入高电平电压最小值。

（二）电流参数

电流参数如下所述：

I_{OHMAX}——输出高电平电流最大值（拉电流）；

I_{OLMAX}——输出低电平电流最大值（灌电流）；

I_{IHMAX}——输入高电平电流最大值；

I_{ILMAX}——输入低电平电流最大值。

I_{IH}的测试电路如图 2-17 所示，其他测试电路读者可以根据被测试的参数的概念和要求自己确定。

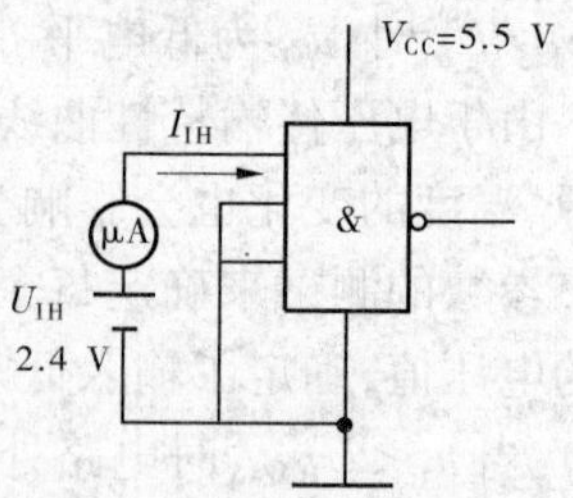

图 2-17　I_{IH}的测试电路

（三）电源参数

电源参数如下所述：

V_{CC}——电源供电电压；

I_{CCL}——输出低电平电源电流；

I_{CCH}——输出高电平电源电流；

P_0——静态功耗。静态功耗可由下式计算得出

$$P_0 = 0.5(I_{CCL} + I_{CCH})V_{CC}$$

要注意对于几个相同的逻辑电路封装在一起的产品，如内含四个二输入与非门的 CT74LS00，从电源端（14 脚）测出的电流是四个逻辑门的电流值，计算出来的功耗要除以 4 才是一个逻辑门的功耗。

（四）时间参数

时间参数是动态参数，不同系列、型号的时间参数差别较大。对逻辑门而言，一般分为如下三个时间参数，如图 2-18 所示。

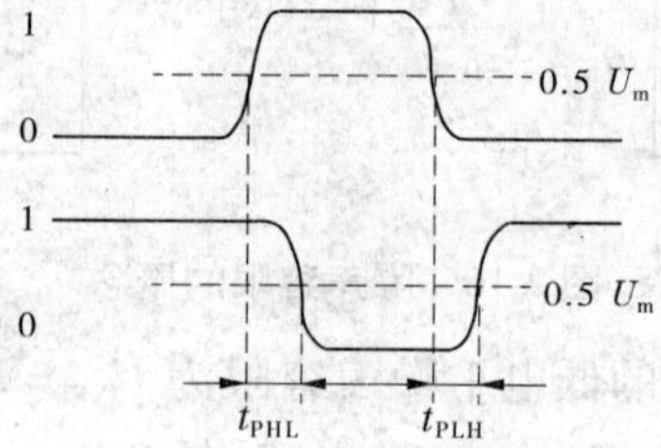

图 2-18　输出对输入的时间延迟

t_{PHL}——输出电压从高电平变化到低电平相对于输入电压变化的延迟时间；

t_{PLH}——输出电压从低电平变化到高电平相对于输入电压变化的延迟时间；

t_{pd}——t_{PHL}和t_{PLH}的平均值，则

$$t_{pd} = \frac{t_{PHL} + t_{PLH}}{2} \tag{2-10}$$

与非门平均传输延迟时间是指一个数字信号从输入端输入，经过门电路再从其输出端输出所延迟的时间，它反映了电路传输信号的速度。

为了测试方便，都以电压波形摆幅的二分之一处为起始点去测量平均延迟时间。从输入上升边 50% 到输出下降边 50% 为止的时间叫做导通延迟时间 t_{PHL}；从输入下降边 50% 到输出上升边 50% 为止的时间叫做截止延迟时间 t_{PLH}。导通延迟时间和截止延迟时间的平均值称为平均延迟时间（见图 2-18）。标准 TTL 门的平均传输延迟时间的典型值约 10 ns。

四、其他类型 TTL 门电路

常用的门电路，除上面所介绍的 TTL 与非门外，还有许多其他类型的 TTL 门电路，例如

或非门、与或非门、或门、异或门,集电极开路(OC)门以及三态门等。这些门的电路结构的基本部分和与非门差不多,这里就不一一介绍了,下面仅介绍其中两种。

(一)集电极开路门(OC门)

1. 工作原理

将TTL与非门中的 VT_3、VD_4 去掉,就得到集电极开路(Open Collector)与非门,如图2-19所示。由于 VT_5 的上拉部分 VT_3、VD_4 已去掉,VT_5 将不能得到高电平,为此OC门在工作时必须在输出端与电源之间接一个电阻,这个电阻称为上拉电阻。

上拉电阻的接入给OC门带来一些特点,即OC门的输出端可以并联。标准TTL系列的推挽输出级(图腾输出级)是不允许输出端并联的,例如两个逻辑门的输出端并联,一个是高电平输出,另一个是低电平输出,因为处于开态的输出管电阻很小,从另一个门就会有很大的拉电流流出,灌入处于开态的输出管中。从而使输出电压值超出规定的逻辑电平,最后门的输出即不是高电平,也不是低电平,在双值逻辑系统中出现这种情况是不允许的。

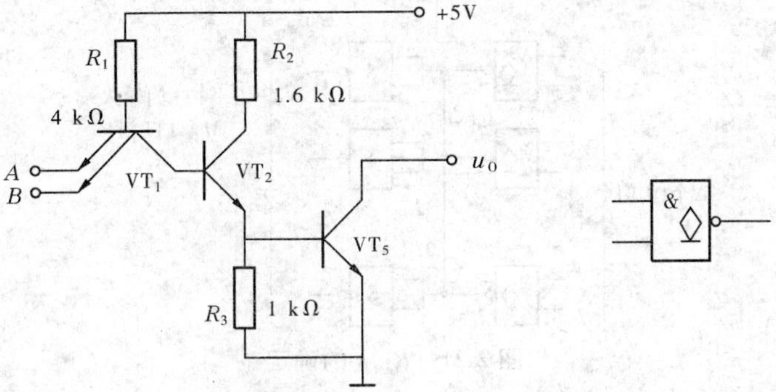

(a)电路图　　(b)国标符号

图2-19　OC门电路及符号

与TTL与非门不同的是,它可以将几个OC门的输出端连在一起,公用一个集电极负载电阻 R_c,只要 R_c 的阻值大小合适,电路就可正常工作。当然也可一个门单独使用。

图2-20中给出了两个OC门连接的情况。门 G_1 的输出 $U_{O1}=\overline{AB}$,门 G_2 的输出 $U_{O2}=\overline{CD}$。现将两个门的输出端连在一起后,只要其中有一个输出低电平,总的输出就是低电平。只有两个门都输出高电平时,总的输出才是高电平。这相当于"与"的逻辑关系,这个与逻辑关系是在输出线上实现的,称为"线与"。所以有

$$U_O = U_{O1}\cdot U_{O2} = \overline{AB}\cdot\overline{CD} \tag{2-11}$$

由摩根定理可以确定,OC门的输出和各与非门的输入之间满足与或非的逻辑关系,即

$$U_O = \overline{AB}\cdot\overline{CD} = \overline{AB+CD} \tag{2-12}$$

上述逻辑关系的获得,并不需要增添很多元件,只外接一个负载电阻即可,因而十分方便、经济,同时OC门的功耗也有所下降。但需注意,不是什么样的与非门都可以在输出端"线与"起来。

2. 集电极负载电阻的确定

当 R_c 的值大小合适,OC门连在一起才能正常工作。当 N 个OC门并联后输出高电平,即 U_{OH},后面带 K 个TTL门输入端,见图2-21。根据图中有关电流的标记,可得

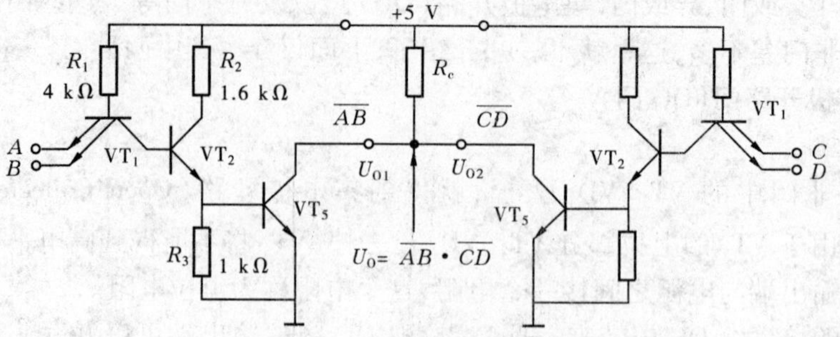

图 2-20　OC 门实现“线与”

$$U_{OH} = V_{CC} - I_{Rc}R_c = V_{CC} - (NI_{CEX} + KI_{IH})R_c \tag{2-13}$$

式中　I_{CEX}——OC 门输出管的漏电流。

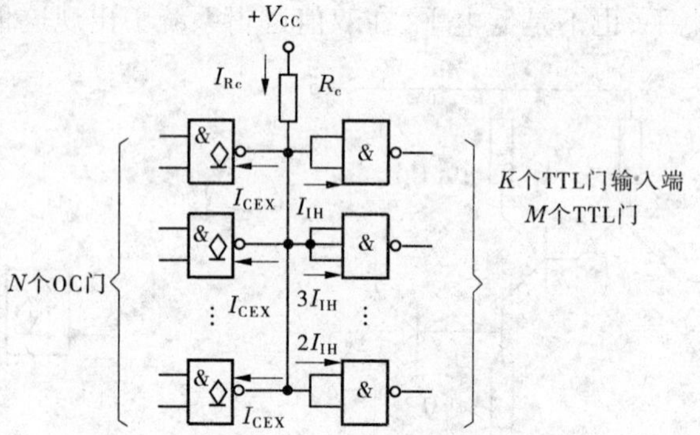

图 2-21　R_{cMAX}的确定

后面连接的 TTL 门，输入端有的并联，有的不并联，对 I_{IH}的计算会有不同的结果。在前面已经给予了说明。由式(2-13)可看出，如果 R_c 越大，U_{OH}越低，U_{OH}是有一定下限值的。U_{OHMIN}因电路的用途、使用条件等不同，可以有些差别。将 U_{OHMIN}代入上式，可得 R_{cMAX}，即

$$R_{cMAX} = \frac{V_{CC} - U_{OHMIN}}{NI_{CEX} + KI_{IH}} \tag{2-14}$$

当 OC 门中有低电平输出时，对应的电路情况见图 2-22。由图中有关电流的标记可得

$$I_{OL} = I_{Rc} + MI_{IL} = \frac{V_{CC} - U_{OL}}{R_c} + MI_{IL} \tag{2-15}$$

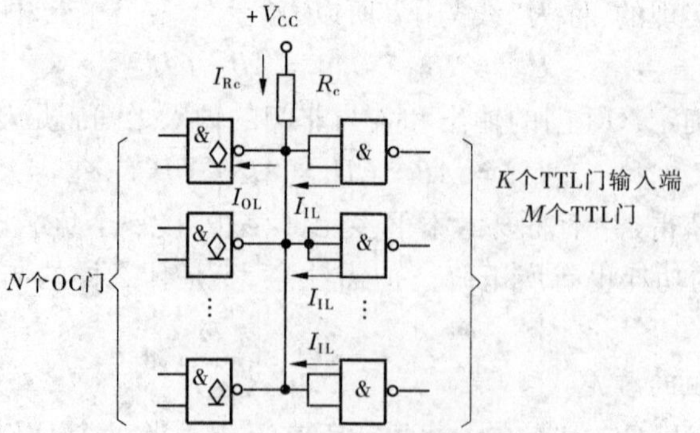

图 2-22　R_{cMIN}的确定

显然 R_c 越小，流入 OC 门中的电流越大，U_{OL}上升得越多，U_{OL}有一定的上限值，当 U_{OL}上限值一定时，就确定了 R_c 的最小值。于是有

$$R_{cMIN} = \frac{V_{CC} - U_{OLMAX}}{I_{OL} - MI_{IL}} \tag{2-16}$$

最后应取

$$R_{cMIN} \leqslant R_c \leqslant R_{cMAX} \tag{2-17}$$

从工作速度考虑，R_c 越大，驱动电容负载的能力越差，工作速度会降低，如果从提高工作速度这一角度考虑，R_c 应取接近 R_{cMIN} 值。如果对工作速度没有特别的要求，R_c 一般选 5～10 kΩ 即可。

（二）三态门（TS 门）

1. 工作原理

三态与非门与一般与非门不同，它的输出端除可以出现高电平、低电平外，还可以出现第三种状态——高阻状态，或称禁止状态。图 2-23 的电路就是一个三态门电路的实例。这个电路实际上是由两个与非门加上一个二极管 VD 组成的。这是标准 TTL 三态与非门的典型电路。

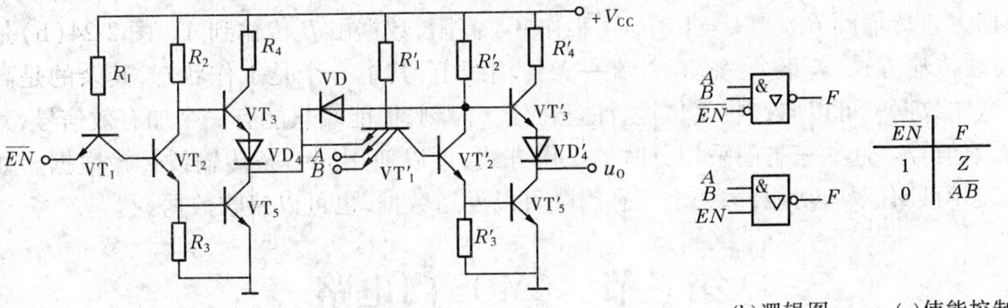

(a)电路图 (b)逻辑图 (c)使能控制

图 2-23 三态与非门

图 2-23(a)的右半部分就是一个与非门，左半部分是一个非门，非门的输入端是$\overline{EN}$。$\overline{EN}$(Enable)称为使能端，在本电路中是低电平有效。

当$\overline{EN}=0$时，左侧的非门输出一个高电平给右侧的与非门。这时，二极管 VD 截止不起作用，右边的与非门将按照与非的逻辑关系把输入信号 u_{I1} 和 u_{I2} 传送到输出端，即当$\overline{EN}=0$时，$u_O=\overline{u_{I1}\cdot u_{I2}}=\overline{AB}$。

当$\overline{EN}=1$时，应该是第三种高阻状态。$\overline{EN}=1$使非门输出一个低电平给与非门，与非门的输入端有一个是低电平，这个低电平，应该使与非门输出高电平，即与非门输出级的 VT'_5 是截止的。这时只要将与非门输出级的上拉部分截止，就可以获得 VT'_3 和 VT'_5 都截止的高阻状态。非门输出低电平，二极管 VD 导通，这时 $U'_{b3}\approx1$ V，所以 VT'_3 和 VD'_4 截止。这时从输出端看进去，VT'_3、VD'_4 和 VT'_5 均截止，电路处于高阻状态。

因此，我们把三态门按与非逻辑功能工作的状态称做三态门的工作状态。左边的非门称做三态门的控制部分，使能端可以是低电平有效，也可以是高电平有效，这在逻辑符号上有一些不同，如图 2-23(b)所示。图 2-23(b)上面的逻辑符号是使能端$\overline{EN}=0$为工作状态，下面的逻辑符号是使能端 $EN=1$ 为工作状态。图 2-23(a)的电路对应的是使能端低电平为

工作状态。图 2-23(c)列出了$\overline{EN}=0$时对应的控制表,$EN=1$时的控制表可自行分析。

现行国标三态门的逻辑符号,在输出端边框线内侧加一个等边三角形,一角向下。EN 为使能端,有空心小圆者,代表 EN 低电平使能;无空心小圆者,代表 EN 高电平使能。高阻状态常用字母 Z 表示。

2. 三态门的应用

三态门在数字电路中是一种重要的器件,它大多挂接在一组总线(BUS)上,以实现不同数字部件之间的数据传输,见图 2-24。

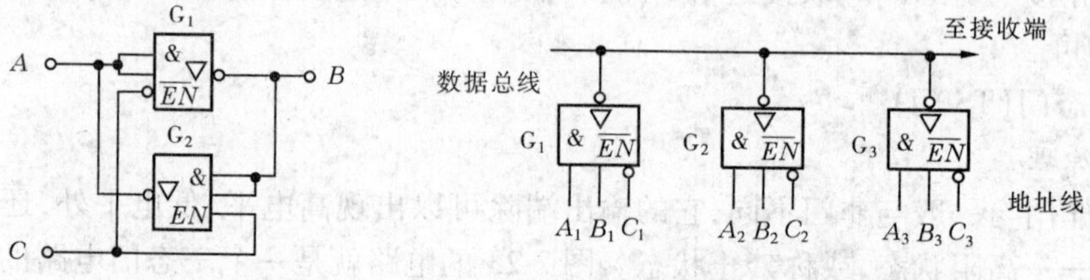

(a)数据的双向传输　　(b)数据的总线传输

图 2-24　三态门的应用

图 2-24(a)的电路可实现数据的双向传输,当控制端$C=0$时,三态门 G_1 工作,G_2 高阻,数据由 A 传输到 B。当$C=1$时,G_2 工作,G_1 高阻,数据由 B 传输到 A。图 2-24(b)是数据的总线传输方式,若干个三态门挂在一条传输线上,其中一个是工作状态,其余的是高阻状态,这样数据就可以向接收端传输,注意在任一时刻,使能端只能有一个加有效信号,其余均加无效信号。这些三态门采用分时的工作方式,可以使用同一条传输线传输数据。如果这些三态门具有双向功能,每一个三态门既可以发送数据,也可以接收数据。

第三节　CMOS 门电路

MOS 集成电路(场效应管集成电路)有很多特点:①工艺简单,集成度高(在 $3\ mm \times 5\ mm^2$ 单片上可做几万支管子);②MOS 管可以作为负载电阻使用,使 MOS 集成电路完全 MOS 管化(除 MOS 管外,不包括电阻等其他元件);③输入阻抗高,可以超过 $10^{10}\ \Omega$,扇出数目大;④功耗小,噪声小;⑤可以做成双向开关;⑥利用极间电容存储电荷效应,可以组成动态存储器件。MOS 电路与前面讲过的双极型门电路相比,主要的缺点是开关速度较低。

场效应 MOS 集成电路几乎是与双极型的 TTL 集成电路系列同时发展起来的。MOS 集成电路根据 MOS 管的不同,又分为 PMOS、NMOS 和 CMOS 三种,其中 PMOS 和 NMOS 逐渐被淘汰。把 NMOS 管和 PMOS 管做到一起,形成互补 MOS 电路 CMOS(Comple Mentary MOS)。CMOS 集成电路出现于 20 世纪 60 年代后期,非常适合制作大规模集成电路。随着 CMOS 制作工艺的不断进步,无论在工作速度还是在驱动性能上,CMOS 电路都不比 TTL 电路逊色。因此,COMS 电路逐渐取代 TTL 电路成为集成电路的主流产品。这种电路的工作频率可提高到 5 ~ 50 MHz,而且功耗极低,应用广泛。

一、CMOS 反相器

现代实用的 MOS 反相器是 CMOS 集成电路,其中 NMOS 管是驱动管,PMOS 管是负载管。这种结构的反相器,具有很好的传输特性,极小的功耗和较快的工作速度,是现代集成电路,特别是大规模集成电路的主流品种。

(一)CMOS 反相器的电路结构

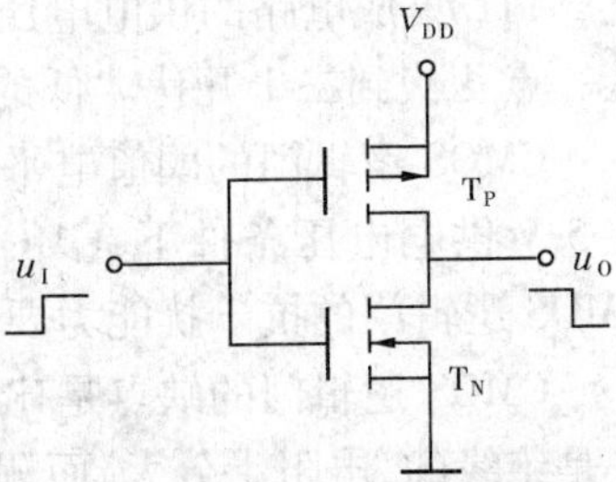

图 2-25　CMOS 反相器

CMOS 反相器的电路图见图 2-25。CMOS 反相器中的 NMOS 管和 PMOS 管一般都是增强型 MOS 管,两只管子的几何尺寸基本相同。两个漏极连在一起作为反相器的输出端,两个栅极连在一起作为反相器的输入端。P 沟管的源极接电源正极,手册上常标注 V_{DD};N 沟管的源极接地,手册上常标注 V_{SS}。并要求电源电压大于两个管子的开启电压的绝对值之和。即 $V_{DD} > |U_{thonP}| + |U_{thonN}|$,为了简化下标,该式也写成 $V_{DD} > |U_{TP}| + |U_{TN}|$,$V_{DD}$ 有 2 ~ 3 V 即可使电路工作。

(二)CMOS 反相器工作原理

当 u_I 为高电平时,T_N 的栅源电压 U_{GSN} 大于开启电压 U_{TN},于是 T_N 管导通。对于 T_P 管来说,由于栅极电位较高,栅源间的电压 U_{GSP} 绝对值小于 T_P 开启电压的绝对值 $|U_{TP}|$,因此 T_P 管截止。T_N 导通和 T_P 截止使反相器输出低电平。

当 u_I 为低电平时,T_N 栅源间的电压 U_{GSN} 小于 T_N 的开启电压,T_N 管截止。对于 T_P 来说,由于栅极电位较低,使栅源电压 U_{GSP} 绝对值大于 T_P 开启电压的绝对值,因此 T_P 管导通。T_N 截止和 T_P 导通使反相器输出高电平。

由上述可知,当反相器处于稳态时,无论是输出高电平还是低电平,T_P 和 T_N 中必有一个截止,另一个导通。电源只向反相器提供纳安级的漏电流,故 CMOS 电路具有静态功耗很低的优点。

反相器输出低电平时,由于 T_P 截止,相当于一个几兆欧以上的大电阻,T_N 导通相当于一个几百欧的小电阻,因此逻辑低电平值一般不足 0.1 V。反相器的输出由高电平变为低电平时,T_N 导通,由于 N 沟管的沟道电阻小,给负载电容提供一快速放电回路。反相器的输出由低电平变为高电平时,T_P 导通,由于 P 沟管的沟道电阻小,给负载电容提供一快速充电回路。所以,CMOS 门电路的开关速度较快。

当负载电容较小时,或采用驱动电流大的电路后,CMOS 反相器的平均延迟时间可以少到几十纳秒。

(三)CMOS 反相器的一些特点

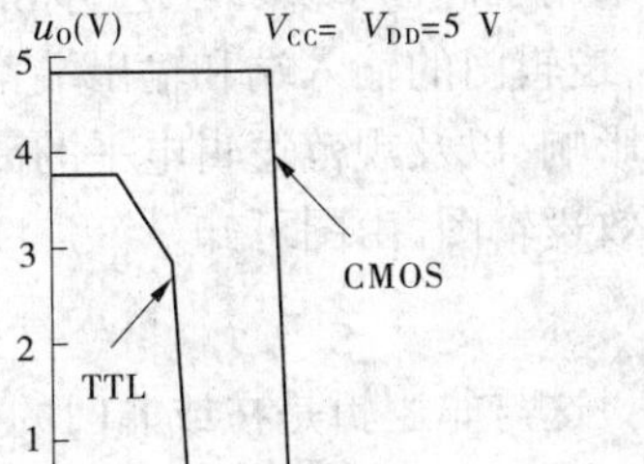

图 2-26　CMOS 电压传输特性曲线

CMOS 逻辑门的电压传输特性曲线的外形与 TTL 逻辑门的外形相似,如图 2-26 所示,但两者相比也有较大不同。

CMOS 逻辑门的输出高电平的数值基本上等于电源供电电压值。也就是说,为了获得一个相同的高电平值,对于 CMOS 集成电路所需要的供电电压值要更小一些,或称之为 CMOS 集成电路对电源电压的利用率高。在 5 V 供电电压条件下,CMOS 逻辑门的高电平值要比 TTL 逻辑门高出大约 1 V。

CMOS 逻辑门的输出低电平的数值基本上等于零,一般小于 0.1 V,CMOS 逻辑门的低电平值要比 TTL 逻辑门更低,所以 CMOS 逻辑门的逻辑摆幅比 TTL 逻辑门要大许多。

一般条件下，CMOS 的高电平比 V_{DD} 小 0.1 V，低电平约为 0.1 V。不同供电电压条件下，TTL 和 CMOS 逻辑门的逻辑电平的范围如图 2-26 所示。

TTL 集成电路的供电电压是 5 V，CMOS 集成电路可以有更宽阔的供电电压范围，可以从一点几伏到二十几伏。低的供电电压和微功耗，有利于制成便携式电子仪器。

CMOS 逻辑门的阈值电平大约等于电源电压的 50%，一般在电源电压的 45% ~ 55%。在 5 V 供电电压条件下，CMOS 逻辑门的阈值要比 TTL 逻辑门的阈值高出大约 1 V，因此 CMOS 逻辑门的抗干扰能力要比 TTL 逻辑门高，特别是在低电平侧。

CMOS 逻辑门的缺点是比较容易受到静电的损伤，由于场效应管的栅极与源极之间几乎是绝缘的，电阻十分大，而栅源之间的电容又较小。所以，一旦受到静电的影响，栅源之间会有较高的电压产生，这个电压很可能击穿栅极，使场效应管损坏。不过现在制造的 MOS 集成电路都有输入保护回路，用以防止静电损伤，但仍应注意静电的危害。

以下两个问题，虽不一定是缺点，需要注意。

CMOS 电路的功耗很小是指它的静态功耗很小，动态功耗不一定小。由于静态功耗极小，所以在 MOS 管的开关过程中，会有 NMOS 管从开到关，PMOS 管从关到开，或 NMOS 管从关到开，PMOS 管从开到关的短暂同时导通的时间，这样就形成了动态功耗。CMOS 电路的动态功耗基本上随工作频率的增加而线性增加。在静态时，CMOS 电路的静态功耗在微瓦数量级，在工作频率达到 1 MHz 时，可能达到毫瓦数量级。

CMOS 电路既然没有输入电流，那么它的扇出系数是否很大？答案是否定的。因为从电流的角度，CMOS 门是可以带很多很多的门，但从动态的情况看，带的门越多，输出端的分布电容也越大，相当于 C_L 很大，时间常数加大。这就使输出电压从低电平向高电平变化时，上升沿变慢，限制了该逻辑门的工作速度。所以，CMOS 电路的扇出系数也不是十分的大，扇出系数主要受制于逻辑门的工作速度。低速工作时，可以带较多的门；高速工作时，就带不了那么多了。

二、CMOS 与非门

CMOS 门电路是在 CMOS 反相器的基础上构成的，CMOS 门电路中无论是晶体管还是电阻负载全部由 MOS 管组成，具有全 MOS 管化的特点。

CC4011 和 54/74HC00 都是 2 输入四与非门，其电路构成相同。只不过高速 CMOS 电路采用了硅栅 CMOS 工艺，标准 CMOS 系列采用铝栅 CMOS 工艺。MOS 门电路在电路结构上，逻辑门的输入端和输出端都加有 MOS 反相器，为了增强带负载的能力，减轻逻辑门之间的影响，以及规范逻辑电平的高低。图 2-27(a) 为 CMOS 与非门的电路图，图 2-27(b) 为其等效逻辑图，由图可知

$$P = \overline{\overline{\overline{A} + \overline{B}}} = \overline{AB} \tag{2-18}$$

这与非逻辑是在或非门的基础上组合而成的，$\overline{A}$ 和 $\overline{B}$ 代表输入端的两个反相器；逻辑式最上面的大反号，则代表输出端的反相器。中间的或非门，N 沟管是并联结构；P 沟管是串联结构。所以，只要有一个输入端是低电平，经过输入侧反相器，加到或非门输入端的高电平就使 N 沟管导通，或非门输出低电平，经过输出侧反相器，输出端为高电平，符合与非门的逻辑关系。当两个输入端都是高电平时，输入侧的两个反相器输出都是低电平，使串联的两个 P 沟管导通，或非门输出高电平，经输出侧反相器输出低电平，这也符合与非门的逻辑关系。

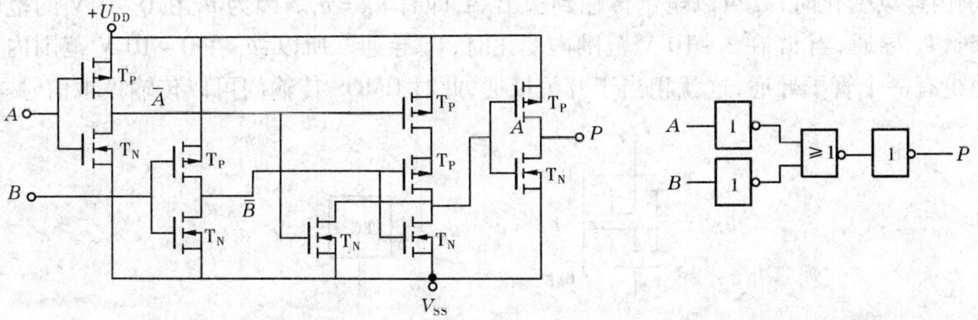

(a)电路图　　　　　　　　　　　　(b)等效逻辑图

图 2-27　CMOS 与非门

三、CMOS 或非门

图 2-28(a)为 CMOS 或非门的电路图，它是在中间与非电路的基础上，在输入端和输出端都加上起缓冲作用的反相器而得到的。图 2-28(b)为其等效逻辑图，由图可知

$$P = \overline{\overline{\overline{A}\cdot\overline{B}}} = \overline{A+B} \tag{2-19}$$

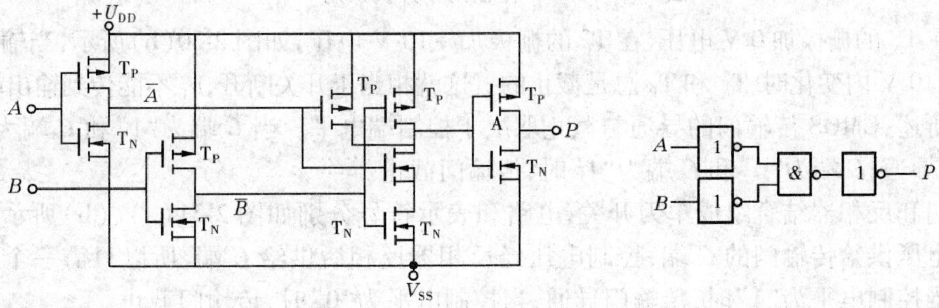

(a)电路图　　　　　　　　　　　　(b)等效逻辑图

图 2-28　CMOS 或非门

四、CMOS 传输门

CMOS 传输门电路和符号如图 2-29 所示。传输门是由 PMOS 管和 NMOS 管并联而成的。两个管的源极相接，作为输入端 u_I；两个管的漏极相接，作为输入端 u_O。两管的栅极作为控制端，分别作用一对互为反相的控制电压。由于 MOS 管的结构对称，源极和漏极可以互换，电流可以从两个方向流通，所以传输门的输入端和输出端可以对换。因此，CMOS 传输门具有双向特性，通常也称为双向开关。传输门在电路中起开关作用，当传输门导通时，输入信号传到输出端；当传输门截止时，输入信号则传不到输出端。CMOS 传输门具有很低的导通电阻(几百欧)和很高的截止电阻(大于 10^7 欧)，接近于理想开关。这种开关在数字系统中应用广泛，它和 CMOS 反向器、逻辑门相结合可以构成许多逻辑电路，例如 D 和 JK 触发器、移位寄存器等。在图 2-30(a)中，设 MOS 管开启电压绝对值均为 3 V，在 N 沟道管 T_N 的栅极 C 端加 +10 V 电压，P 沟道 T_P 的栅极 $\overline{C}$ 端加 0 V 电压。当输入电压 u_I 在 0 ~ 10

V 范围内连续变化时，u_I 可以全部传输到输出端，即有 $u_O = u_I$。因为 u_I 在 0 ~ 7 V 的范围内变化时，T_N 导通，当 u_I 在 3 ~ 10 V 范围内变化时，T_P 导通。所以，u_I 在 0 ~ 10 V 范围内变化时，至少有一个管子导通，这就相当于开关接通，此时 CMOS 传输门可以传输模拟信号。

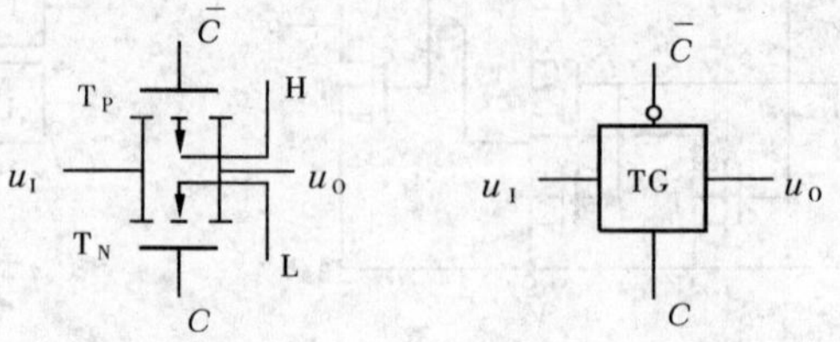

(a)CMOS传输门　　(b)逻辑符号

图 2-29　CMOS 传输门

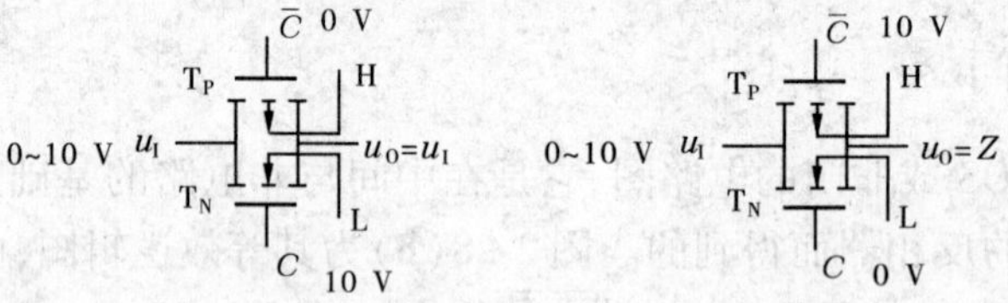

(a)传输信号的情况　　(b)不传输信号的情况

图 2-30　CMOS 传输门作开关使用

如果在 T_N 的栅极加 0 V 电压，在 T_P 的栅极加 +10 V 电压，如图 2-30(b)所示，当输入电压仍在 0 ~ 10 V 内变化时，T_N 和 T_P 总是截止的。这就相当于开关断开，u_I 不能传到输出端。

综上所述，CMOS 传输门的导通与截止取决于控制端电平。当 C 端为“1”和 $\bar{C}$ 端为“0”时，传输门导通；C 端为“0”和 $\bar{C}$ 端为“1”时，传输门截止。

传输门和反相器结合组成单刀开关，电路和表示符号分别如图 2-31(a)、(b)所示。开关的控制电压供给传输门的 C 端，控制电压经反相器反相后供给 $\bar{C}$ 端，所以只需一个电压控制端。当控制电平为“1”时，传输门导通；当控制电平为“0”时，传输门截止。

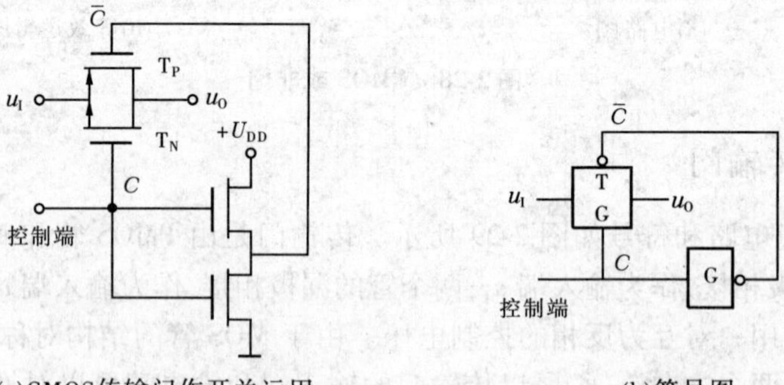

(a)CMOS传输门作开关运用　　(b)符号图

图 2-31　CMOS 传输门作开关

五、CMOS 集成电路的主要特点和使用注意事项

(一)特点

CMOS 集成电路的主要特点如下所述：

(1)低功耗。

(2)工作电源电压范围宽。

4000 系列:3 ~ 18 V。

4500 系列:3 ~ 15 V。

高速系列(74HC 系列):3 ~ 6 V。

先进系列(74AC 系列):2 ~ 6 V。

(3)抗干扰能力强。

(4)带负载能力强。CMOS 电路输入阻抗高,输出阻抗低,因此扇出系数很高。

(5)输出幅度大。

(二)使用注意事项

CMOS 集成电路的使用注意事项如下所述:

(1)电路中多余的输入端不允许悬空。

(2)注意输入电路的过流保护。

(3)电源电压极性不能接反,防止输出短路。

(三)TTL 与 CMOS 电路的接口

(1)由 TTL 到 CMOS 的接口电路如图 2-32 所示。

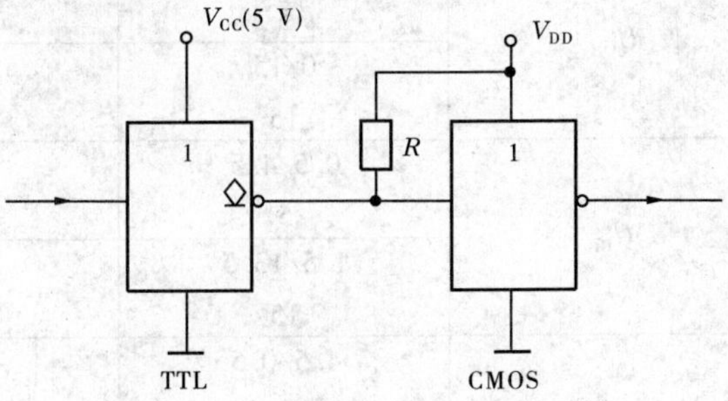

图 2-32　由 TTL 到 CMOS 的接口电路

(2)由 CMOS 到 TTL 的接口电路如图 2-33 所示。

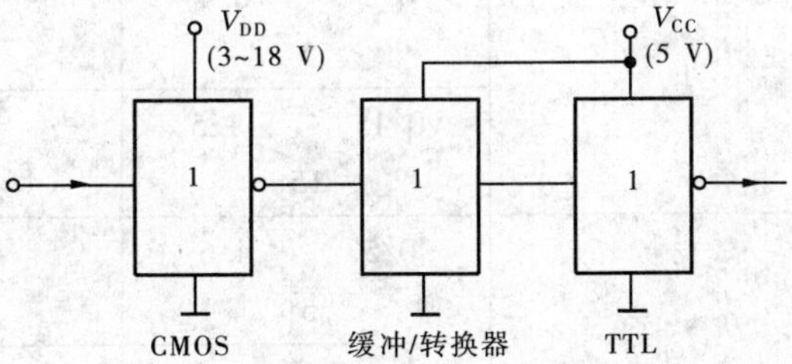

图 2-33　由 CMOS 到 TTL 接口电路

六、CMOS 门电路的参数指标

下面给出 CC4011、54/74HC00 和 54/74HCT00 的主要技术指标,以便熟悉电路的性能和查阅元件手册。54/74HC 是高速 CMOS 系列数字集成电路,54/74HCT 系列是一种在逻辑电平上可以直接与 TTL 电路兼容接口的 CMOS 集成电路。上述各门的技术指标分别见表 2-6 ~ 表 2-9。

表 2-6　CC4011 静态参数指标

名称	符号		测试条件 U_I(V)/U_O(V)	测试条件 V_{DD}(V)	参数规范（常温下）	单位
电源静态电流	I_{DD}	Ⅰ类	0/5	5	0.25	μA
			0/15	15	1	
		Ⅱ类	0/5	5	1	
			0/15	15	4	
输出低电平电压	U_{OL}		0/5	5	0.05	V
			0/15	15	0.05	
输出高电平电压	U_{OH}		0/5	5	4.95	V
			0/15	15	14.95	
输入低电平电压	U_{IL}		0.5/4.5	5	1.5	V
			1.5/13.5	15	4.0	
输入高电平电压	U_{IH}		4.5/0.5	5	3.5	V
			13.5/1.5	15	11	
输出低电平电流	I_{OL}		0/5　0.4	5	0.51	mA
			0/15　1.5	15	3.4	
输出高电平电流	I_{OH}		0/5　4.6	5	−0.51	
			0/15　13.5	15	−3.4	
输入电流	I_I		0/15	15	±0.1	μA
			0/15	15	±0.3	

表 2-7　CC4011 动态电特性（$T_A = 25$ ℃，$C_L = 50$ pF，$R_L = 200$ kΩ，输入信号 $t_r = t_f = 20$ ns）

参数	V_{DD}(V)	规范值		单位
		TYP	MAX	
t_{PLH}	5	125	250	ns
t_{PHL}	10	60	120	ns
	15	45	90	

表 2-8　54/74HC00、54/74HCT00 静态电特性

名称	符号	74HC**	54HC***	74HCT	54HCT	单位
输入高电平电压	U_{IH}	3.15	3.15	2	2	V
输入低电平电压	U_{IL}	0.9	0.9	0.8	0.8	V
输出高电平电压 CMOS 负载	U_{OH}	4.4	4.4	4.4	4.4	V
TTL 负载		3.84	3.7	3.84	3.7	
输出低电平电压 CMOS 负载	U_{OL}	0.1	0.1	0.1	0.1	V
TTL 负载		0.33	0.4	0.3	0.4	
输出高电平电流	I_{OH}	−4	−3.4	−4	−3.4	mA
输出低电平电流	I_{OL}	4	3.4	4	3.4	mA
输入电流*	I_I	±1	±1	±1	±1	μA
静态电源电流*	I_{DD}	20	40	20	40	μA

注：* 为全温范围的最大值；

** 工作温度为 −40 ~ 85 ℃；

*** 工作温度为 −55 ~ 125 ℃，工作电源均为 4.5 V。

表 2-9　54/74HC00、54/74HCT00 动态电特性

参数	74HC	54HC	74HCT	54HCT	单位
	MAX	MAX	MAX	MAX	
t_{PLH}	23	27	25	30	ns
t_{PHL}	19	22	19	22	ns

比较 CC4000 和 54/74HC 两个系列，差别主要有两方面。首先是工作速度，后者比前者几乎快一个数量级。静态功耗相差不多，只是 CC4011 给出的是 25 ℃ 条件下的电源电流，

而54/74HC和54/74HCT给的是最高温度下的电源电流，它们在25 ℃条件下的电源电流约2 μA，比CC4011稍大一些。

其次，CC4000和54/74HC(54/74HCT)相比最大的不同是输出电流，后者的I_{OH}和I_{OL}几乎比前者大一个数量级，这就为54/74HC去驱动TTL门创造了条件。但是，54/74HC和CC4000系列的输入高电平电压的最小值分别为3.15 V和3.5 V；而TTL和LSTTL的输出高电平最小值在2.4～2.7 V。用TTL和LSTTL直接驱动CC4000、54/74HC系列就有问题。但54/74HCT系列的输入高电平最小值为2 V，因而TTL门可以直接驱动54/74HCT系列的集成电路。

CMOS和TTL集成电路的参数基本相同，但也有一些不同。在逻辑电平的定义上是相同的，在具体数值上有所不同。在相同的供电电压条件下，CMOS的高电平比TTL的高电平更高一些；而CMOS的低电平比TTL更低一些。因为CMOS集成电路的栅极是绝缘的，所以没有输入电流(忽略)，这一点与TTL不同。

第四节　实验与实训

——门控报警电路

1. 实验目的

(1)让学生接触和实际运用集成电路逻辑门电路。

(2)掌握CC4069和CC4011的使用方法。

(3)增强学生的实际动手能力，提高其学习兴趣。

2. 实验器材

万能板、CC4069和CC4011各一块、发光二极管两个、2CP1～6二极管两个、蜂鸣器一个、喇叭一个，电阻电容若干。

3. 实验内容

1)声光报警器

图2-34是CMOS门运用CMOS集成六反相器构成的声光报警器。

该电路由一片CMOS集成反相器中的2个非门构成方波发生器。

在实际使用时，我们应把集成电路的14脚(V_{DD})接地电源正端，7脚(V_{SS})接到电源的负端。该电源电压的范围为3～15 V，此处，给它加上4.5 V电源。可测得输出方波的重复频率略高于1 kHz，方波的幅值约为4.4 V。此振荡信号一路直接从CC4069的4脚经电阻R_2加到红色发光二极管LED_1上，另一路经一非门从6脚输出，然后通过R_3加到绿色发光二极管LED_2上，因为这2个输出端的信号相位是互为相反的，所以两只发光二极管轮流发光。6脚输出信号接上简单的三极管功率放大电路。合上电源开关，红绿交替闪光和蜂鸣器同时发出报警声。原因是当6脚输出为低电平时，三极管截止，静态电流为零；输入为高电平时三极管导通，工作电流最大，但仍不超限值。

2)门控报警电路

运用一片集成与非门CC4011组成如图2-35所示门控报警电路，图2-36为CC4011的外引线图。与非门Ⅰ与Ⅱ组成一个低频振荡器，其振荡频率仅为几赫兹，与非门Ⅲ和Ⅳ组成

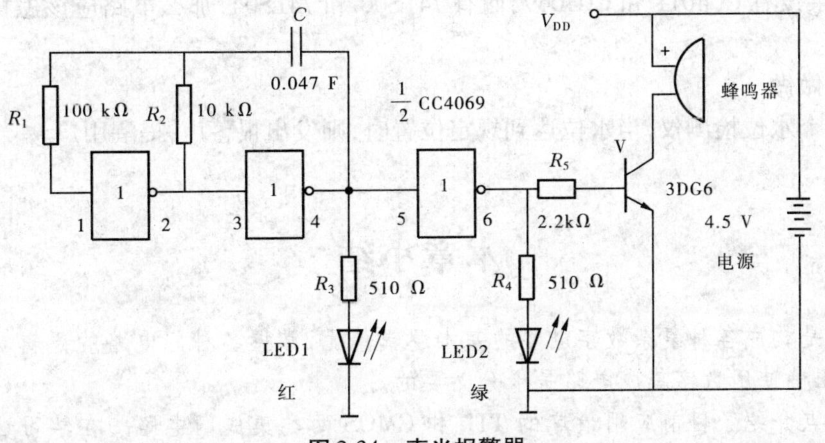

图 2-34　声光报警器

一个音频振荡器,其振荡频率约为 1 kHz。平时 a 点通过电阻 R_1 接地为低电平,使得 b 点也是低电平,从而使音频振荡器停振,于是报警器无声。一旦 a 点有外来高电平输入,b 点的电平随着低频振荡器的工作周期性地时高时低,使音频振荡器间歇性震荡,然后通过喇叭发出"呜呜"的报警信号。

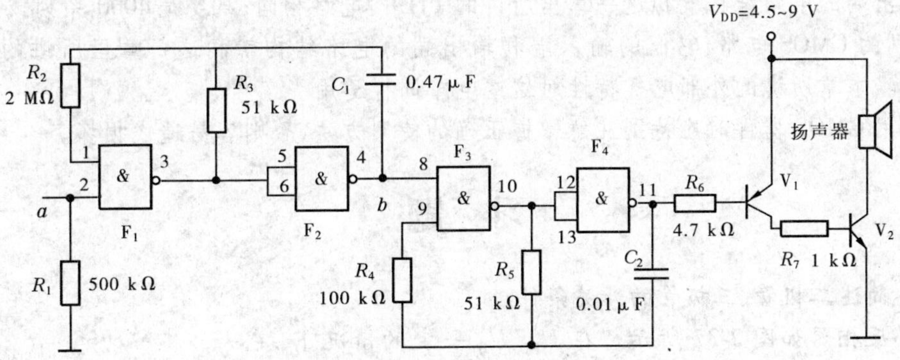

图 2-35　门控报警电路

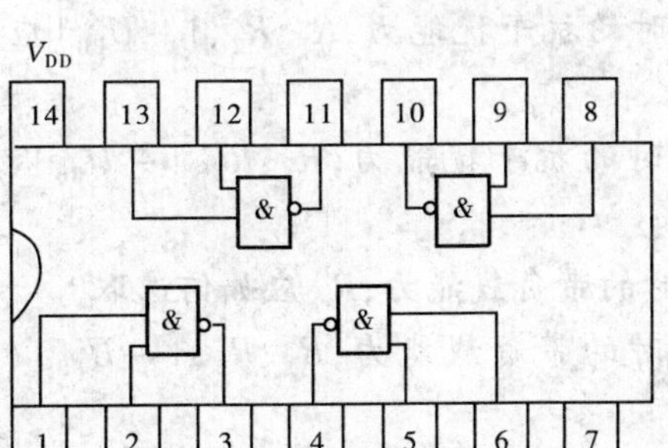

图 2-36　CC4011 的外引线图

4. 实验报告

(1)画出实验电路,说明观察出的实验现象。

(2)对实验过程进行总结。

(3)如果没有 CC4011 和 CC4069,而有 74LS00 和 74LS04,那么电路应该怎样连接?画出连线图。

5. 想想做做

设计一个水位检测仪,当水位达到规定位置时,则发出报警声,提醒用户。

本章小结

门电路是构成各种复杂数字电路的基本逻辑单元,掌握各种门电路的逻辑功能和电气特性,对于正确使用数字集成电路是十分必要的。

本章重点介绍了目前应用最广的 TTL 和 CMOS 两类集成门电路。在学习这些集成电路时应该将重点放在它们的外部特性上。外部特性包含两个内容:一个是输出与输入间的逻辑关系,即所谓逻辑功能;另一个是外部的电气特性,即电压传输特性、输入特性、输出特性和动态特性等。虽然文中也讲到了一些有关集成电路内部结构和工作原理的内容,但其目的在于帮助读者加深对器件外特性的理解,以便更好地运用这些外部特性。

在后面的几章我们将会看到,尽管逻辑电路越来越复杂,但只要是 TTL 电路,它们的输入端和输出端的电路结构就和这一章里所讲的 TTL 门电路相同;只要是 4000 系列或 54HC/74HC 系列的 CMOS 电路,它们的输入端和输出端的电路结构就和这一章里所讲的 CMOS 电路相同。本章所讲的外部电气特性对这些电路同样适用。

在适用 CMOS 器件时应特别注意掌握正确的使用方法,否则容易造成损坏。

习　题

2-1　简述二极管、三极管的开关条件。

2-2　反相器如图 2-37 所示。在 U_{IL}、U_{IH} 一定的情况下,定性回答下列问题:

(1)为提高输入低电平时的抗干扰能力,R_1、R_2、$|-U_{BB}|$应如何选取?

(2)为提高输入高电平时的抗干扰能力,R_1、R_2、$|-U_{BB}|$、R_c、β、U_{CC}应如何选取?

(3)为提高输出高电平时的带负载能力,R_c 应如何选取?

(4)为提高输出低电平时的带负载能力,R_1、R_2、$|-U_{BB}|$、R_c、β、U_{CC}应如何选取?

(5)为提高反相器的工作速度,R_1、R_2、$|-U_{BB}|$、R_c、β、U_{CC}应如何选取?

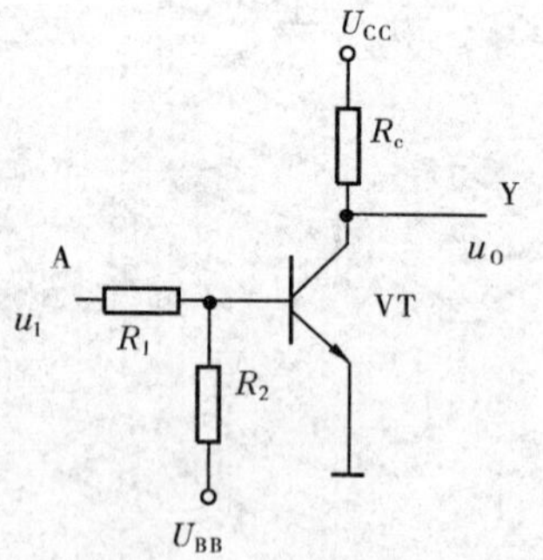

图 2-37　题 2-2 图

2-3　如图 2-38 所示的门电路均为 TTL 门电路,三极管导通、饱和时 $U_{BES}=0.7\ V$,若 $U_{IH}=3.6\ V$,$U_{IL}=0.3\ V$,$U_{OHMIN}=3\ V$,$U_{OLMAX}=0.3\ V$,$I_{OLMAX}=15\ mA$,$I_{OHMAX}=0.5\ mA$。试回答下列问题。

(1)在图 2-38(a)中,要使 $Y_1=\overline{AB}$、$Y_2=AB$,试确定 R 的取值范围。

(2)在图 2-38(b)中,$\beta=20$,$R_c=2\ \text{k}\Omega$,要使 $Y_1=\overline{AB}$、$Y_2=AB$,试确定 R_b 的取值范围。

(3)在图 2-38(c)中,$\beta=30$,$R_c=1.8\ \text{k}\Omega$,要使 $Y_1=\overline{AB}$、$Y_2=AB$,试确定 R_b 的取值范围。

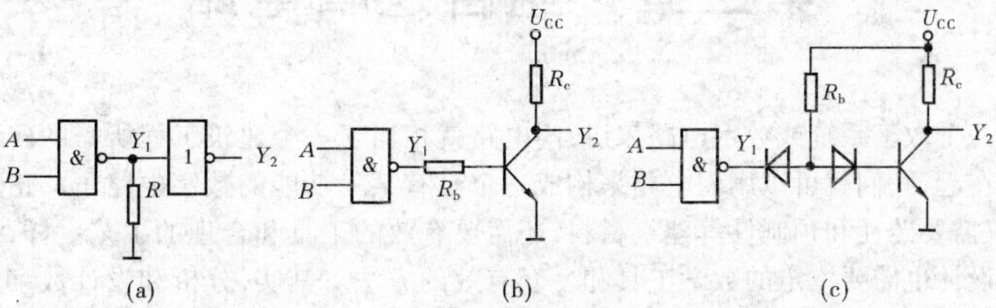

图 2-38 题 2-3 图

2-4 试说明能否将与非门、或非门、异或门当做反相器使用?如果可以,其他输入端应如何连接?

2-5 图 2-39 中,哪些电路是正确的?并写出其表达式。

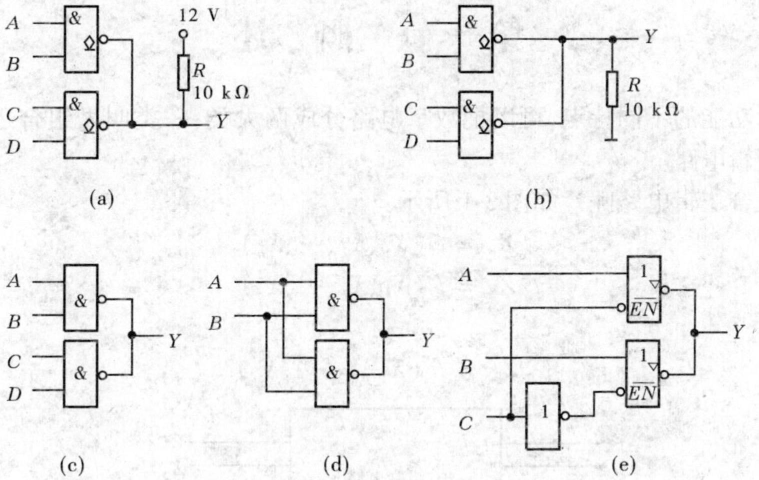

图 2-39 题 2-5 图

2-6 试用 74 系列门电路驱动发光二极管的电路,设发光二极管的导通电流为 10 mA,要求 $U_I=U_{IH}$ 时,发光二极管 D 导通并发光,试问图 2-40(a)、(b)哪一个合理?

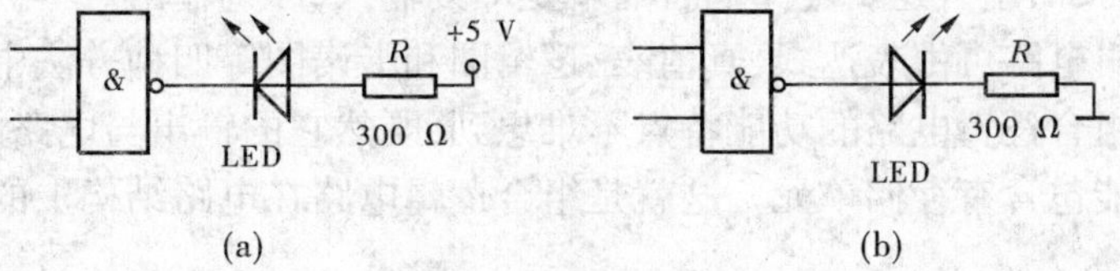

图 2-40 题 2-6 图

2-7 试比较 TTL 电路和 CMOS 电路的优、缺点。

第三章　组合逻辑电路

对于一个数字系统或数字电路来讲，门电路就相当于一个建筑工程所需的砖瓦和预制件。从现在起，我们就可以用门电路来构成一个具有某一功能的数字电路了。正像建一座高楼，不仅需要砖瓦和预制件等建筑材料，还需要有效的工具和合理的工艺一样，数字电路的分析与设计也需要一定的数学工具和一套有效的方法。其实，分析和设计数字电路时常用的数学工具就是逻辑代数和卡诺图，包括逻辑代数的基本公式和基本定律，逻辑函数的公式化简法和卡诺图化简法。对于数字电路，按其结构和工作原理不同，数字电路可分为两大类，组合逻辑电路和时序逻辑电路。本章介绍组合逻辑电路，第五章介绍时序逻辑电路，请大家在学习过程中体会两者的区别及特点。

第一节　概　述

按照逻辑功能的不同特点，可以把数字电路分成两大类：一类叫做组合逻辑电路，另一类叫做时序逻辑电路。

什么叫组合逻辑电路呢？如图 3-1 所示：

$$Z_1 = f_1(X_1、X_2、\cdots、X_n)$$
$$Z_2 = f_2(X_1、X_2、\cdots、X_n)$$
$$\vdots$$
$$Z_m = f_m(X_1、X_2、\cdots、X_n)$$

图 3-1　组合逻辑电路的框图

从以上概念可知，组合逻辑电路的特点就是即刻输入，即刻输出。

任何组合逻辑电路可由表达式、真值表、逻辑图和卡诺图等四种方法中的任一种来表示其逻辑功能。从组合逻辑电路的功能特点不难想到，既然它的输出与电路的历史状况无关，那么电路中就不能包含有存储单元。这就是组合逻辑电路在电路结构上的共同特点。

第二节　组合逻辑电路的分析与设计

一、组合逻辑电路的分析

（一）组合逻辑电路的特点

组合逻辑电路是数字电路中最简单的一类逻辑电路，其特点是功能上无记忆，结构上无反馈。即电路任一时刻的输出状态只决定于该时刻各输入状态的组合，而与电路的原状态无关。

(二)组合逻辑电路的分析方法

组合逻辑电路的分析流程如图 3-2 所示。

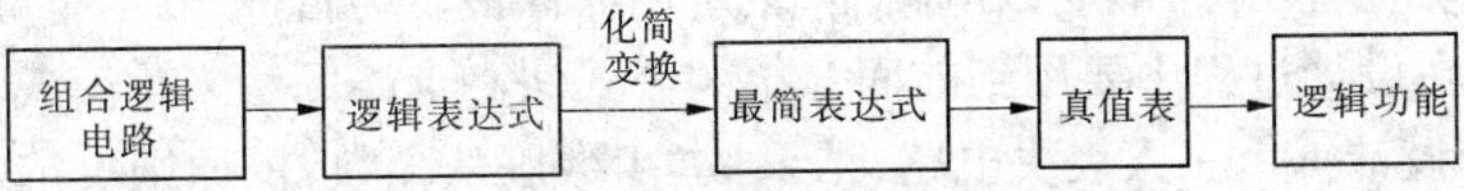

图 3-2　组合逻辑电路的分析流程图

【例 3-1】　组合电路如图 3-3 所示，分析该电路的逻辑功能。

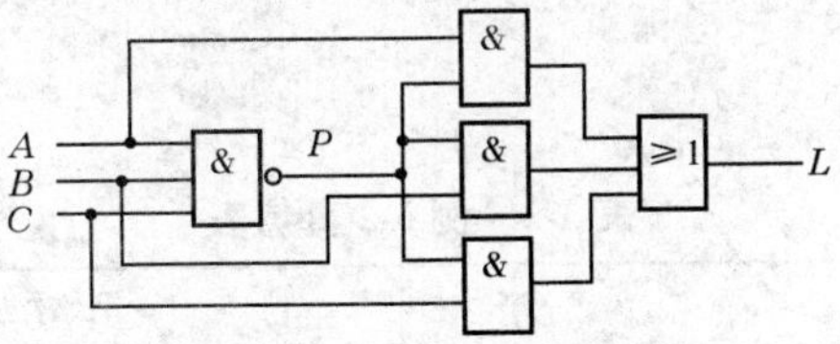

图 3-3　例 3-1 电路图

解　(1)由逻辑图逐级写出逻辑表达式。为了写表达式方便，借助中间变量 P，则

$$P = \overline{ABC}$$

$$L = AP + BP + CP$$

$$= A\overline{ABC} + B\overline{ABC} + C\overline{ABC}$$

(2)化简与变换。因为下一步要列真值表，所以要通过化简与变换，使表达式有利于列真值表，一般应变换成与或式或最小项表达式。

$$L = \overline{ABC}(A + B + C) = \overline{ABC + \overline{A + B + C}} = \overline{ABC + \bar{A}\ \bar{B}\ \bar{C}}$$

(3)由表达式列出真值表，见表 3-1。经过化简与变换的表达式为两个最小项之和的非，所以很容易列出真值表。

表 3-1　例 3-1 真值表

A	B	C	L	A	B	C	L
0	0	0	0	1	0	0	1
0	0	1	1	1	0	1	1
0	1	0	1	1	1	0	1
0	1	1	1	1	1	1	0

(4)分析逻辑功能。由真值表可知，当 A、B、C 三个变量不一致时，电路输出为“1”，所以这个电路称为“不一致电路”。

对于多输出变量的组合逻辑电路，其分析方法完全相同。

二、组合逻辑电路的设计方法

组合逻辑电路的设计流程，如图 3-4 所示。

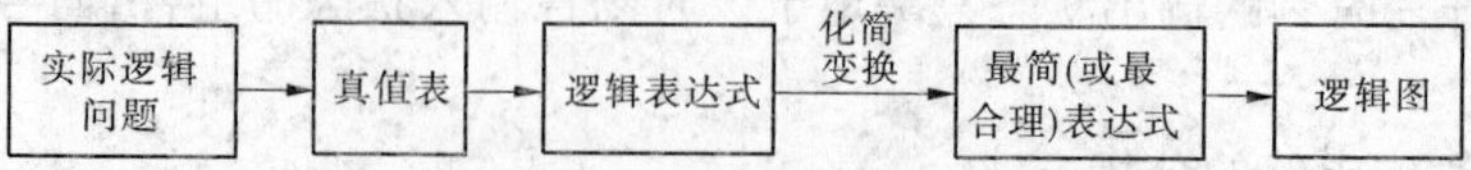

图 3-4　组合逻辑电路的设计流程图

组合逻辑电路的设计一般应以电路简单、所用器件最少为目标,并尽量减少所用集成器件的种类,因此在设计过程中要用到前面介绍的公式法和卡诺图法来化简或转换逻辑函数。

【例 3-2】　设计一个三人表决电路,结果按“少数服从多数”的原则决定。

解　(1)根据设计要求建立该逻辑函数的真值表。

设三人的意见为变量 A、B、C,表决结果为函数 L。对变量及函数进行如下状态赋值:对于变量 A、B、C,设同意为逻辑“1”;不同意为逻辑“0”。对于函数 L,设事情通过为逻辑“1”;没通过为逻辑“0”。

列出真值表如表 3-2 所示。

表 3-2　例 3-2 真值表

A	B	C	L	A	B	C	L
0	0	0	0	1	0	0	0
0	0	1	0	1	0	1	1
0	1	0	0	1	1	0	1
0	1	1	1	1	1	1	1

(2)由真值表写出逻辑表达式:$L=\overline{A}BC+A\overline{B}C+AB\overline{C}+ABC$。

该逻辑式不是最简。

(3)化简。由于卡诺图化简法较方便,故一般用卡诺图进行化简。将该逻辑函数填入卡诺图,如图 3-5 所示。合并最小项,得最简与或表达式:$L=AB+BC+AC$。

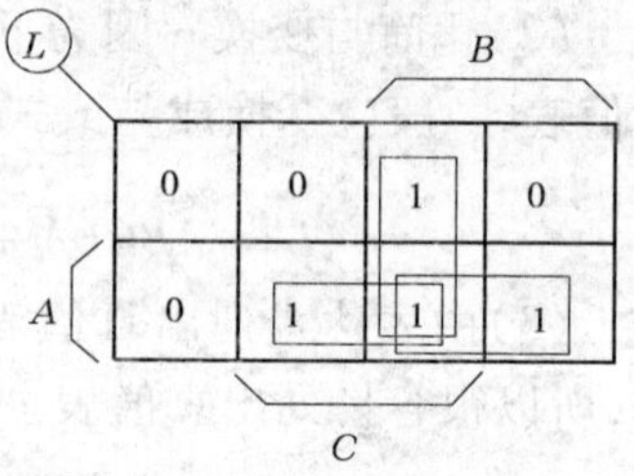

图 3-5　例 3-2 卡诺图

(4)画出逻辑图如图 3-6 所示。

如果要求用与非门实现该逻辑电路,就应将表达式转换成与非—与非表达式,则

$$L=AB+BC+AC+=\overline{\overline{AB}\cdot\overline{BC}\cdot\overline{AC}}$$

画出用与非门实现的逻辑图如图 3-7 所示。

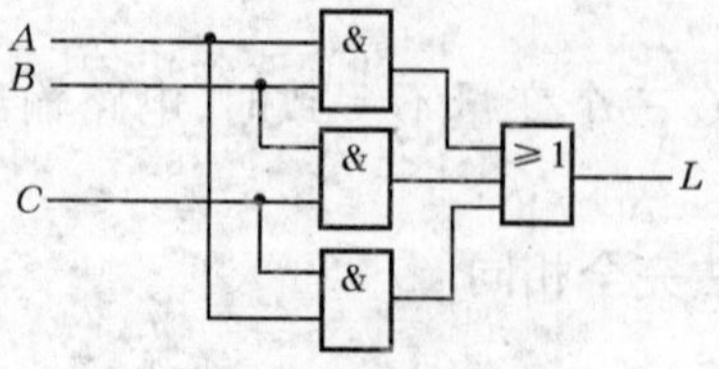

图 3-6　例 3-2 逻辑图

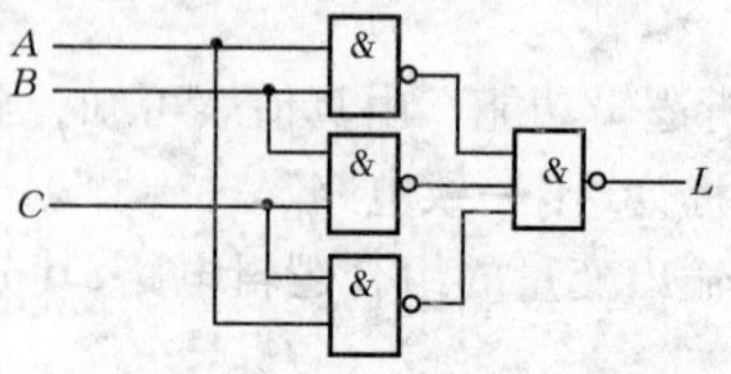

图 3-7　例 3-2 用与非门实现的逻辑图

第三节 常用组合逻辑部件

在实践中人们发现一些组合逻辑电路经常大量地出现在各种数字系统中，如编码器、译码器、数码显示器、数据选择器、数值比较器、加法器等。为了方便使用，已把这些常用的组合逻辑电路制成了标准化的集成电路产品。下面将分别介绍这些集成器件的符号、逻辑功能、外引线排列、使用方法及应用举例。

一、编码器

所谓编码，就是将具有特定含义的信息（如数字、文字、符号等）用二进制代码来表示的过程。能实现编码功能的电路称为编码器，编码器的输入为被编信号，输出为二进制代码。

按编码方式不同，编码器可分为二进制普通编码器和优先编码器。按输出代码的种类不同，编码器又可分为二进制编码器和二－十进制编码器等。

（一）二进制编码器

用 n 位二进制代码对 2^n 个信号进行编码的电路，称为二进制编码器。

3 位二进制编码器有 8 个输入端 3 个输出端，所以常称为 8 线－3 线编码器，其功能真值表见表 3-3，输入为高电平有效。

表 3-3 编码器真值表

输入								输出		
I_0	I_1	I_2	I_3	I_4	I_5	I_6	I_7	A_2	A_1	A_0
1	0	0	0	0	0	0	0	0	0	0
0	1	0	0	0	0	0	0	0	0	1
0	0	1	0	0	0	0	0	0	1	0
0	0	0	1	0	0	0	0	0	1	1
0	0	0	0	1	0	0	0	1	0	0
0	0	0	0	0	1	0	0	1	0	1
0	0	0	0	0	0	1	0	1	1	0
0	0	0	0	0	0	0	1	1	1	1

由真值表写出各输出的逻辑表达式为：

$$A_2 = \overline{\overline{I_4}\,\overline{I_5}\,\overline{I_6}\,\overline{I_7}} \tag{3-1}$$

$$A_1 = \overline{\overline{I_2}\,\overline{I_3}\,\overline{I_6}\,\overline{I_7}} \tag{3-2}$$

$$A_0 = \overline{\overline{I_1}\,\overline{I_3}\,\overline{I_5}\,\overline{I_7}} \tag{3-3}$$

用门电路实现逻辑电路，如图 3-8 所示。

（二）优先编码器

优先编码器允许同时输入两个以上的编码信号，编码器给所有的输入信号规定了优先

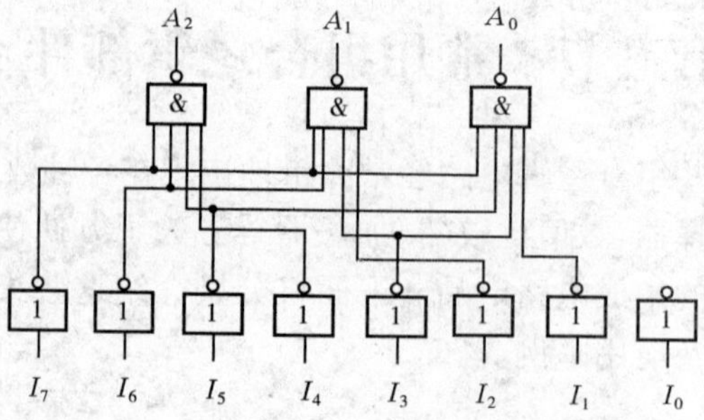

图 3-8　3 位二进制编码器的逻辑图

顺序，当多个输入信号同时出现时，只对其中优先级最高的一个进行编码。常用的优先编码器有 74LS148、74LS147 等。

74LS148 优先编码器是一种常用的 8 线 - 3 线优先编码器，其功能真值表如表 3-4 所示。其中 $I_0 \sim I_7$ 为编码输入端，低电平有效。$A_0 \sim A_2$ 为编码输出端，低电平有效，即反码输出。其他功能如下所述：

（1）*EI* 为使能输入端，低电平有效。

（2）优先顺序为 $I_7 \rightarrow I_0$，即 I_7 的优先级最高，然后是 I_6、I_5、…、I_0。

（3）*GS* 为编码器的工作标志，低电平有效。

（4）*EO* 为使能输出端，高电平有效。

表 3-4　74LS148 优先编码器真值表

输入									输出				
EI	I_0	I_1	I_2	I_3	I_4	I_5	I_6	I_7	A_2	A_1	A_0	*GS*	*EO*
1	×	×	×	×	×	×	×	×	1	1	1	1	1
0	1	1	1	1	1	1	1	1	1	1	1	1	0
0	×	×	×	×	×	×	×	0	0	0	0	0	1
0	×	×	×	×	×	×	0	1	0	0	1	0	1
0	×	×	×	×	×	0	1	1	0	1	0	0	1
0	×	×	×	×	0	1	1	1	0	1	1	0	1
0	×	×	×	0	1	1	1	1	1	0	0	0	1
0	×	×	0	1	1	1	1	1	1	0	1	0	1
0	×	0	1	1	1	1	1	1	1	1	0	0	1
0	0	1	1	1	1	1	1	1	1	1	1	0	1

其逻辑图如图 3-9 所示。

（三）编码器的应用

1. 编码器的扩展

集成编码器的输入输出端的数目都是一定的，利用编码器的输入使能端 *EI*、输出使能端 *EO* 和优先编码工作标志 *GS*，可以扩展编码器的输入输出端。

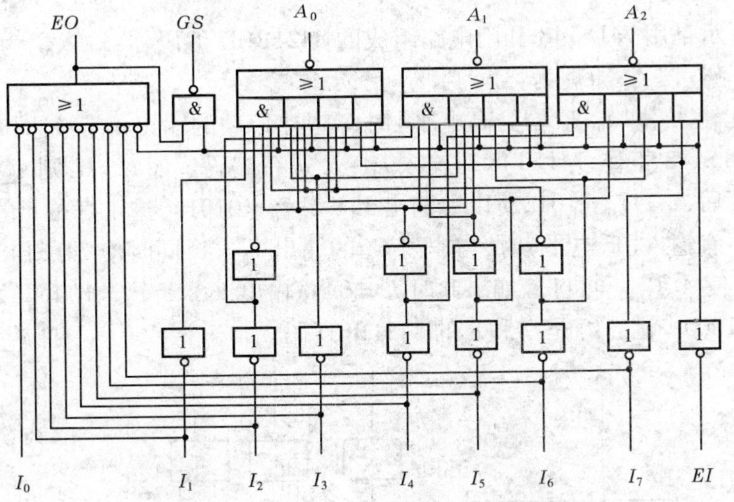

图 3-9　74LS148 优先编码器的逻辑图

图 3-10 所示为用两片 74LS148 优先编码器串行扩展实现的 16 线 −4 线优先编码器。

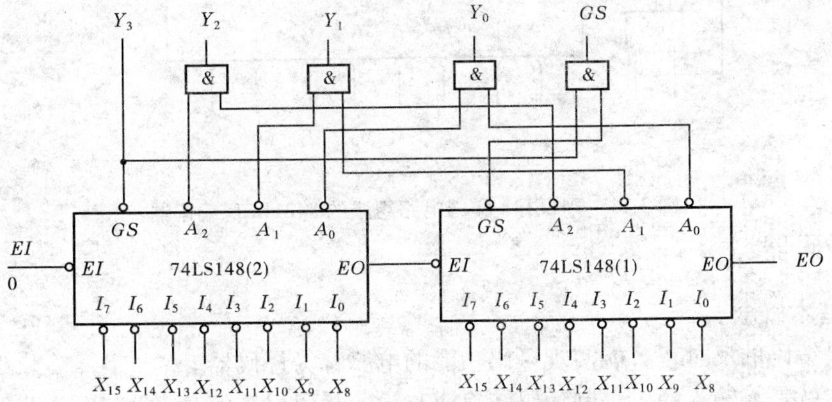

图 3-10　串行扩展实现的 16 线 −4 线优先编码器

它共有 16 个编码输入端，用 $X_0 \sim X_{15}$ 表示；有 4 个编码输出端，用 $Y_0 \sim Y_3$ 表示。片 1 为低位片，其输入端 $I_0 \sim I_7$ 作为总输入端 $X_0 \sim X_7$；片 2 为高位片，其输入端 $I_0 \sim I_7$ 作为总输入端 $X_8 \sim X_{15}$。两片的输出端 A_0、A_1、A_2 分别相与，作为总输出端 Y_0、Y_1、Y_2，片 2 的 GS 端作为总输出端 Y_3。片 1 的输出使能端 EO 作为电路总的输出使能端；片 2 的输入使能端 EI 作为电路总的输入使能端，在本电路中接 0，处于允许编码状态。片 2 的输出使能端 EO 接片的输入使能端 EI，控制片 1 工作。两片的工作标志 GS 相与，作为总的工作标志 GS 端。

电路的工作原理为：当片 2 的输入端没有信号输入，即 $X_8 \sim X_{15}$ 全为 1 时，$GS_2 = 1$（即 $Y_3 = 1$），$EO_2 = 0$（即 $EI_1 = 0$），片 1 处于允许编码状态。设此时 $X_5 = 0$，则片 1 的输出为 $A_2A_1A_0 = 010$，由于片 2 输出 $A_2A_1A_0 = 111$，所以总输出 $Y_3Y_2Y_1Y_0 = 1010$。

当片 2 有信号输入，$EO_2 = 1$（即 $EI_1 = 1$），片 1 处于禁止编码状态。设此时 $X_{12} = 0$（即片 2 的 $I_4 = 0$），则片 2 的输出为 $A_2A_1A_0 = 011$，且 $GS_2 = 0$。由于片 1 输出 $A_2A_1A_0 = 111$，所以总输出 $Y_3Y_2Y_1Y_0 = 0011$。

2. 8421BCD 编码器

图 3-11 所示是用 74LS148 和门电路组成的 8421BCD 编码器，输入仍为低电平有效，输出为 8421BCD 码。工作原理为：

当 I_9、I_8 无输入（即 I_9、I_8 均为高电平）时，与非门 G_4 的输出 $Y_3=0$，同时使 74LS148 的 $EI=0$，允许 74LS148 工作，74LS148 对输入 $I_0 \sim I_7$ 进行编码。如 $I_5=0$，则 $A_2A_1A_0=010$，经门 G_1、G_2、G_3 处理后，$Y_2Y_1Y_0=101$，所以总输出 $Y_3Y_2Y_1Y_0=0101$。这正好是 5 的 8421BCD 码。

当 I_9 或 I_8 有输入（低电平）时，与非门 G_4 的输出 $Y_3=1$，同时使 74LS148 的 $EI=1$，禁止 74LS148 工作，使 $A_2A_1A_0=111$。如果此时 $I_9=0$，总输出 $Y_3Y_2Y_1Y_0=1001$。如果 $I_8=0$，总输出 $Y_3Y_2Y_1Y_0=1000$。这正好是 9 和 8 的 8421BCD 码。

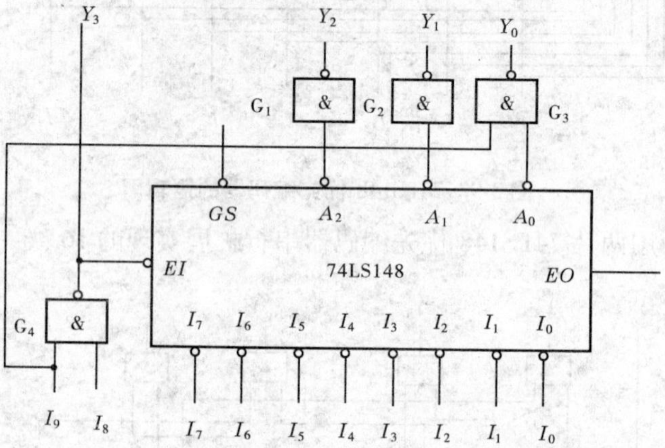

图 3-11　74LS148 和门电路组成的 8421BCD 编码器

二、译码器

（一）基本概念

译码是编码的反过程。能实现译码功能的电路称为译码器。

译码器就是将输入的二进制代码转换成与输入代码对应的高、低电平信号。

假设译码器有 n 个输入信号和 N 个输出信号，如果 $N=2^n$，就称为全译码器，常见的全译码器有 2 线 -4 线译码器、3 线 -8 线译码器、4 线 -16 线译码器等；如果 $N<2^n$，称为部分译码器，如二 - 十进制译码器（也称做 4 线 -10 线译码器）等。

下面以 2 线 -4 线译码器为例说明译码器的工作原理和电路结构。2 线 -4 线译码器的功能如表 3-5 所示。

表 3-5　2 线 -4 线译码器功能表

输入			输出			
EI	A	B	Y_0	Y_1	Y_2	Y_3
1	×	×	1	1	1	1
0	0	0	0	1	1	1
0	0	1	1	0	1	1
0	1	0	1	1	0	1
0	1	1	1	1	1	0

由表 3-5 可写出各输出函数表达式：

$$Y_0 = \overline{\overline{EI}\,\overline{A}\,\overline{B}} \tag{3-4}$$

$$Y_1 = \overline{\overline{EI}\,\overline{A}B} \tag{3-5}$$

$$Y_2 = \overline{\overline{EI}A\overline{B}} \tag{3-6}$$

$$Y_3 = \overline{\overline{EI}AB} \tag{3-7}$$

用门电路实现 2 线 -4 线译码器的逻辑电路如图 3-12 所示。

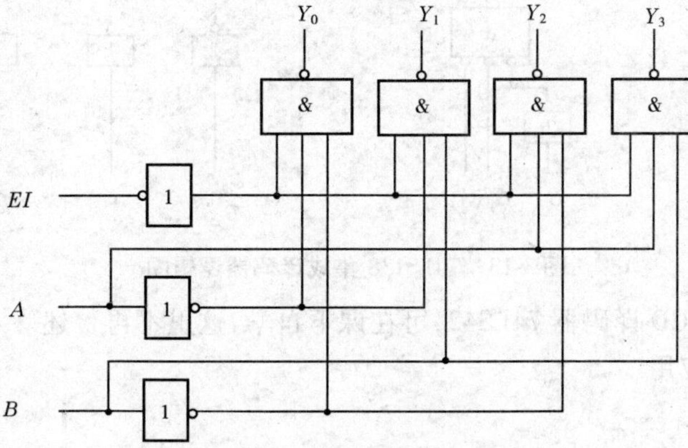

图 3-12　2 线 -4 线译码器逻辑图

(二)集成译码器

在这里只介绍二进制译码器 74LS138。

74LS138 是一种典型的二进制译码器，其逻辑图和引脚图如图 3-13 所示。它有 3 个输入端 A_2、A_1、A_0，8 个输出端 $Y_0 \sim Y_7$，所以常称为 3 线 -8 线译码器，属于全译码器。输出为低电平有效，G_1、G_{2A} 和 G_{2B} 为使能输入端。

表 3-6 就是 3 线 -8 线译码器 74LS138 功能表。

表 3-6　3 线 -8 线译码器 74LS138 功能表

输入						输出							
G_1	G_{2A}	G_{2B}	A_2	A_1	A_0	Y_0	Y_1	Y_2	Y_3	Y_4	Y_5	Y_6	Y_7
×	1	×	×	×	×	1	1	1	1	1	1	1	1
×	×	1	×	×	×	1	1	1	1	1	1	1	1
0	×	×	×	×	×	1	1	1	1	1	1	1	1
1	0	0	0	0	0	0	1	1	1	1	1	1	1
1	0	0	0	0	1	1	0	1	1	1	1	1	1
1	0	0	0	1	0	1	1	0	1	1	1	1	1
1	0	0	0	1	1	1	1	1	0	1	1	1	1
1	0	0	1	0	0	1	1	1	1	0	1	1	1
1	0	0	1	0	1	1	1	1	1	1	0	1	1
1	0	0	1	1	0	1	1	1	1	1	1	0	1
1	0	0	1	1	1	1	1	1	1	1	1	1	0

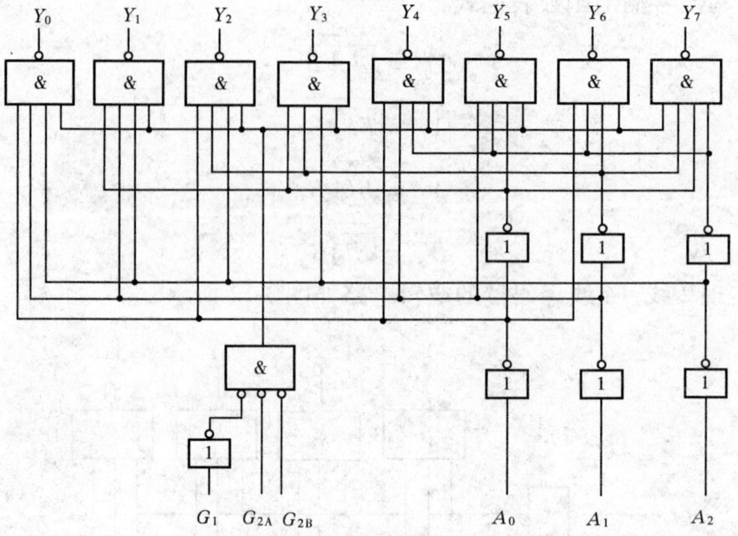

图 3-13　74LS138 集成译码器逻辑图

另外还有 8421BCD 译码器 74LS42，可在课下自学，这里不再赘述。

(三)译码器的应用

1. 译码器的扩展

利用译码器的使能端可以方便地扩展译码器的容量。图 3-14 所示是将两片 74LS138 扩展为 4 线 –16 线译码器。

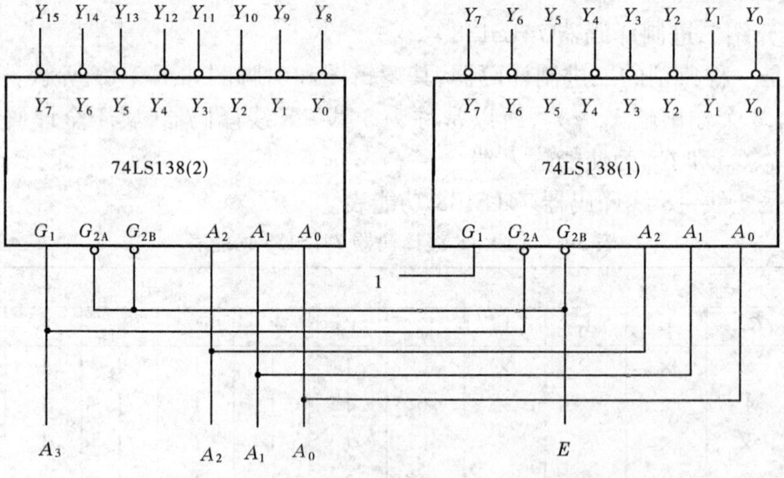

图 3-14　两片 74LS138 扩展为 4 线 –16 线译码器

其工作原理为：当 $E=1$ 时，两个译码器都禁止工作，输出全 1；当 $E=0$ 时，译码器工作。这时，如果 $A_3=0$，高位片禁止，低位片工作，输出 $Y_0 \sim Y_7$ 由输入二进制代码 $A_2A_1A_0$ 决定；如果 $A_3=1$，低位片禁止，高位片工作，输出 $Y_8 \sim Y_{15}$ 由输入二进制代码 $A_2A_1A_0$ 决定，从而实现了 4 线 –16 线译码器功能。

2. 实现组合逻辑电路

由于译码器的每个输出端分别与一个最小项相对应，因此辅以适当的门电路，便可实现任何组合逻辑函数。

【例 3-3】 试用译码器和门电路实现逻辑函数。

$$L = AB + BC + AC$$

解 (1)将逻辑函数转换成最小项表达式，再转换成与非—与非形式。

$$L = \overline{A}BC + A\overline{B}C + AB\overline{C} + ABC = m_3 + m_5 + m_6 + m_7$$

$$= \overline{\overline{m_3} \cdot \overline{m_5} \cdot \overline{m_6} \cdot \overline{m_7}}$$

(2)该函数有三个变量，所以选用 3 线 -8 线译码器 74LS138。

用一片 74LS138 加一个与非门就可实现逻辑函数 L，逻辑图如图 3-15 所示。

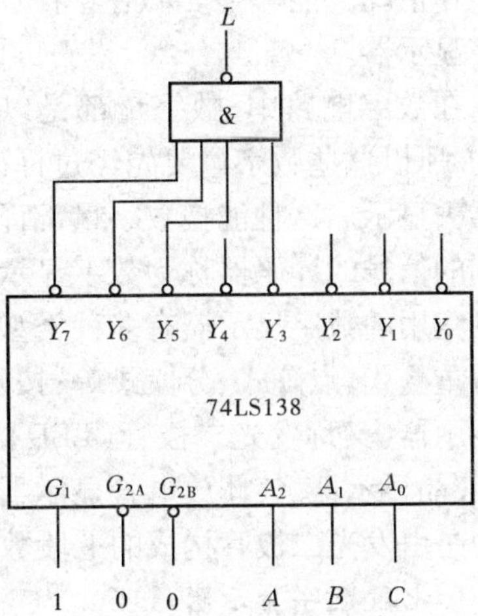

图 3-15 例 3-3 逻辑图

【例 3-4】 某组合逻辑电路的真值表如表 3-7 所示，试用译码器和门电路设计该逻辑电路。

表 3-7 例 3-4 的真值表

输入			输出			输入			输出		
A	B	C	L	F	G	A	B	C	L	F	G
0	0	0	0	0	1	1	0	0	1	0	1
0	0	1	1	0	0	1	0	1	0	1	0
0	1	0	1	0	1	1	1	0	0	1	1
0	1	1	0	1	0	1	1	1	1	0	0

解 (1)写出各输出的最小项表达式，再转换成与非—与非形式。

$$L = \overline{A}\,\overline{B}C + \overline{A}B\overline{C} + A\overline{B}\,\overline{C} + ABC = m_1 + m_2 + m_4 + m_7 = \overline{\overline{m_1} \cdot \overline{m_2} \cdot \overline{m_4} \cdot \overline{m_7}}$$

$$F = \overline{A}BC + A\overline{B}C + AB\overline{C} = m_3 + m_5 + m_6 = \overline{\overline{m_3} \cdot \overline{m_5} \cdot \overline{m_6}}$$

$$G = \overline{A}\,\overline{B}\,\overline{C} + \overline{A}B\overline{C} + A\overline{B}\,\overline{C} + AB\overline{C} = m_0 + m_2 + m_4 + m_6 = \overline{\overline{m_0} \cdot \overline{m_2} \cdot \overline{m_4} \cdot \overline{m_6}}$$

(2)选用 3 线 -8 线译码器 74LS138。设 $A = A_2$、$B = A_1$、$C = A_0$。将 L、F、G 的逻辑表达式与 74LS138 的输出表达式相比较，有

$$L = \overline{Y_1 \cdot Y_2 \cdot Y_4 \cdot Y_7}$$

$$F = \overline{Y_3 \cdot Y_5 \cdot Y_6}$$

$$G = \overline{Y_0 \cdot Y_2 \cdot Y_4 \cdot Y_6}$$

用一片 74LS138 加三个与非门就可实现该组合逻辑电路，逻辑图如图 3-16 所示。

可见，用译码器实现多输出逻辑函数时，优点更明显。

(四)数字显示译码器

在数字系统中，常常需要将数字、字母、符号等直观地显示出来，供人们读取或监视系统

的工作情况。能够显示数字、字母或符号的器件称为数字显示器。

在数字电路中,数字量都是以一定的代码形式出现的,所以这些数字量要先经过译码,才能送到数字显示器去显示。这种能把数字量翻译成数字显示器所能识别的信号的译码器称为数字显示译码器。

常用的数字显示器有多种类型,按显示方式分,有字型重叠式、点阵式、分段式等;按发光物质分,有半导体显示器(又称发光二极管(LED)显示器)、荧光显示器、液晶显示器、气体放电管显示器等。目前应用最广泛的是由发光二极管构成的七段数字显示器。

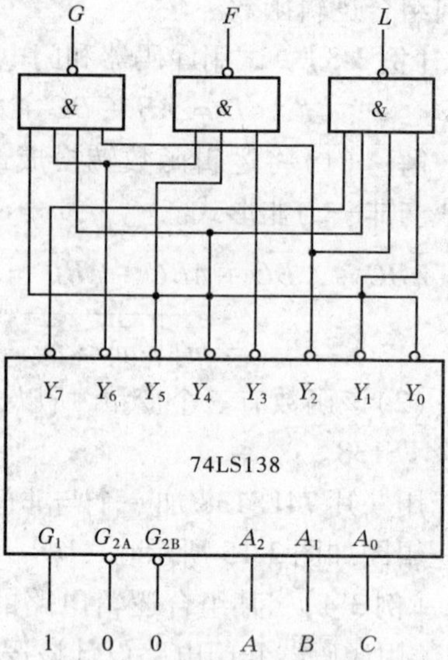

图 3-16 例 3-4 逻辑图

1. 七段数字显示器原理

七段数字显示器就是将七个发光二极管(加小数点为八个)按一定的方式排列起来,七段 a、b、c、d、e、f、g(小数点 DP)各对应一个发光二极管,利用不同发光段的组合,显示不同的阿拉伯数字。七段数字显示器及发光段组合图如图 3-17 所示。

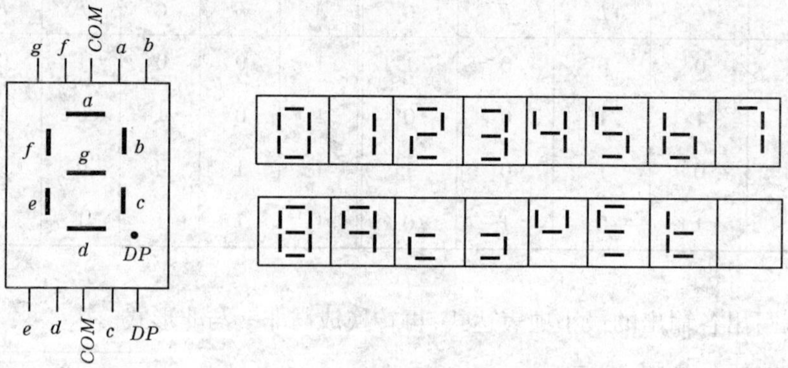

(a)显示器

(b)发光段组合图

图 3-17 七段数字显示器及发光段组合图

按内部连接方式不同,七段数字显示器分为共阴极和共阳极两种,如图 3-18 所示。

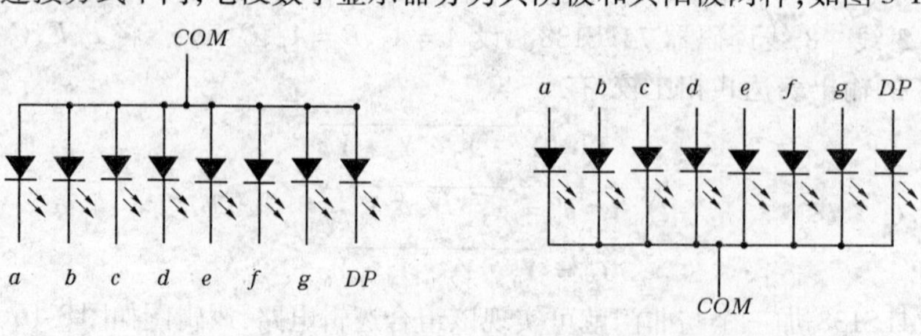

(a)共阳极接法

(b)共阴极接法

图 3-18 半导体数字显示器的内部接法

半导体显示器的优点是工作电压较低(1.5～3 V),且体积小,寿命长,亮度高,响应速度快,工作可靠性高。缺点是工作电流大,每个字段的工作电流约为10 mA。

2. 七段显示译码器74LS48

七段显示译码器74LS48是一种与共阴极数字显示器配合使用的集成译码器,它的功能是将输入的4位二进制代码转换成显示器所需要的七个段信号 $a \sim g$。

图3-19为七段显示译码器74LS48的管脚图。表3-8为七段显示译码器74LS48的逻辑功能表。$a \sim g$ 为译码输出端。另外,它还有3个控制端:试灯输入端 *LT*、灭零输入端 *RBI*、特殊控制端 *BI/RBO*。

其功能如下所述:

(1)正常译码显示。$LT=1$,$BI/RBO=1$ 时,对输入为十进制数1～15的二进制码(0001～1111)进行译码,产生对应的七段显示码。

(2)灭零。当输入 $RBI=0$,而输入为十进制数0的二进制码0000时,则译码器的 $a \sim g$ 输出全为0,显示器全灭;只有当 $RBI=1$ 时,才产生0的七段显示码。所以,*RBI* 称为灭零输入端。

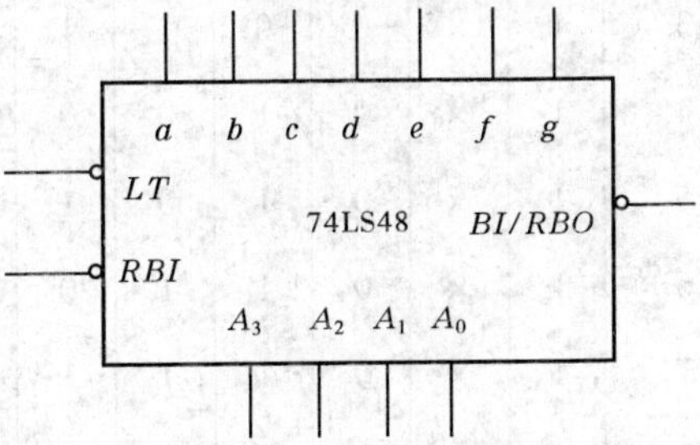

图3-19 74LS48管脚图

(3)试灯。当 $LT=0$ 时,无论输入怎样,$a \sim g$ 输出全为1,七段数码管全亮。由此可以检测显示器七个发光段的好坏。*LT* 称为试灯输入端。

(4)特殊控制端 *BI/RBO*。*BI/RBO* 可以作输入端,也可以作输出端。作输入使用时,如果 $BI=0$ 时,不管其他输入端为何值,$a \sim g$ 均输出0,显示器全灭,因此 *BI* 称为灭灯输入端。作输出端使用时,受控于 *RBI*。当 $RBI=0$,输入为十进制数0的二进制码0000时,$RBO=0$,用以指示该片正处于灭零状态。所以,*RBO* 又称为灭零输出端。

将 *BI/RBO* 和 *RBI* 配合使用,可以实现多位数显示时的"无效0消隐"功能。

在多位十进制数码显示时,整数前和小数后的0是无意义的,称为无效0。在图3-20所示的多位数码显示系统中,就可将无效0灭掉。从图中可见,由于整数部分74LS48除最高位的 *RBI* 接0、最低位的 *RBI* 接1外,其余各位的 *RBI* 均接受高位的 *RBO* 输出信号。所以,整数部分只有在高位是0,而且被熄灭时,低位才有灭零输入信号。同理,小数部分除最高位的 *RBI* 接1、最低位的 *RBI* 接0外,其余各位均接受低位的 *RBO* 输出信号。所以,小数部分只有在低位是0,而且被熄灭时,高位才有灭零输入信号,从而实现了多位十进制数码显

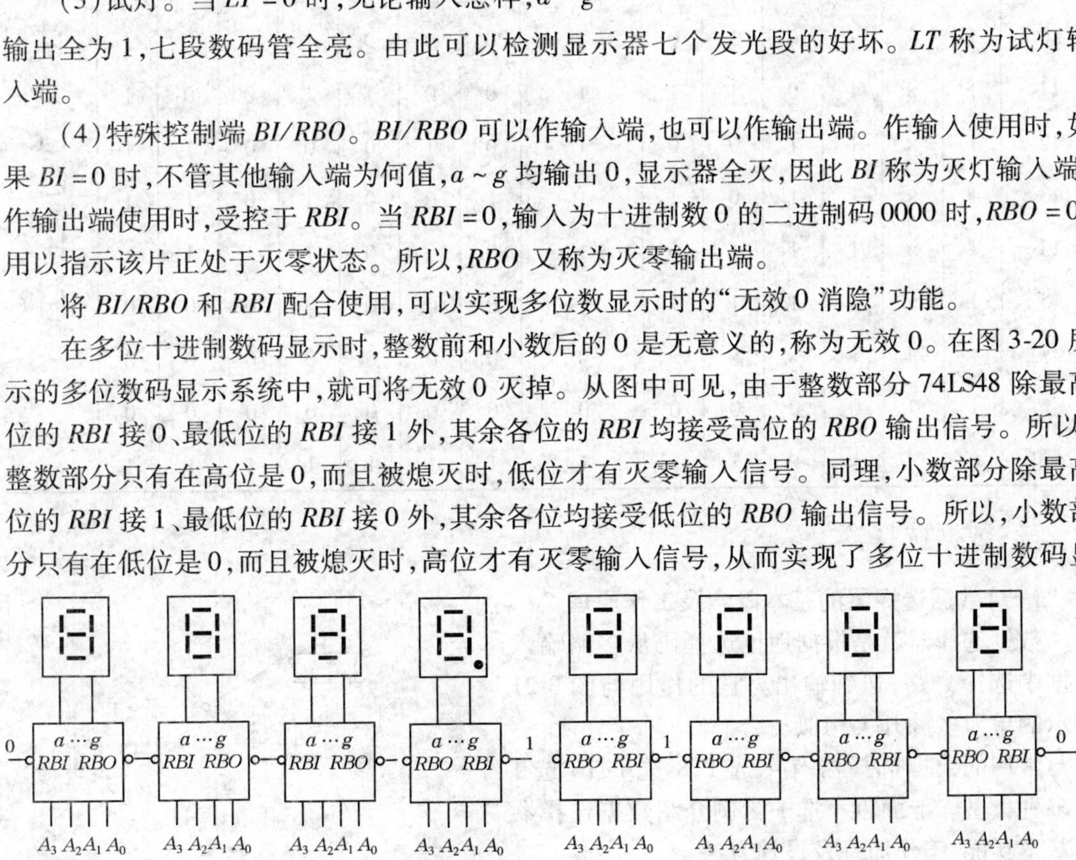

图3-20 有灭零控制的八位数码显示系统

示器的“无效0消隐”功能。

表3-8　七段显示译码器74LS48的逻辑功能表

功能（输入）	输入						输入/输出	输出							显示字形
	LT	RBI	A_3	A_2	A_1	A_0	BI/RBO	a	b	c	d	e	f	g	
0	1	1	0	0	0	0	1	1	1	1	1	1	1	0	
1	1	×	0	0	0	1	1	0	1	1	0	0	0	0	
2	1	×	0	0	1	0	1	1	1	0	1	1	0	1	
3	1	×	0	0	1	1	1	1	1	1	1	0	0	1	
4	1	×	0	1	0	0	1	0	1	1	0	0	1	1	
5	1	×	0	1	0	1	1	1	0	1	1	0	1	1	
6	1	×	0	1	1	0	1	0	0	1	1	1	1	1	
7	1	×	0	1	1	1	1	1	1	1	0	0	0	0	
8	1	×	1	0	0	0	1	1	1	1	1	1	1	1	
9	1	×	1	0	0	1	1	1	1	1	0	0	1	1	
10	1	×	1	0	1	0	1	0	0	0	1	1	0	1	
11	1	×	1	0	1	1	1	0	0	1	1	0	0	1	
12	1	×	1	1	0	0	1	0	1	0	0	0	1	1	
13	1	×	1	1	0	1	1	1	0	0	1	0	1	1	
14	1	×	1	1	1	0	1	0	0	0	1	1	1	1	
15	1	×	1	1	1	1	1	0	0	0	0	0	0	0	
灭灯	×	×	×	×	×	×	0	0	0	0	0	0	0	0	
灭零	1	0	0	0	0	0	0	0	0	0	0	0	0	0	
试灯	0	×	×	×	×	×	1	1	1	1	1	1	1	1	

三、数据选择器

（一）数据选择器的基本概念及工作原理

数据选择器就是根据地址选择码从多路输入数据中选择一路，送到输出。它的作用与图3-21所示的单刀多掷开关相似。

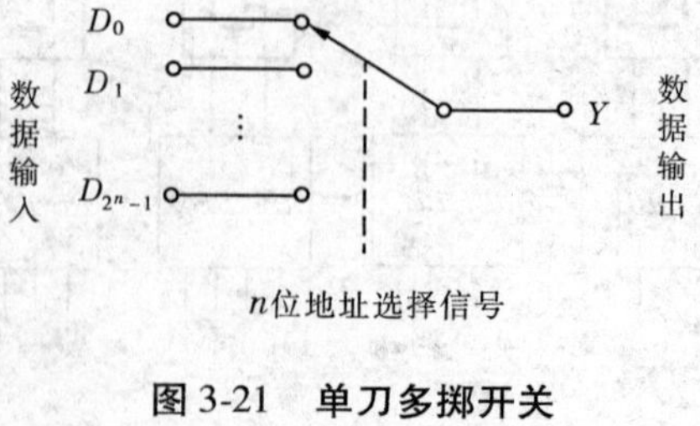

图3-21　单刀多掷开关

常用的数据选择器有4选1、8选1、16选1等多种类型。下面以4选1为例介绍数据选择器的基本功能、工作原理及设计方法。

4选1数据选择器的功能如表3-9所示。

表 3-9　4 选 1 数据选择器功能表

输入							输出
G	A_1	A_0	D_3	D_2	D_1	D_0	Y
1	×	×	×	×	×	×	0
0	0	0	×	×	×	0	0
			×	×	×	1	1
	0	1	×	×	0	×	0
			×	×	1	×	1
	1	0	×	0	×	×	0
			×	1	×	×	1
	1	1	0	×	×	×	0
			1	×	×	×	1

根据功能表,可写出输出逻辑表达式

$$Y = (\overline{A_1}\,\overline{A_0}D_0 + \overline{A_1}A_0D_1 + A_1\overline{A_0}D_2 + A_1A_0D_3)\cdot\overline{G} \tag{3-8}$$

由逻辑表达式画出 4 选 1 数据选择器的逻辑图,如图 3-22 所示。

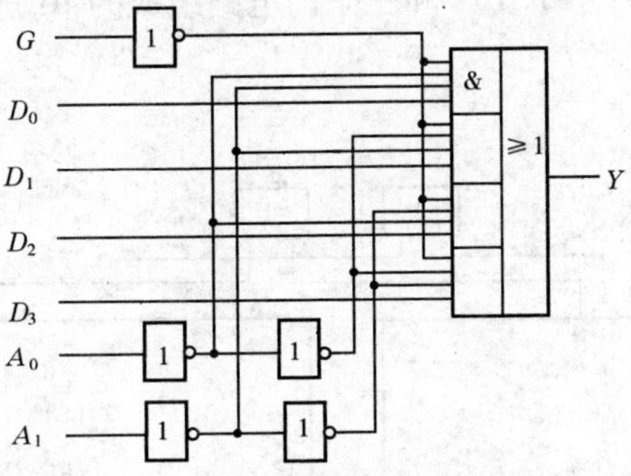

图 3-22　4 选 1 数据选择器的逻辑图

(二)集成数据选择器

74LS151 是一种典型的集成 8 选 1 数据选择器,它有 8 个数据输入端 $D_0 \sim D_7$,3 个地址输入端 A_2、A_1、A_0,2 个互补的输出端 Y 和 $\overline{Y}$,1 个使能输入端 G。使能输入端 G 仍为低电平有效。74LS151 的功能表如表 3-10 所示。

根据 74LS151 功能表,对其功能做如下说明:

(1)$D_0 \sim D_7$ 为 8 个数据输入端。

(2)Y 和 $\overline{Y}$ 为 2 个互补输出端,分别以原码和反码的形式输出。

(3)A_2、A_1、A_0 为 3 个地址输入端。

(4)$\overline{S}$ 为选通输入端,低电平有效。

表 3-10　74LS151 功能表

输入				输出	
$\overline{S}$	A_2	A_1	A_0	Y	$\overline{Y}$
H	×	×	×	L	H
L	L	L	L	D_0	$\overline{D_0}$
L	L	L	H	D_1	$\overline{D_1}$
L	L	H	L	D_2	$\overline{D_2}$
L	L	H	H	D_3	$\overline{D_3}$
L	H	L	L	D_4	$\overline{D_4}$
L	H	L	H	D_5	$\overline{D_5}$
L	H	H	L	D_6	$\overline{D_6}$
L	H	H	H	D_7	$\overline{D_7}$

(三)数据选择器的应用

1. 数据选择器的通道扩展

作为一种集成器件,最大规模的数据选择器是 16 选 1。如果需要更大规模的数据选择器,可进行通道扩展。用两片 74LS151 和三个门电路组成的 16 选 1 的数据选择器的逻辑图如图 3-23所示。

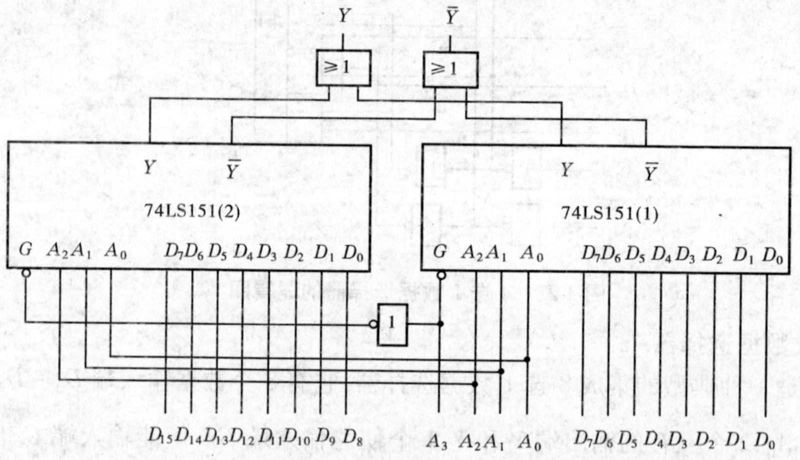

图 3-23　用两片 74LS151 和三个门电路组成的 16 选 1 数据选择器的逻辑图

2. 实现组合逻辑函数

当逻辑函数的变量个数和数据选择器的地址输入变量个数相同时,可直接用数据选择器来实现逻辑函数。

【例 3-5】　试用 8 选 1 数据选择器 74LS151 实现逻辑函数 $L = AB + BC + AC$。

解　(1)作出逻辑函数 L 的真值表如表 3-11 所示。

(2)将输入变量接至数据选择器的地址输入端,即 $A = A_2$, $B = A_1$, $C = A_0$。输出变量接至数据选择器的输出端，即 $L=Y$。将真值表中 L 取值为 1 的最小项所对应的数据输入端接 1，L 取值为 0 的最小项，对应的数据输入端接 0，即 $D_3=D_5=D_6=D_7=1$，$D_0=D_1=D_2=D_4=0$。

(3) 画出连线图如图 3-24 所示。

表 3-11　例 3-5 真值表

A	B	C	L	A	B	C	L
0	0	0	0	1	0	0	0
0	0	1	0	1	0	1	1
0	1	0	0	1	1	0	1
0	1	1	1	1	1	1	1

当逻辑函数的变量个数大于数据选择器的地址输入变量个数时，不能用前述的简单办法，而应分离出多余的变量，把它们加到适当的数据输入端。

【例 3-6】　试用 4 选 1 数据选择器实现逻辑函数：

$$L=AB+BC+AC$$

解　(1) 由于函数 L 有三个输入信号 A、B、C，而 4 选 1 仅有两个地址端 A_1 和 A_0，所以选 A、B 接到地址输入端，且 $A=A_1$，$B=A_0$。

4 选 1 数据选择器的一般输出通式为：

$$Y=(\overline{A_1}\,\overline{A_0}D_0+\overline{A_1}A_0D_1+A_1\overline{A_0}D_2+A_1A_0D_3) \tag{3-9}$$

而

$$L=AB+BC+AC=AB\cdot 1+\overline{A}BC+A\overline{B}C \tag{3-10}$$

将式(3-9)和式(3-10)比较相等可得：$D_3=1$，$D_1=D_2=C$，$D_0=0$。

(2) 画出连线图如图 3-25 所示。

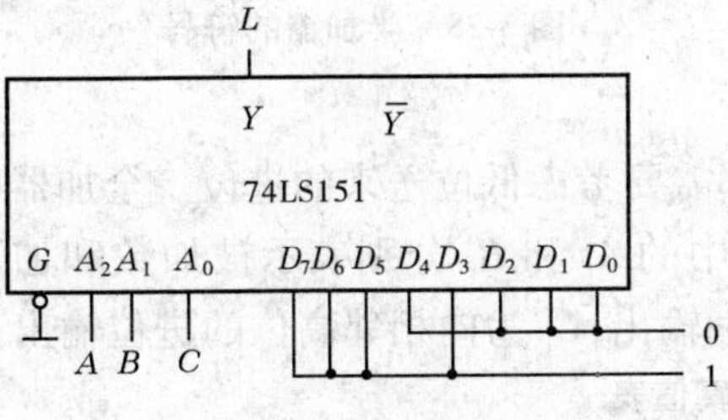

图 3-24　例 3-5 连线图

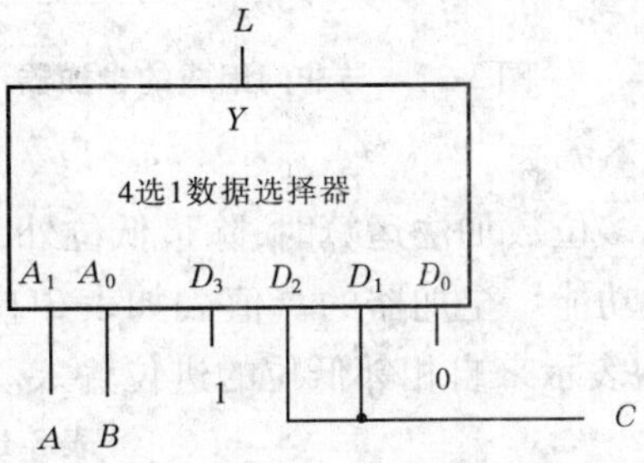

图 3-25　例 3-6 连线图

四、加法器

（一）加法器的基本概念及工作原理

1. 半加器

半加器的真值表如表 3-12 所示。表中的 A 和 B 分别表示被加数和加数输入，S 为本位和输出，C 为向相邻高位的进位输出。由真值表可直接写出输出逻辑函数表达式：

$$S=\overline{A}B+A\overline{B}=A\oplus B \tag{3-11}$$

$$C = AB \tag{3-12}$$

表 3-12　半加器的真值表

输入		输出		输入		输出	
被加数 A	加数 B	和数 S	进位数 C	被加数 A	加数 B	和数 S	进位数 C
0	0	0	0	1	0	1	0
0	1	1	0	1	1	0	1

可见,可用一个异或门和一个与门组成半加器,如图 3-26 所示。

如果想用与非门组成半加器,则将上式用公式法变换成与非形式,则

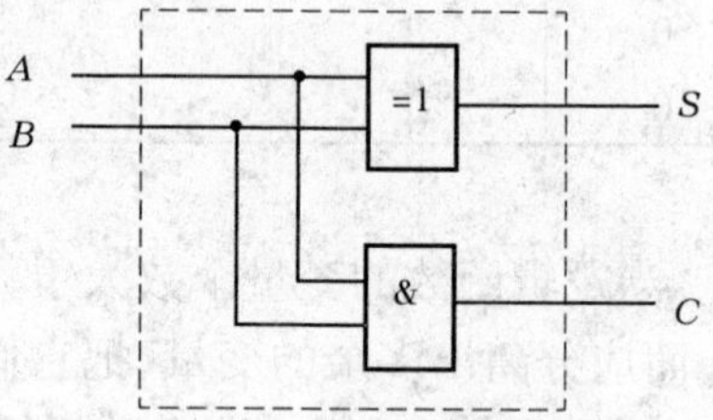

图 3-26　半加器逻辑图

$$\begin{aligned} S &= \bar{A}B + A\bar{B} = \bar{A}B + A\bar{B} + A\bar{A} + B\bar{B} \\ &= A(\bar{A} + \bar{B}) + B(\bar{A} + \bar{B}) \\ &= A \cdot \overline{AB} + B \cdot \overline{AB} \\ &= \overline{\overline{A \cdot \overline{AB}} \cdot \overline{B \cdot \overline{AB}}} \end{aligned}$$

$$C = AB = \overline{\overline{AB}} \tag{3-13}$$

由此画出用与非门组成的半加器,如图 3-27 所示。半加器的符号如图 3-28 所示。

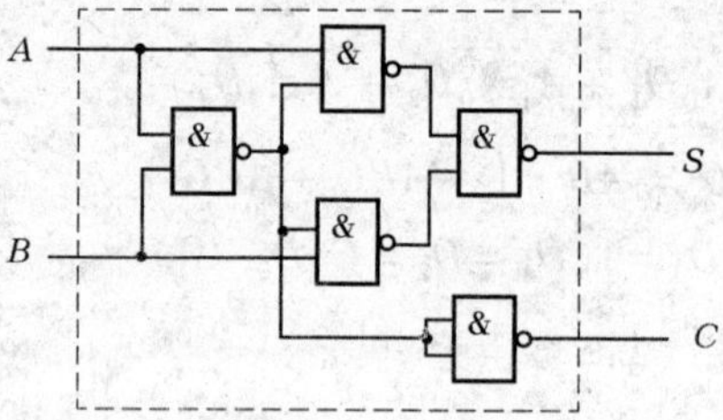

图 3-27　与非门组成的半加器

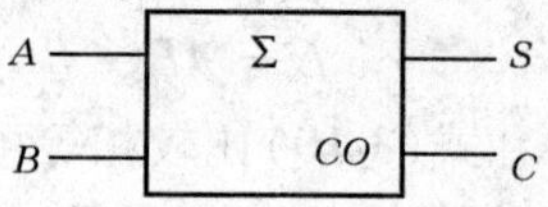

图 3-28　半加器的符号

2. 全加器

在多位数加法运算时,除最低位外,其他各位都需要考虑低位送来的进位。全加器就具有这种功能。全加器的真值表如表 3-13 所示。表中的 A_i 和 B_i 分别表示被加数和加数输入,C_{i-1} 表示来自相邻低位的进位输入。S_i 为本位和输出,C_i 为向相邻高位的进位输出。

表 3-13　全加器的真值表

输入			输出	
A_i	B_i	C_{i-1}	S_i	C_i
0	0	0	0	0
0	0	1	1	0
0	1	0	1	0
0	1	1	0	1
1	0	0	1	0
1	0	1	0	1
1	1	0	0	1
1	1	1	1	1

由真值表直接写出 S_i 和 C_i 的输出逻辑函数表达式，再经公式法化简和转换得：

$$\begin{aligned} S_i &= \overline{A_i}\,\overline{B_i}C_{i-1} + \overline{A_i}B_i\overline{C_{i-1}} + A_i\overline{B_i}\,\overline{C_{i-1}} + A_iB_iC_{i-1} \\ &= \overline{(A_i \oplus B_i)}C_{i-1} + (A_i \oplus B_i)\overline{C_{i-1}} = A_i \oplus B_i \oplus C_{i-1} \end{aligned} \tag{3-14}$$

$$\begin{aligned} C_i &= \overline{A_i}B_iC_{i-1} + A_i\overline{B_i}C_{i-1} + A_iB_i\overline{C_{i-1}} + A_iB_iC_{i-1} \\ &= A_iB_i + (A_i \oplus B_i)C_{i-1} \end{aligned} \tag{3-15}$$

根据式(3-14)和式(3-15)画出全加器的逻辑电路如图 3-29(a)所示。图 3-29(b)所示为全加器的代表符号。

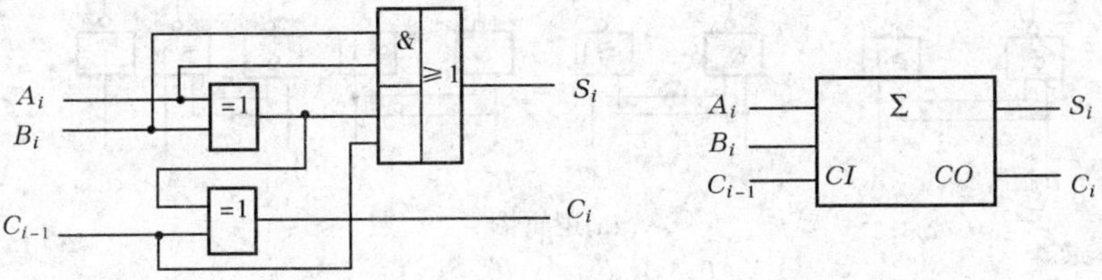

(a)逻辑图　　(b)符号

图 3-29　全加器

3. *多位数加法器*

要进行多位数相加，最简单的方法是将多个全加器进行级联，称为串行进位加法器。图 3-30所示是 4 位串行进位加法器，从图中可见，两个 4 位相加数 $A_3A_2A_1A_0$ 和 $B_3B_2B_1B_0$ 的各位同时送到相应全加器的输入端，进位数串行传送。全加器的个数等于相加数的位数。最低位全加器的 C_{i-1} 端应接 0。

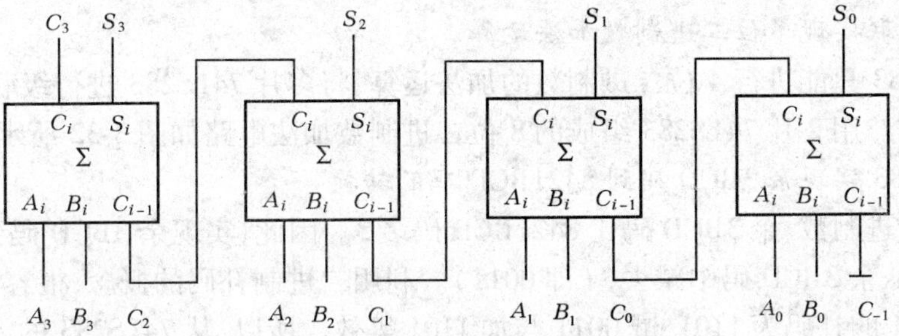

图 3-30　4 位串行进位加法器

串行进位加法器的优点是电路比较简单，缺点是速度比较慢。因为进位信号是串行传递，图 3-30 中最后一位的进位输出 C_3 要经过 4 位全加器传递之后才能形成。如果位数增加，传输延迟时间将更长，工作速度更慢。

为了提高速度，人们设计了一种多位数快速进位（又称超前进位）的加法器。所谓快速进位，是指加法运算过程中，各级进位信号同时送到各位全加器的进位输入端。现在的集成加法器大多采用这种方法。

74LS283 就是一种典型的快速进位的集成加法器。其逻辑图如图 3-31(a)所示，其引脚图如图 3-31(b)所示。

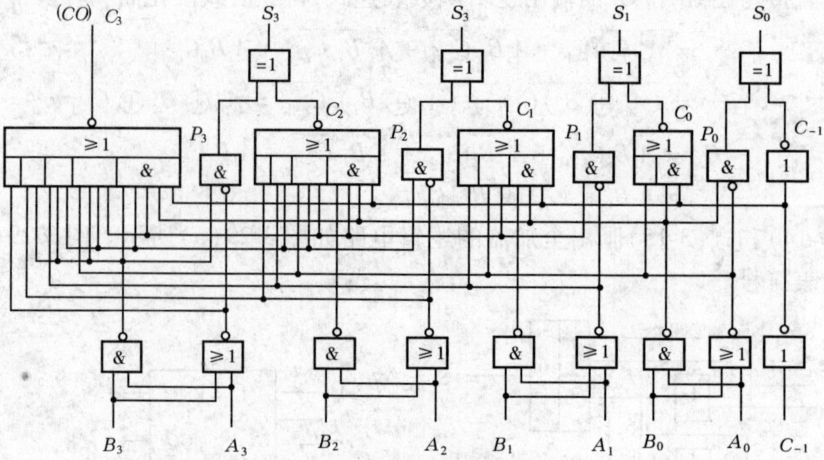

(a)逻辑图

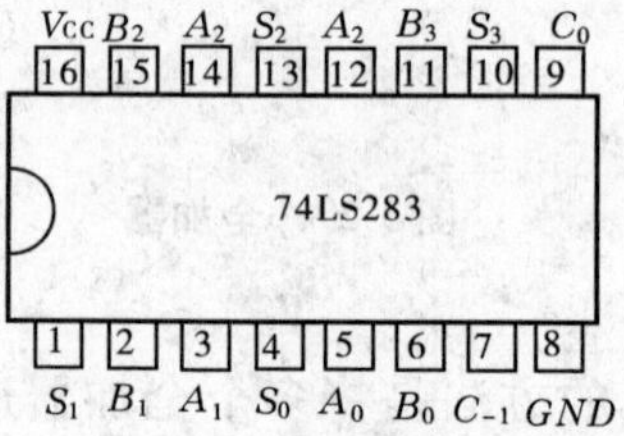

(b)引脚图

图 3-31　集成 4 位加法器 74LS283

(二)集成加法器的应用

1. 加法器级联实现多位二进制数加法运算

一片 74LS283 只能进行 4 位二进制数的加法运算,将多片 74LS283 进行级联,就可扩展加法运算的位数。用 2 片 74LS283 组成的 8 位二进制数加法电路如图 3-32 所示。

2. 用 74LS283 实现余 3BCD 码到 8421BCD 码的转换

对同一个十进制数,余 3BCD 码比 8421BCD 码多 3。因此,实现余 3BCD 码到 8421BCD 码的变换,只需从余 3BCD 码中减去 3(即 0011)。利用二进制补码的概念,很容易实现上述减法。由于 0011 的补码为 1101,减 0011 与加 1101 等效。所以,从 74LS283 的 $A_3 \sim A_0$ 输入余 3BCD 码的四位代码,$B_3 \sim B_0$ 接固定代码 1101,就能实现相应的转换,如图 3-33 所示。

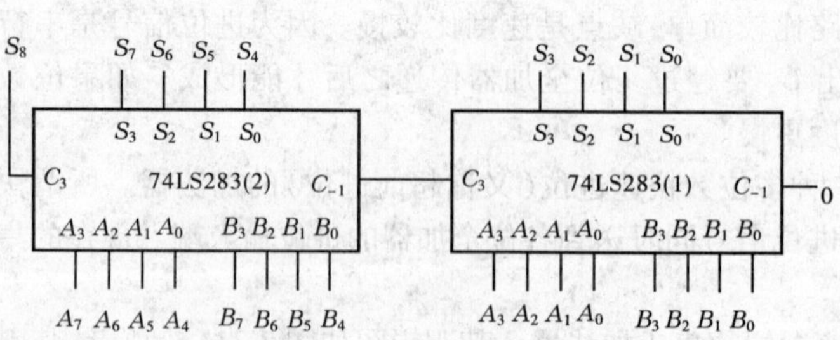

图 3-32　8 位二进制数加法电路

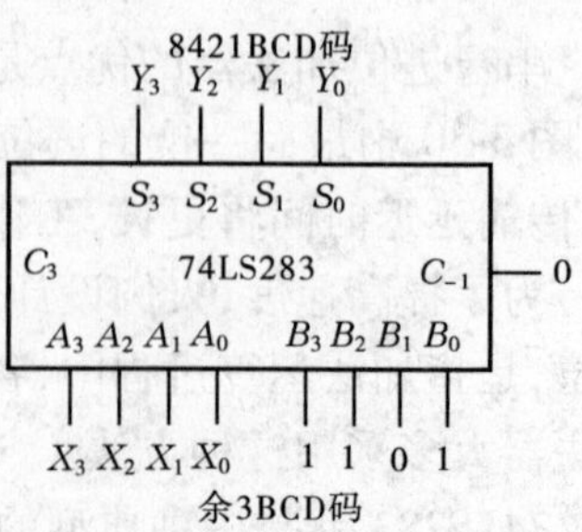

图 3-33　将余 3BCD 码转换成 8421BCD 码

第四节　组合逻辑电路中的竞争与冒险现象

一、竞争与冒险现象产生的原因

在实际的组合电路中，所用的各个集成门电路要完成各自功能都是需要一定时间的，信号经过不同的路径（即经过不同个数的门电路）到达某点时会产生时差，这种时差现象称为竞争。竞争现象可能使电路产生暂时性的错误输出，虽然信号恢复后错误大多会消失，但仍会导致工作不可靠，有时甚至会导致永久性错误。这种由竞争产生的错误输出，称为组合逻辑电路的竞争与冒险现象。

（一）偏“1”冒险

偏“1”冒险如图 3-34 所示。在电路中常会引起错误输出结果。

（二）偏“0”冒险

偏“0”冒险如图 3-35 所示。在电路中常会引起错误输出结果或会引起电路的逻辑混乱。

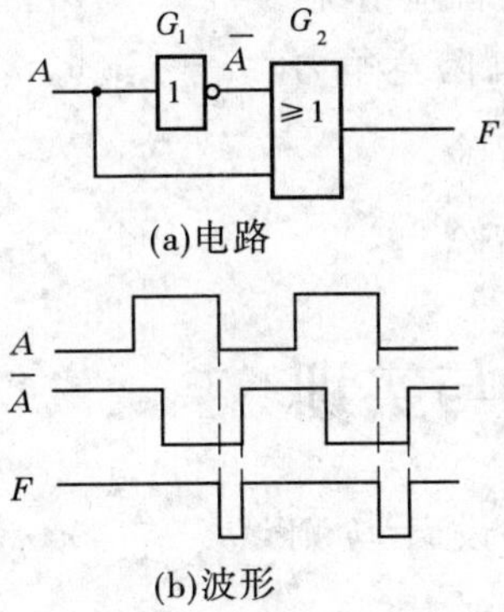

图 3-34　偏“1”冒险

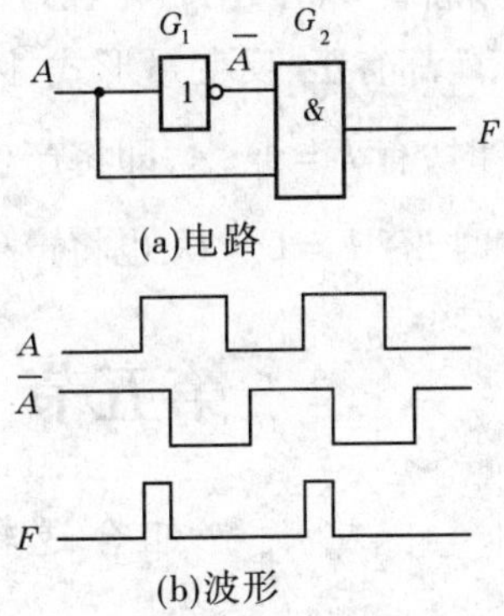

图 3-35　偏“0”冒险

二、竞争与冒险现象的检查与消除方法

若某个逻辑门两个输入端可能存在 $x+\overline{x}$ 或 $x\cdot\overline{x}$ 的形式，则该电路可能出现竞争与冒险现象。

【例 3-7】　判断 $F_1=AC+\overline{A}B$ 和 $F_2=AC+\overline{A}B+BC$ 是否存在竞争与冒险现象。

解　由 F_1 表达式看出，当 $B=C=1$ 时，将有 $F_1=A+\overline{A}$，因此 F_1 将会出现偏“1”冒险。由 F_2 表达式看出，若 $B=C=1$，则有

$$F_2=A+\overline{A}+1=1$$

由于式中有 1，而 1 加任何数仍为 1，故不存在竞争与冒险现象。从该例看出：F_1 和 F_2 实际上是相等的，但 F_2 中增加了多余项 BC，从而消除了竞争与冒险现象。

常用的消除竞争与冒险现象的方法有：

（1）增加多余项。

(2)因为竞争与冒险现象时间短暂，表现为毛刺现象，故可用在门电路输出端并联一个几皮法的小电容来消除，这是工程上常用的方法之一，实例如图3-36所示。

(3)引入选通脉冲，作为使能端，当各输入端的信号通过各种门电路最终到达最后一个门电路时，用一个选通脉冲打开此门，以实现正确的逻辑功能，实例如图3-37所示。

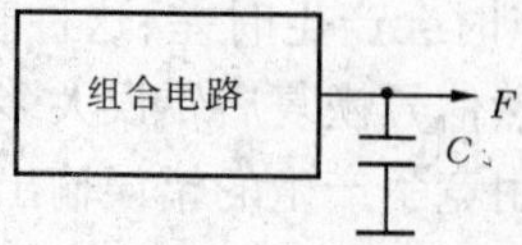

图3-36 加入电容消除法

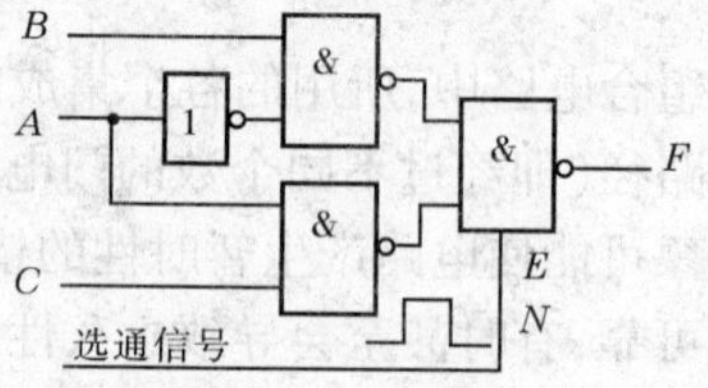

图3-37 利用使能端消除法

【例3-8】 判断 $F=AC+\overline{A}B+\overline{A}\cdot\overline{C}$ 是否存在竞争与冒险现象。

解 由函数可看出，当 $BC=11$ 时，将有 $F=A+\overline{A}$，故将产生偏"1"冒险，但无论如何取 A、B 的值，都不会出现 $C+\overline{C}$，故变量 C 不会出现竞争与冒险现象。

【例3-9】 判断 $F=(A+C)(\overline{A}+B)(B+\overline{C})$ 的冒险情况。

解 变量 A、C 都有正、反变量形式，因而具有冒险竞争力。

当 $B=C=0$ 时，有 $F=A\cdot\overline{A}$，即将产生偏"0"冒险。

当 $A=B=0$ 时，有 $F=C\cdot\overline{C}$，也将产生偏"0"冒险。

第五节 实验与实训

——组合逻辑电路的设计与测试

1. 实验目的

(1)掌握组合逻辑电路的功能测试。

(2)验证半加器和全加器的逻辑功能。

2. 实验器材

(1)数字逻辑实验箱1台。

(2)万用表1只。

(3)元器件：CC4011两块，CC4030一块，导线若干。

3. 实验说明

(1)注意用电安全，在实验过程中连线时须断电操作。

(2)注意按图接线，千万不要将两个门电路的输出端误接在一起。

4. 实验内容和步骤

(1)组合逻辑电路功能测试。

①用2片CC4011组成半加器图3-38所示电路上连线。为便于接线和检查，在图中要注明芯片编号及各引脚对应的编号。

②图中 A、B、C 接电平开关，Y_1、Y_2 接发光管电平显示。

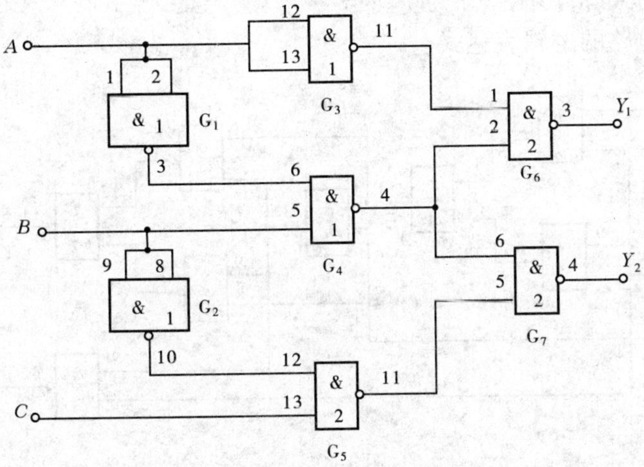

图 3-38 半加器

③按表 3-14 要求，改变 A、B、C 的状态填表，并写出 Y_1、Y_2 逻辑表达式。

表 3-14

输入			输出		输入			输出	
A	B	C	Y_1	Y_2	A	B	C	Y_1	Y_2
0	0	0			1	1	0		
0	0	1			1	0	0		
0	1	1			1	0	1		
1	1	1			0	1	0		

④将运算结果与实验比较，得出判断结论。

(2)测试用异或门(CC4030)和与非门组成的半加器的逻辑功能。

根据半加器的逻辑表达式可知，半加器 Y 是 A、B 的异或，而进位 Z 是 A、B 相与，故半加器可用一个集成异或门和两个与非门组成，如图 3-39 所示。(设计画图)

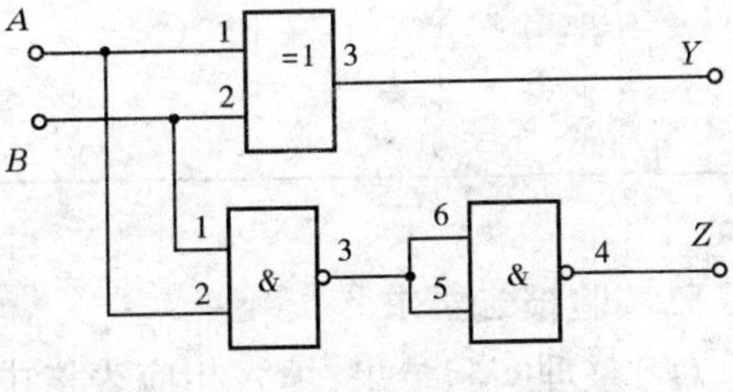

图 3-39

①在学习机上用异或门和与门接成以上电路。A、B 接电平开关 S，Y、Z 接电平显示。

②按表 3-15 要求改变 A、B 状态，并填表。

表 3-15

输入端		输出端		输入端		输出端	
A	B	Y	Z	A	B	Y	Z
0	0			0	1		
1	0			1	1		

(3)测试全加器的逻辑功能。

①写出图 3-40 电路的逻辑表达式。

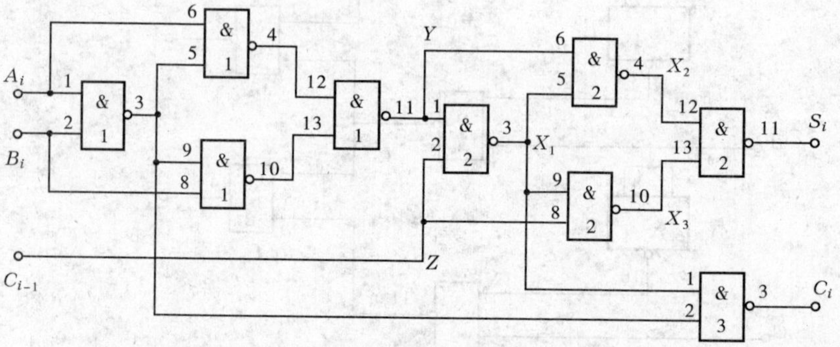

图 3-40

②根据逻辑表达式列真值表(见表 3-16)。

表 3-16

A_i	B_i	C_{i-1}	Y	Z	X_1	X_2	X_3	S_i	C_i
0	0	0							
0	1	0							
1	0	0							
1	1	0							
0	0	1							
0	1	1							
1	0	1							
1	1	1							

5. 实验报告要求

(1)整理实验结果,填入相应表格中,并写出逻辑表达式。

(2)总结实验心得体会。

本章小结

常用的中规模组合逻辑器件包括编码器、译码器、数据选择器、加法器等。为了增加使用的灵活性和便于功能扩展,在多数中规模组合逻辑器件中都设置了输入、输出使能端或输入、输出扩展端。它们既可控制器件的工作状态,又便于构成较复杂的逻辑系统。

上述组合逻辑器件除具有其基本功能外,还可用来设计组合逻辑电路。应用中规模组合逻辑器件进行组合逻辑电路设计的一般原则是:使用 MSI 芯片的个数和品种型号最少,芯片之间的连线最少。

用 MSI 芯片设计组合逻辑电路最简单和最常用的方法是:用数据选择器设计多输入、单输出的逻辑函数;用二进制译码器设计多输入、多输出的逻辑函数。

数据选择器的功能是根据地址选择码从多路输入数据中选择一路送到输出。在输入数据都为 1 时,它的输出表达式为地址变量的全部最小项之和,所以它很适合用于实现单输出组合逻辑函数。而二进制译码器的每个输出端分别与一个最小项相对应,因此辅以适当的门电路,便可实现多输出的组合逻辑函数。

习　题

3-1　分析图 3-41 所示逻辑电路的逻辑功能。

3-2　有一个车间,有红、黄两个故障指示灯,用来表示三台设备的工作情况。当有一台设备出现故障时,黄灯亮;若有两台设备出现故障时,红灯亮;若三台设备都出现故障时,红灯、黄灯都亮。试用与非门设计一个控制灯亮的逻辑电路。

3-3　用与非门设计一个四变量表决电路。当变量 A、B、C、D 有三个或三个以上为 1 时,输出为 $Y=1$,输入为其他状态时输出 $Y=0$。

3-4　A、B、C 和 D 四人在同一实验室工作,他们之间的工作关系是:

(1) A 到实验室,就可以工作。

(2) B 必须 C 到实验室后才有工作可做。

(3) D 只有 A 在实验室才可以工作。

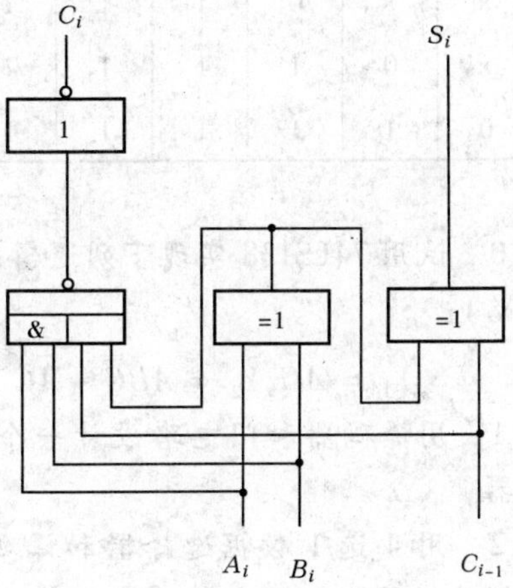

图 3-41　题 3-1 图

请将实验室中没人工作这一事件用逻辑表达式表达出来。

3-5　设计用单刀双掷开关来控制楼梯照明灯的电路。要求:在楼下开灯后,可在楼上关灯;可以在楼上开灯,而在楼下关灯。用与非门实现上述逻辑功能。

3-6　将 74LS138 扩展为 6 线 - 64 线译码器(提示:用一片 74LS138 作为片选,可能比较方便)。

3-7　用 74LS148 和门电路组成二 - 十进制编码器。

3-8　在 74LS48 的 $\overline{BI}$ 输入一周期 $T=2$ s 的方波时,显示效果如何?在 $\overline{I_B}$ 输入一频率高于 25 Hz 的占空比可调的矩形波时,显示效果如何?

3-9　某医院有 7 间病房:1、2、…、7,其中 1 号病房住着最重的病员,2、3、…、7 依次减轻。试用 74LS148、74LS48、半导体数码管组成一个呼叫、显示电路,要求:有病员压下呼叫开关时,显示电路显示病房号(提示:用的 74LS148 $\overline{Y}_{EX}$ 作 74LS48 的灭灯信号)。已知 8 线 - 3 线优先编码器 74LS148 的功能表如表 3-17 所示,符号图如图 3-42 所示。

表 3-17　74LS148 的功能表

输入									输出				
$\overline{S}$	$\overline{I_0}$	$\overline{I_1}$	$\overline{I_2}$	$\overline{I_3}$	$\overline{I_4}$	$\overline{I_5}$	$\overline{I_6}$	$\overline{I_7}$	$\overline{Y_2}$	$\overline{Y_1}$	$\overline{Y_0}$	$\overline{Y_S}$	$\overline{Y_{EX}}$
1	×	×	×	×	×	×	×	×	1	1	1	1	1
0	1	1	1	1	1	1	1	1	1	1	1	0	1
0	×	×	×	×	×	×	×	0	0	0	0	1	0
0	×	×	×	×	×	×	0	1	0	0	1	1	0
0	×	×	×	×	×	0	1	1	0	1	0	1	0
0	×	×	×	×	0	1	1	1	0	1	1	1	0
0	×	×	×	0	1	1	1	1	1	0	0	1	0
0	×	×	0	1	1	1	1	1	1	0	1	1	0
0	×	0	1	1	1	1	1	1	1	1	0	1	0
0	0	1	1	1	1	1	1	1	1	1	1	1	0

3-10　试用 74LS138 实现下列逻辑函数(允许附加门电路)：

$$Y_1 = A\overline{C}, Y_2 = AB\overline{C} + \overline{A}C$$

3-11　用译码器和门电路设计一个 4 选 1 的数据选择器。

3-12　用 4 选 1 数据选择器和译码器，组成 20 选 1 数据选择器。

3-13　试用 74LS151 实现逻辑函数：

$$Y = A + BC$$

3-14　仿照半加器和全加器的设计方法，试设计一个半减器和一个全减器。

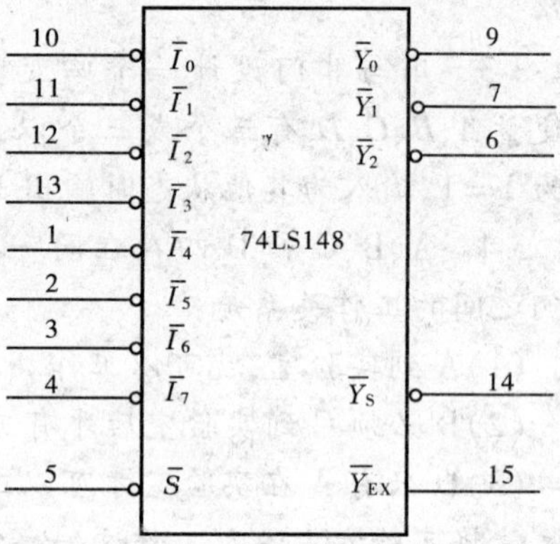

图 3-42　题 3-9 图

3-15　设计一个用与非门实现的路灯控制电路，要求在四个不同的地方都能独立地控制路灯。

第四章　触发器

在数字系统中，除广泛使用数字逻辑门部件输出信号外，还常常需要记忆和保存这些二进制数码信息，这就要用到另一种新的数字基本逻辑部件——触发器。

触发器的不同在于其具有“记忆”功能，它是构成时序逻辑电路的基本单元。本章首先介绍基本 RS 触发器和同步 RS 触发器的组成原理、特点和逻辑功能，然后引出能够防止“空翻”现象的边沿触发器，再讨论 RS 触发器、JK 触发器、D 触发器、T 触发器、T′触发器的逻辑功能及其描述方法。

第一节　概　述

一、触发器概念及其特点

在各种复杂的数字电路中，不但需要对二值信号进行算术运算和逻辑运算，还经常需要将这些信号和运算结果保存起来。为此，需要使用具有记忆功能的基本逻辑单元。能够存储一位二进制信息的基本单元电路，称为触发器(Flip - Flop)。

触发器是由门电路构成的，它有两个互补的输出端，分别用 Q 和 $\overline{Q}$表示。通常规定，输出端 Q 的状态表示触发器的状态，即 $Q=1(\overline{Q}=0)$时，称触发器处于 1 态；$Q=0(\overline{Q}=1)$时，称触发器处于 0 态。

为了实现记忆一位二值信号的功能，触发器必须具备以下两个基本特点：

(1)具有两个能自行保持的稳定状态，可分别用来表示逻辑状态的 0 和 1，或二进制数的 0 和 1。

(2)能够接收、保存和输出信号。当触发器接收输入信号时，其输出状态由这个输入信号决定；当触发器没有外界输入信号时，电路将保持原状态不变。

通常将接收输入信号之前的状态称为现态，记作 Q^n；将接收输入信号之后的状态称为次态，记作 Q^{n+1}。

二、触发器的分类

(1)根据触发器的电路结构形式的不同可分为：基本触发器、同步触发器、主从触发器、维持阻塞触发器、边沿触发器等。

电路的结构形式不同，触发信号的触发方式也不同。触发方式分为电平触发、脉冲触发和边沿触发三种。当触发信号到达时，触发器的状态转换过程具有不同的动作特点。掌握这些特点对于正确使用触发器非常重要。

(2)根据触发器逻辑功能的不同可分为：RS 触发器、JK 触发器、D 触发器、T 触发器和 T′触发器。但最常见的集成触发器是 JK 触发器和 D 触发器。T、T′触发器没有集成产品，需要时,可用其他触发器转换成 T 或 T′触发器。JK 触发器与 D 触发器之间的功能也是可以互相转换的。所谓逻辑功能的转换,就是将一种类型的触发器,通过外接一定的逻辑电路后转换成另一种类型的触发器。

(3)根据触发器存储数据原理的不同可分为动态触发器和静态触发器。通过 MOS 管栅极输入电容上存储电荷来存储数据的触发器,称为动态触发器。通过电路状态的自锁来存储数据的触发器,称为静态触发器。

第二节　基本 RS 触发器

一、基本 RS 触发器的电路组成与逻辑符号

基本 RS 触发器的电路如图 4-1(a)所示,它是用两个与非门的输入、输出端交叉耦合连接构成的。它与组合电路的根本区别在于,电路中有反馈线。图中$\overline{S}$和$\overline{R}$是信号输入端,字母上的非号表示低电平有效(逻辑符号中用小圈表示)。Q 与$\overline{Q}$是输出端,正常情况下,这两个输出端的信号必须互补,否则会出现逻辑错误。图 4-1(b)是基本 RS 触发器的逻辑符号。

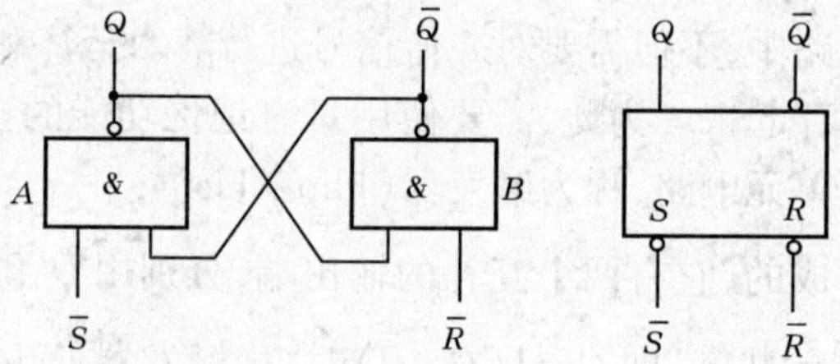

(a)逻辑图　　(b)逻辑符号

图 4-1　基本 RS 触发器

二、基本 RS 触发器的工作过程

设原状态用 Q^n 表示,新状态用 Q^{n+1} 表示,因为基本触发器有两个输入信号,因此有四种不同的组合作为输入,下面分别进行讨论。

(一)$\overline{R}=\overline{S}=1$

1. 设原状态 $Q^n=0(\overline{Q^n}=1)$

当$\overline{R}=\overline{S}=1$ 输入时,$Q^n=0$ 把 B 门封锁,使$\overline{Q^{n+1}}=1$;而$\overline{Q^n}=1$ 和$\overline{S}=1$ 作 A 门输入,使 A 门打开输出为 0,即 $Q^{n+1}=0$。

2. 设原状态 $Q^n=1(\overline{Q^n}=0)$

当$\overline{R}=\overline{S}=1$ 输入时,$\overline{Q^n}=0$ 把 A 门封锁,使 $Q^{n+1}=1$;而 Q^n 和$\overline{R}=1$ 使 B 门输出为 0,即 $\overline{Q^{n+1}}=1$。

综上所述可知:在$\overline{R}=\overline{S}=1$ 作用下,新状态总是和原状态保持一致。这种触发器逻辑功能称为保持功能,即

$$Q^{n+1} = Q^n$$

(二) $\overline{R}=1, \overline{S}=0$

1. 设原状态 $Q^n=0(\overline{Q^n}=1)$

在 $\overline{R}=1, \overline{S}=0$ 作用下，$\overline{S}=0$ 把 A 门封锁，输出 $Q^{n+1}=1$，$Q^{n+1}=1$ 和 $\overline{R}=1$ 作用使 B 门输出 $\overline{Q^{n+1}}=0$。

2. 设原状态 $Q^n=1(\overline{Q^n}=0)$

在 $\overline{R}=1, \overline{S}=0$ 作用下，$\overline{S}=0$ 仍把 A 门封锁，输出 $Q^{n+1}=1$，$\overline{Q^{n+1}}=0$。

综上所述，无论原状态如何，只要在 $\overline{R}=1, \overline{S}=0$ 输入下，新的状态都变成 1 态，这种功能称为置 1 功能，即

$$Q^{n+1} = 1$$

(三) $\overline{R}=0, \overline{S}=1$

由于电路的对称性，与 $\overline{R}=1, \overline{S}=0$ 的输入分析相反，无论原状态是 1 还是 0，在 $\overline{R}=0, \overline{S}=1$ 作用下，新状态变为 0 态，这种功能称为置 0 功能，即

$$Q^{n+1} = 0$$

(四) $\overline{R}=0, \overline{S}=0$

当 $\overline{R}=\overline{S}=0$ 输入下，A 门、B 门均被封锁，Q^{n+1} 和 $\overline{Q^{n+1}}$ 均置成 1，破坏了正常的互补逻辑关系。尤其是当 $\overline{S}$ 和 $\overline{R}$ 同时由 0 跳到 1 时，输出状态到底 1 态还是 0 态就不能确定了，因此这种输入情况是不允许出现的。

三、功能总结

(一) 特性表

基本 RS 触发器特性如表 4-1 所示，其简明特性如表 4-2 所示。

表 4-1　基本 RS 触发器特性

Q^n	$\overline{R}$	$\overline{S}$	Q^{n+1}	Q^n	$\overline{R}$	$\overline{S}$	Q^{n+1}
0	0	0	—	0	1	0	1
1	0	0	—	1	1	0	1
0	0	1	0	0	1	1	0
1	0	1	0	1	1	1	1

注：表中“—”表示状态不定。

表 4-2　简明特性表

$\overline{R}$	$\overline{S}$	Q^{n+1}	$\overline{R}$	$\overline{S}$	Q^{n+1}
0	0	—	1	0	1
0	1	0	1	1	Q^n

(二) 特征方程(状态方程、特性方程)

触发器次态 Q^{n+1} 与输入状态 R、S 及现态 Q^n 之间逻辑关系的最简逻辑表达式，称为触

发器的特性方程。考虑$\overline{R}=\overline{S}=0$输入时会带来输出状态不定的影响,故由表 4-1 写出 Q^{n+1} 表达式时,应该严禁这种输入。即

$$Q^{n+1} = S + RQ^{n} \tag{4-1}$$

$$\overline{S} + \overline{R} = 1 \tag{4-2}$$

(三)激励表及激励图

如果要求从一种状态转变为另外一种状态,那么应该有什么样的输入组合才能做到呢?激励表(图)解决了这个问题。所谓激励,是指已知某时刻触发器从现态 Q^n 转换到次态 Q^{n+1},应在输入端加上什么样的信号才能实现。激励表是用表格的方式表示触发器从一个状态变化到另一个状态或保持原状态不变时,对输入信号的要求。基本 RS 触发器激励表如表 4-3 所示。图 4-2 所示的是直观的基本 RS 触发器激励图。激励图是描述触发器的状态转换关系及转换条件的图形,它表示出触发器从一个状态变化到另一个状态或保持原状态不变时,对输入信号的要求。它形象地表示了触发器状态转换的规律。

表 4-3　基本 RS 触发器激励表

$Q^n \to Q^{n+1}$		$\overline{R}$	$\overline{S}$	$Q^n \to Q^{n+1}$		$\overline{R}$	$\overline{S}$
0	0	×	1	1	0	0	1
0	1	1	0	1	1	1	×

(四)时序图

触发器的功能也可以用输入、输出波形图直观地表现出来。反映时钟脉冲 CP、输入信号 R、S 及触发器状态 Q 对应关系的工作波形图叫时序图。时序图用高低电平反映触发器的逻辑功能,它比较直观,而且可用示波器验证。图 4-3 列出了基本 RS 触发器的时序图。从图中可以看出,当$\overline{R}=\overline{S}=0$时,$Q$ 与$\overline{Q}$功能紊乱,但电平仍然存在;当$\overline{R}$和$\overline{S}$同时由 0 跳到 1 时,状态出现不定。

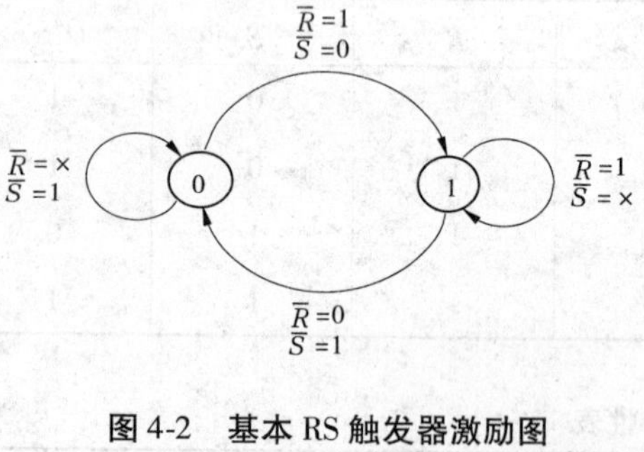

图 4-2　基本 RS 触发器激励图

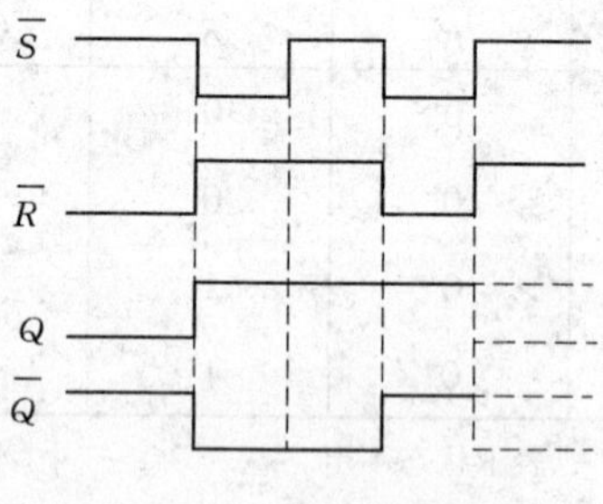

图 4-3　基本 RS 触发器时序图

画 Q 波形时要注意以下几点:

(1) Q 初始状态没有给定时,可以预先假设。

(2)根据激励表、激励图或特性方程确定次态。

(3)在之后学习的电路中触发器状态的转变增加了时间控制。画 Q 波形图,应注意时钟的控制可能是在时钟信号 $CP=1$ 期间接收输入信号,也可能是在 CP 由 1 下降到 0 时接收输入信号。

四、基本 RS 触发器的特点

基本 RS 触发器有如下几个特点：

(1)触发器的新状态不仅与输入信号状态有关，而且与触发器的原状态有关。

(2)电路具有两个稳定状态，在无外来触发信号作用时，电路将保持原状态不变。

(3)在外加触发信号有效时，电路可以触发翻转，实现置 0 或置 1。

(4)在稳定状态下两个输出端的状态必须是互补关系，即有约束条件。

基本 RS 触发器的优点是电路简单，是构成各种触发器的基础；其缺点是输出受输入信号直接控制，不能定时控制，而且有约束条件。

此外，基本 RS 触发器还可以用或非门的输入、输出端交叉耦合连接构成。其逻辑图和逻辑符号如图 4-4 所示。其工作原理请自行分析。

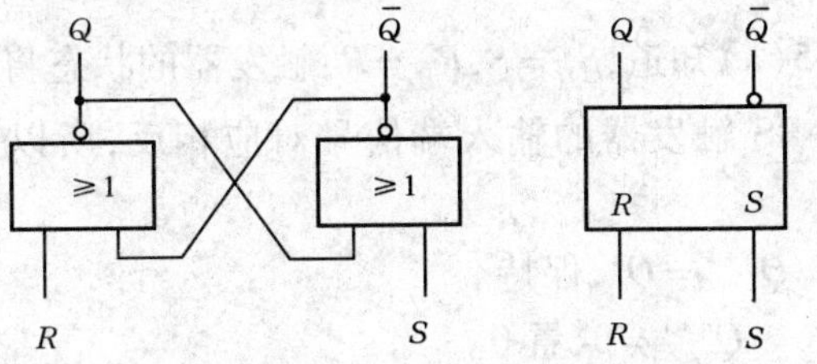

(a)逻辑图　　(b)逻辑符号

图 4-4　或非门构成的基本 RS 触发器

第三节　同步 RS 触发器

实际工作中，触发器的工作状态不仅要由触发器的输入信号决定，常常还需要用一个像时钟一样准确的控制信号来控制同一电路中各个触发器的翻转时刻，即要求按照一定的节拍工作，这不仅可以使触发器的抗干扰能力更强，也便于多个触发器同时工作。这就要求再增加一个控制端。通常把控制端引入的信号称为时钟脉冲信号，简称为时钟信号，用 CP (Clock Pulse)表示。具有时钟脉冲控制的触发器称为时钟触发器，又称钟控触发器。同步触发器是其中最简单的一种。同步 RS 触发器的状态转换分别由 R、S 和 CP 控制，其中，R、S 控制状态转换的方向，即转换为何种次态；CP 控制状态转换的时刻，即何时发生转换。

一、同步 RS 触发器的电路组成与符号

同步 RS 触发器的逻辑图和逻辑符号如图 4-5 所示。

二、同步 RS 触发器工作过程

(一)当 $CP=0$ 时

当 $CP=0$ 时，导引门关闭，输入信号 R、S 不能通过导引门，导引门输出均为 1，由基本 RS 触发器原理可知，输出应保持原状态，即

$$Q^{n+1}=Q^n$$

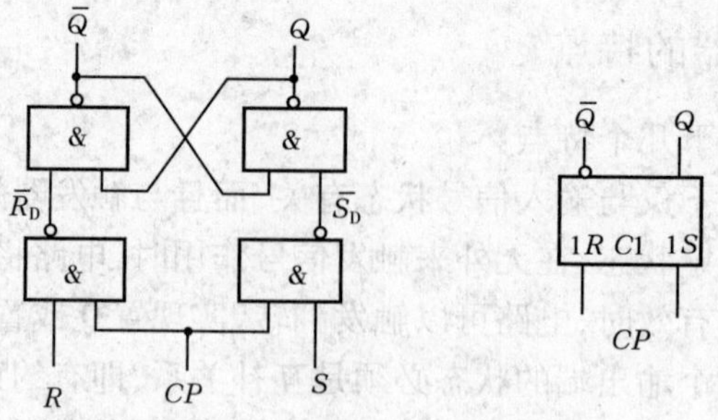

(a)逻辑图　　(b)逻辑符号

图 4-5　同步 RS 触发器

(二)当 $CP=1$ 时

当 $CP=1$ 时,由图 4-5(a)知道,$\overline{S}_D=\overline{S},\overline{R}_D=\overline{R}$,触发器的状态将随输入 S、R 而改变。由于同步 RS 触发器与基本 RS 触发器的输入端信号对应相反,所以两者的逻辑功能必定相反。

(1)当 $R=S=0$ 时,　$Q^{n+1}=Q^n$,保持。

(2)当 $R=1,S=0$ 时,　$Q^{n+1}=0$,置 0。

(3)当 $R=0,S=1$ 时,　$Q^{n+1}=1$,置 1。

(4)当 $R=S=1$ 时,　$Q^{n+1}=$—,不定。

三、功能总结

(一)特性表

当 $CP=1$ 时,同步 RS 触发器的特性表如表 4-4 所示,其简明特性如表 4-5 所示。

表 4-4　同步 RS 触发器特性表

Q^n	R	S	Q^{n+1}	功能
0	0	0	0	保持
1	0	0	1	
0	0	1	1	置 1
1	0	1	1	
0	1	0	0	置 0
1	1	0	0	
0	1	1	—	不定
0	1	1	—	

(二)特征方程

由表 4-4 求出同步 RS 触发器特征方程。考虑 $R=S=1$ 输入时,会带来输出状态紊乱,故应该严禁这种输入,即

$$\begin{cases} Q^{n+1}=S+\overline{R}Q^n & (4\text{-}3) \\ S\cdot R=0 \quad (\text{约束条件}) & (4\text{-}4) \end{cases}$$

表 4-5　简明特性表

R	S	Q^{n+1}	R	S	Q^{n+1}
0	0	Q^n	1	0	0
0	1	1	1	1	—

(三)激励表及激励图

同步 RS 触发器的激励表如表 4-6 所示,激励图如图 4-6 所示。

表 4-6　同步 RS 激励表

$Q^n \to Q^{n+1}$		R	S
0	0	×	0
0	1	0	1
1	0	1	0
1	1	0	×

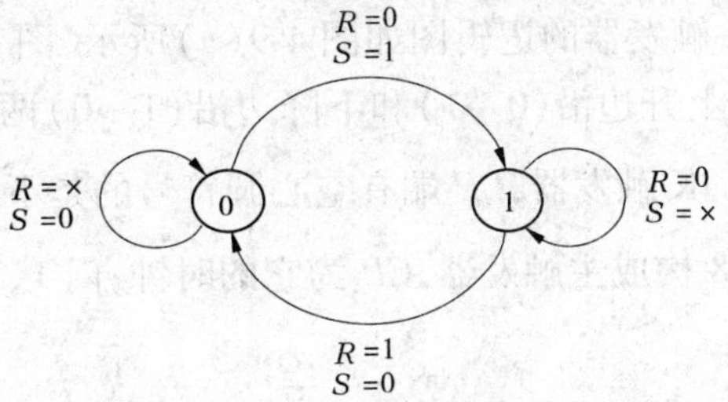

图 4-6　激励图

(四)时序图

同步 RS 触发器的时序图如图 4-7 所示。

四、空翻问题

在一个 CP 中,触发器的输出状态连续翻转两次或两次以上,这种现象称为空翻。如图 4-8所示是同步 RS 触发器发生空翻的过程。很显然,空翻的结果使 CP 的控制作用失去了意义。要避免“空翻”现象,则要求在时钟脉冲作用期间,不允许输入信号(R、S)发生变化。另外,必须要求 CP 的脉宽不能太大,这在电路上实现起来比较困难。显然,这种要求是较为苛刻的。

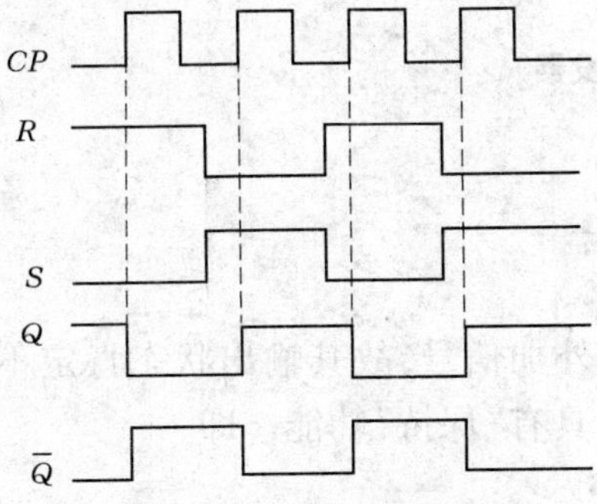

图 4-7　同步 RS 触发器时序图

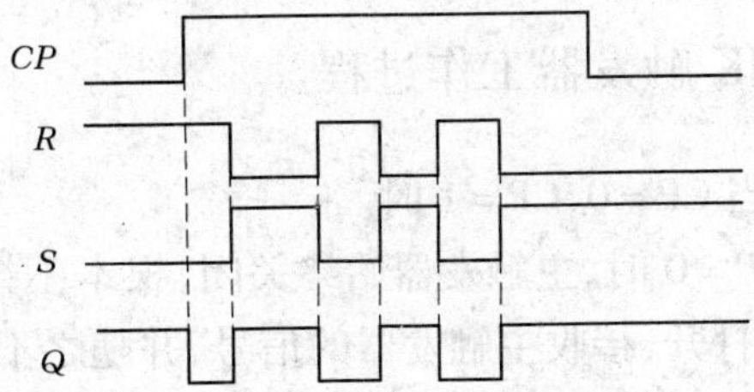

图 4-8　空翻现象

由于同步触发器存在空翻问题,限制了其在实际工作中的作用。为了克服该现象,对触发器电路作进一步改进,进而产生了主从型、边沿型等各类触发器。

学习同步触发器,主要要求掌握各种同步触发器的功能和触发方式,同步触发器的功能常用逻辑符号、功能表、特性表、特征(性)方程表示。CP 的触发方式和电路的结构有关,通常有电平触发、上升沿触发、下降沿触发,触发方式在逻辑符号中均有表示。目前,市场上供应的集成触发器绝大多数是上升沿或下降沿触发的触发器,至于触发器的电路结构,从应用角度出发可以不必细究,本书就不作介绍了。

第四节　JK 触发器

一、JK 触发器的电路组成与符号

JK 触发器的逻辑图如图 4-9(a)所示,图 4-9(b)是 JK 触发器的逻辑符号。边沿 JK 触发器分上升边沿(0→1)和下降边沿(1→0)两种,"⌐"表示边沿触发。图 4-9(b)所示为下降边沿 JK 触发器,*CP* 端有空心圆符号的是下降边沿,而无空心圆符号的则是上升边沿。门 5、6、7、8 构成主触发器,*CP* 为它的时钟;门 1、2、3、4 构成从触发器,$\overline{CP}$为它的时钟。

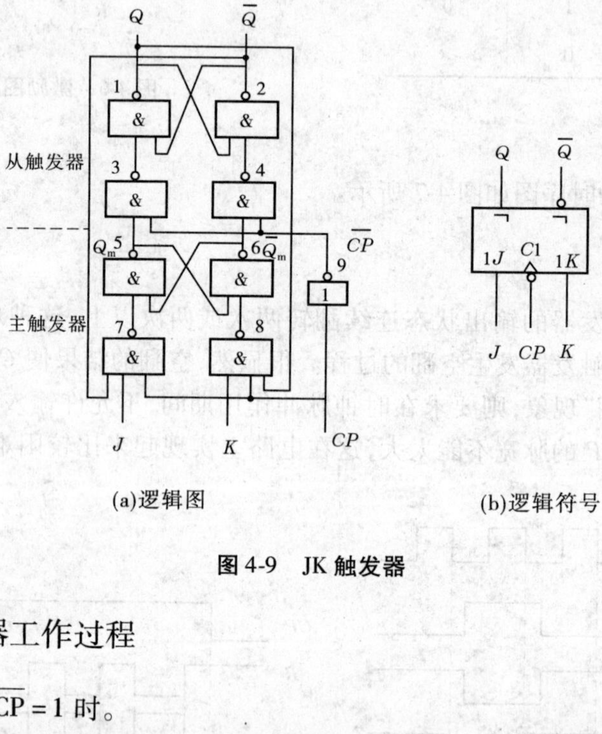

(a)逻辑图　　(b)逻辑符号

图 4-9　JK 触发器

二、JK 触发器工作过程

(1)当 CP = 0, $\overline{\text{CP}}$ = 1 时。

当 *CP* = 0 时,主触发器始终关闭,根本不接收外加信号,故其输出状态肯定不会改变;从触发器打开,接收主触发器的信号,并随之不变,具有"保持"功能。即

$$Q^{n+1} = Q^n$$

(2)当 CP = 1, $\overline{\text{CP}}$ = 0 时。

①当 $J = K = 0$ 时。

当 $J = K = 0$ 时,它和 $CP = 0$ 作用完全一样,输出状态不会改变,即具有"保持"功能。即

$$Q^{n+1} = Q^n$$

②当 $J = 0, K = 1$ 时。

无论原状态 $Q^n=1$ 还是 $Q^n=0$，当 CP 由 0 上跳到 1 直到 $CP=1$ 期间，主触发器打开，接收 $J=0,K=1$ 信号，都能使 $Q^m=0(\overline{Q^m}=1)$，具有"置 0"功能，在从触发器门口等待。

③当 $J=1,K=0$ 时。

$J=1,K=0$ 情况与 $J=0,K=1$ 正好相反，无论原状态如何，当 CP 由 0 上跳到 1 直到 $CP=1$ 期间，有 $J=1,K=0$ 输入，最终主触发器的状态为 1，具有"置 1"功能，即 $Q^m=1$，在从触发器门口等待。

④当 $J=1,K=1$ 时。

设原状态 $Q^n=0(\overline{Q^n}=1)$，当 CP 由 0 上跳到 1 直到 $CP=1$ 期间，8 门被 $Q^n=0$ 锁住，$R=1$，7 门打开，$S=0$，主触发器状态为 $Q^m=1,\overline{Q^m}=0$，在从触发器门口等待。

又设原状态 $Q^n=1(\overline{Q^n}=0)$，当 $CP=1$ 期间，7 门被 $Q^n=0$ 锁住，$S=1$，而 8 门打开，$R=0$，主触发器状态 $Q^m=0,\overline{Q^m}=1$，在从触发器门口等待。

综上分析可知道，当输入 $J=K=1$，在 CP 作用下，新状态总是和原状态相反。这种功能称为"计数"功能，即

$$Q^{m+1}=\overline{Q^m}=0$$

(3)当 CP 由 1 下降到 0 时，$\overline{CP}$ 由 0 上升到 1，从触发器打开，接收 Q^m、$\overline{Q^m}$ 信号，使 $Q^{n+1}=Q^m,\overline{Q^{n+1}}=\overline{Q^m}$。通过以上分析可知：

①当 $J=K=0$ 时，$Q^{n+1}=Q^n$，保持。

②当 $J=0,K=1$ 时，$Q^{n+1}=0$，置 0。

③当 $J=1,K=0$ 时，$Q^{n+1}=1$，置 1。

④当 $J=1,K=1$ 时，$Q^{n+1}=\overline{Q^n}$，计数。

可得结论：触发器的状态转换分两步完成，$CP=1$ 期间接收输入信号；而状态的翻转只在 CP 下降沿发生。克服同步 RS 触发器空翻现象。

三、功能总结

(一)特性表

当 CP 由 1 下降到 0 时，JK 触发器特性表如表 4-7 所示，其简明特性表如表 4-8 所示。

表 4-7　JK 触发器特性表

Q^n	J	K	Q^{n+1}	功能
0	0	0	0	保持
1	0	0	1	
0	0	1	0	置 0
1	0	1	0	
0	1	0	1	置 1
1	1	0	1	
0	1	1	1	计数
1	1	1	0	

表 4-8 JK 简明特性表

J	K	Q^{n+1}	J	K	Q^{n+1}
0	0	Q^n	1	0	1
0	1	0	1	1	$\overline{Q^n}$

(二)特征方程

由表 4-7 写出主从 JK 触发器的特征方程：

$$Q^{n+1} = J\overline{Q^n} + \overline{K}Q^n \tag{4-5}$$

(三)激励表及激励图

激励表如表 4-9 所示，图 4-10 所示为 JK 触发器的激励图。

表 4-9 JK 触发器激励表

$Q^n \to Q^{n+1}$		J	K
0	0	0	×
0	1	1	×
1	0	×	1
1	1	×	0

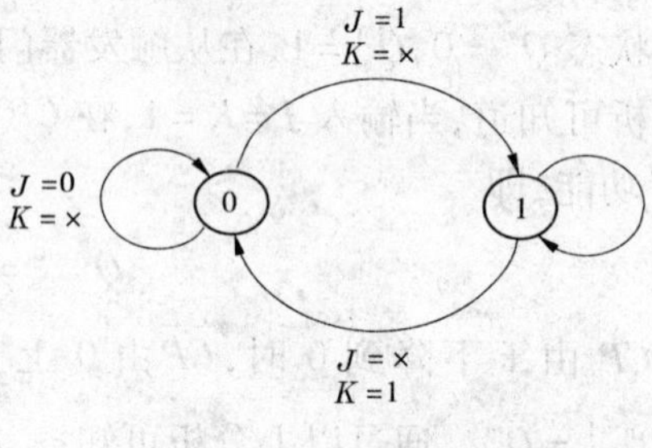

图 4-10 JK 触发器激励图

(四)时序图

图 4-11 是主从 JK 触发器的时序图。

四、主从 JK 触发器存在的问题——一次变化现象

如图 4-12 所示，假设触发器的现态 $Q^n=0$，当 $J=0, K=0$ 时，根据 JK 触发器的逻辑功能应维持原状态不变。但是，在 $CP=1$ 期间若遇到外界干扰，使 J 由 0 变为了 1，主触发器则被置成了 1 状态。当正脉冲干扰消失后，输入又回到 $J=K=0$，此时主触发器维持已被置成的 1 状态。当 CP 脉冲下降沿到来后，从触发器接收主触发器输出，状态变为 1 状态，而不是维持原来的 0 状态不变。

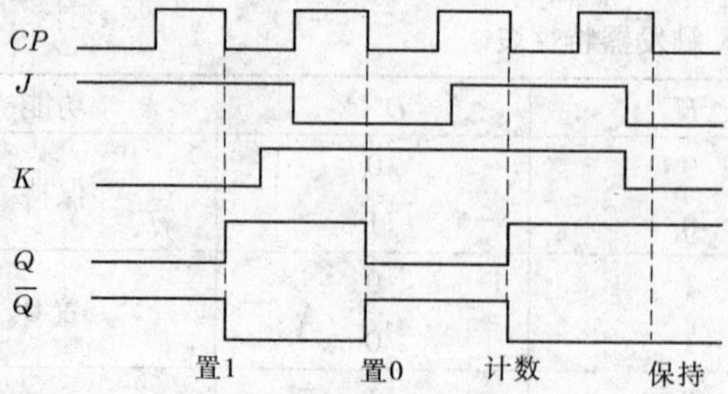

图 4-11 主从 JK 触发器时序图

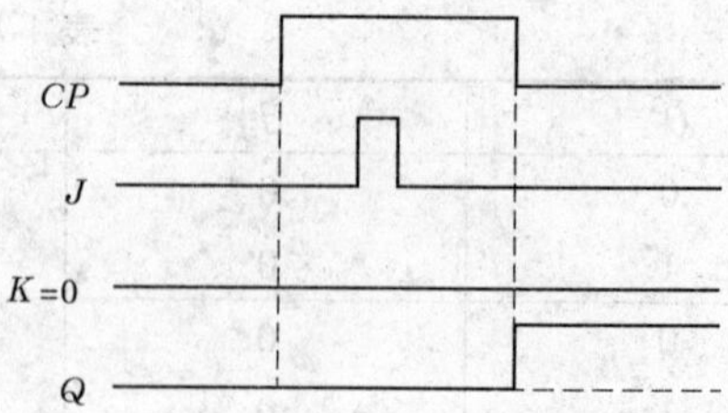

图 4-12 主从 JK 触发器的一次翻转

图 4-13(a)给出了 T1072 的逻辑图。其中 $J=J_1J_2J_3, K=K_1K_2K_3$。R_d、S_d 是异步输入

端，当$\overline{R}_d=0$时，无论 CP 是 0 还是 1，触发器都将置 0，有时又称$\overline{R}_d$ 端为清 0 端（复位端）；当$\overline{S}_d=0$时，触发器都将置 1，故又称$\overline{S}_d$ 为置 1 端（置位端）。图 4-13（b）为其逻辑符号。

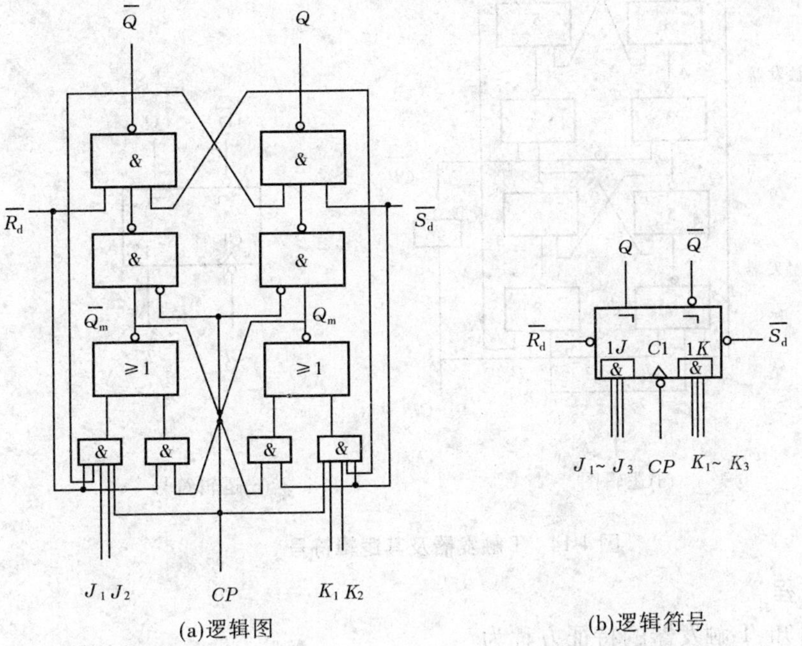

图 4-13　T1072 的逻辑图及其逻辑符号

第五节　T 触发器及 T′触发器

一、T 触发器

如果将 JK 触发器的 J、K 两端相连接，连接后的输入端称为 T 端，1 ~ 8 门为与非门，9 门为非门，如图 4-14（a）所示，就构成了 T 触发器，因此可根据 JK 触发器的工作过程，写出其逻辑功能。图 4-14（b）是下降沿 T 触发器的逻辑符号。

逻辑功能：当 CP 下降沿到来时，$T=0$，触发器保持原状态不变，即 $Q^{n+1}=Q^n$；$T=1$ 时，触发器完成计数功能，即 $Q^{n+1}=\overline{Q^n}$。

（一）特性表

CP 由 1 下降到 0 时，T 触发器的特性表如表 4-10 所示，其简明特性表如 4-11 所示。

表 4-10　T 触发器特性表

Q^n	T	Q^{n+1}
0	0	0
0	1	1
1	0	1
1	1	0

表 4-11　T 触发器简明特性表

T	Q^{n+1}
0	Q^n
1	$\overline{Q^n}$

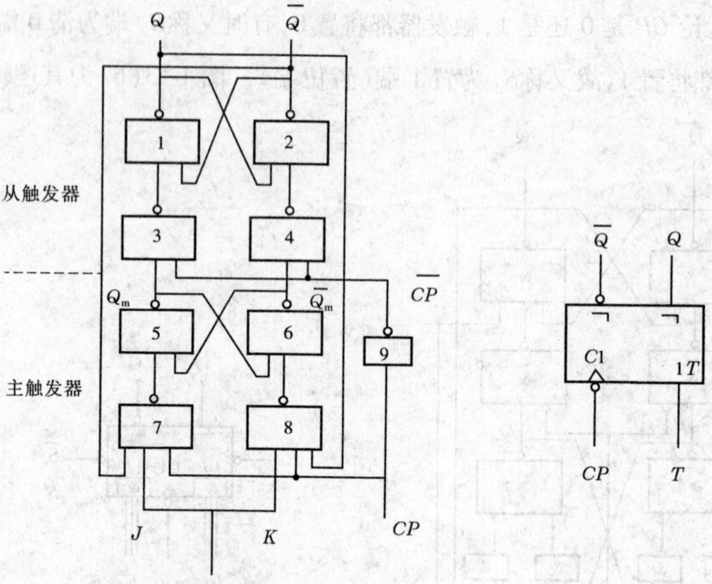

(a)逻辑图　　　　(b)逻辑符号

图 4-14　T 触发器及其逻辑符号

(二)特征方程

由表 4-10 可知,T 触发器的特征方程为

$$Q^{n+1} = T\overline{Q^n} + \overline{T}Q^n \tag{4-6}$$

(三)激励表及激励图

表 4-12 所示为 T 触发器的激励表,图 4-15 所示为激励图。

表 4-12　T 触发器激励表

$Q^n \to Q^{n+1}$		T
0	0	0
0	1	1
1	0	1
1	1	0

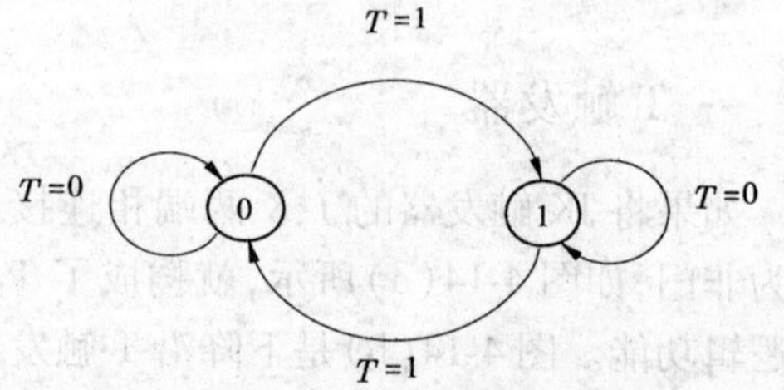

图 4-15　激励图

(四)时序图

时序图如图 4-16 所示。

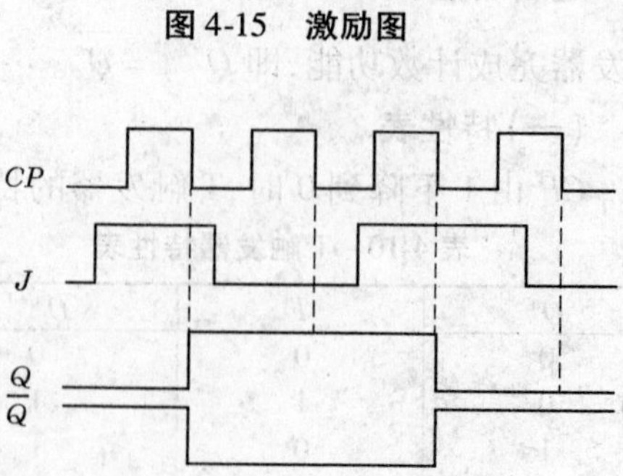

图 4-16　时序图

二、T′触发器

如果在 T 触发器中令 $T=1$(即 $J=K=1$),那么每输入一个 CP 脉冲,触发器状态翻转一次,这种触发器称 T′触发器,其特征方程:

$$Q^{n+1} = \overline{Q^n} \tag{4-7}$$

图 4-17(a)是 T′触发器的逻辑符号,图 4-17(b)是 T′触发器的时序图。

由 T′触发器可构成常用的分频器:二分频、四分频、八分频等。如图 4-18 所示,Q_1 端信号即为 CP 的二分频。若将 Q_1 端作为时钟送入下一级 T′触发器则可得四分频信号 Q_2,依次亦可得八分频、十六分频等。

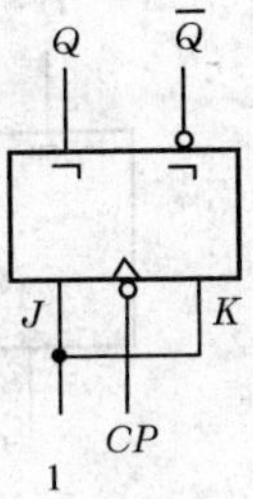

(a)逻辑符号

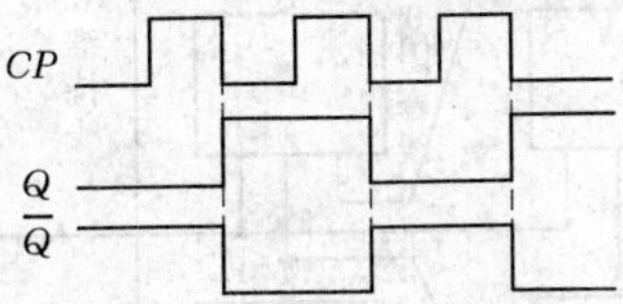

(b)时序图

图 4-17　T′触发器逻辑符号及其时序图

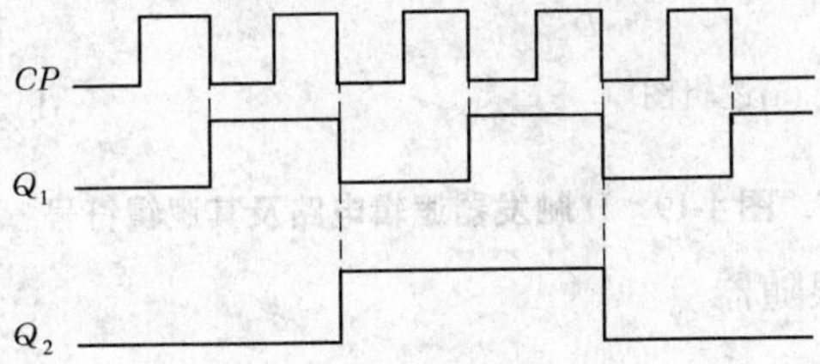

图 4-18　T′触发器组成分频器

第六节　D 触发器

一、电路组成

D 触发器逻辑电路如图 4-19(a)所示,1 ~6 门为与非门,图 4-19(b)为其逻辑符号。工作原理分析如下:

(一)当 $D=0$ 时

当 $CP=0$ 期间,门 3 和门 4 均关闭,因为 $D=0$,门 6 被封锁,$Y_6=1$,门 5 在 $Y_6=Y_3=1$ 的作用下被打开,$Y_5=0$;当 CP 由 0 跳变到 1 时,门 4 输出 $Y_4=\overline{Y_3Y_6CP}=\overline{111}=0$,$\overline{Q}=1$,$Q=0$。

(二)当 $D=1$ 时

当 $CP=0$ 期间,$Y_3=Y_4=1$,因为 $D=1$,$Y_6=1$,$Y_5=1$,当 CP 由 0 跳到 1 时,$Y_4=1$,$Y_3=\overline{Y_5\cdot CP}=\overline{1\cdot 1}=0$,$Q=1$。

综上所述,在 CP 上升沿到来时,若 $D=0$,触发器状态为 0;若 $D=1$,触发器状态为 1,故

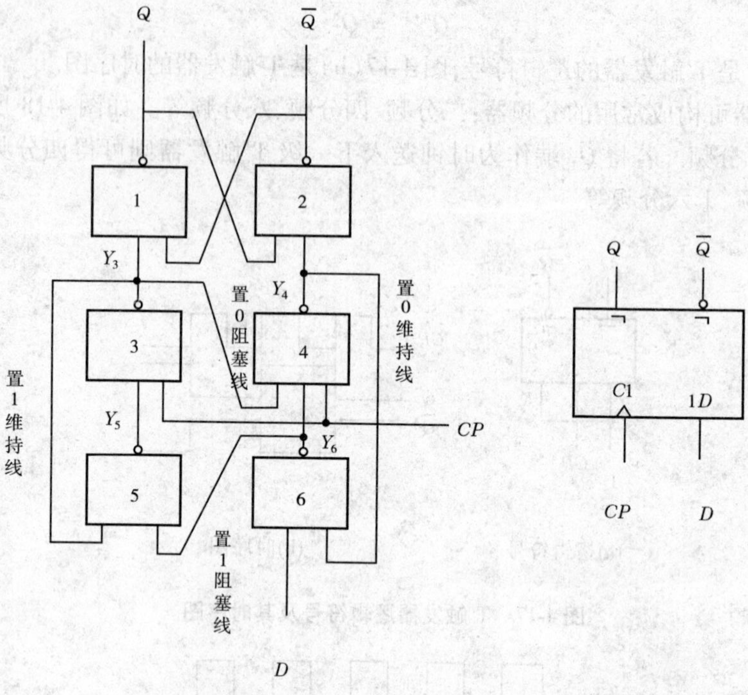

(a)逻辑图　　(b)逻辑符号

图 4-19　D 触发器逻辑电路及其逻辑符号

有时称 D 触发器为数字跟随器。

二、功能总结

(一)特性表

当 CP 由 0 跳到 1 时,D 触发器的特性表如表 4-13 所示,其简明特性表如表 4-14 所示。

表 4-13　D 触发器特性表

Q^n	D	Q^{n+1}
0	0	0
1	1	1
1	1	1
1	0	0

表 4-14　D 触发器简明特性表

D	Q^{n+1}
0	0
1	1

(二)特征方程

由表 4-13 可得,D 触发器的特征方程为

$$Q^{n+1} = D \tag{4-8}$$

(三)激励表及激励图

D 触发器的激励表如表 4-15 所示,激励图如图 4-20 所示。

(四)时序图

D 触发器的时序图如图 4-21 所示。

表 4-15　D 触发器激励表

$Q^n \to Q^{n+1}$		D	$Q^n \to Q^{n+1}$		D
0	0	0	1	0	0
0	1	1	1	1	1

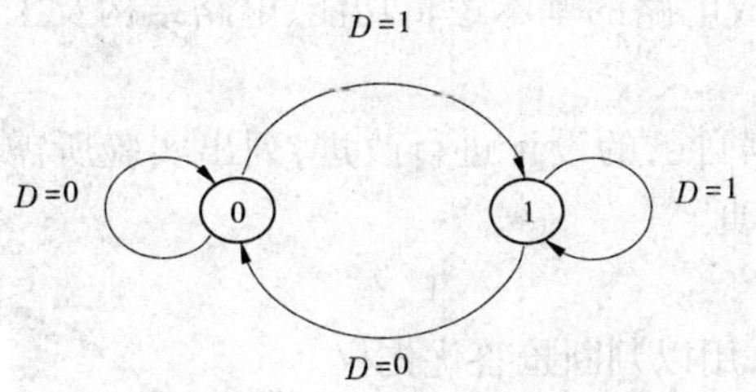

图 4-20　D 触发器激励图

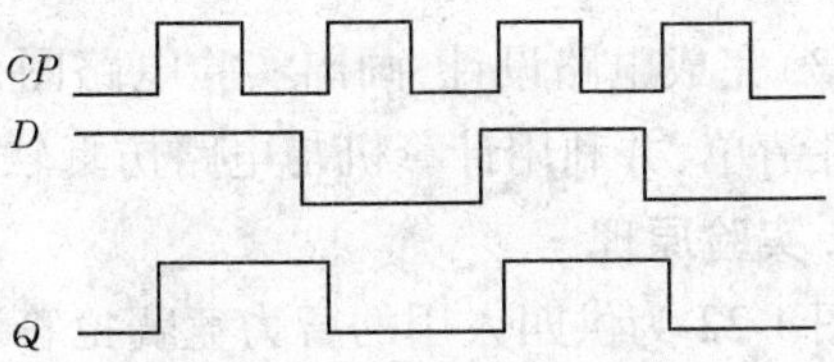

图 4-21　D 触发器的时序图

上面介绍的是维持阻塞触发器，它属于纯粹的边沿触发器，它不仅将触发器的触发翻转控制在 CP 触发沿到来的一瞬间，而且将接收输入信号的时间也控制在 CP 触发沿到来的前一瞬间，上升沿后输入即被封锁，即该触发器接收输入数据和改变输出状态均发生在 CP 的上升沿。因此，边沿触发器既没有空翻现象，也没有一次变化问题，从而大大提高了触发器工作的可靠性和抗干扰能力。实际应用中还有其他类型的边沿触发器，都可以很好地、无误差地实现应有的功能。

在分析触发器工作原理，画输入输出波形时，应注意以下几点：

(1) 弄清时钟触发沿是上升沿还是下降沿？

(2) 弄清有无异步输入端？异步置 0 端和异步置 1 端是低电平有效还是高电平有效？

(3) 异步端不受时钟 CP 控制，将直接实现置 0 或置 1。触发器工作时，应保证异步端接非有效电平。

(4) 边沿触发器的逻辑功能和特性方程与同步触发器的相同，但由于触发方式不一样，它们的逻辑功能和特性方程成立的时间不同。边沿触发器的逻辑功能和特性方程只在时钟的上升沿(或下降沿)成立。

第七节　实验与实训

——智力竞赛抢答的综合设计与制作

1. 实验目的

(1) 学习数字电路中 D 触发器、分频电路、多谐振荡器、CP 时钟脉冲源等单元电路的综合运用。

(2) 熟悉智力竞赛抢赛器的工作原理。

(3) 了解简单数字系统实验、调试及故障排除方法。

2. 实验设备与器件

(1) +5 V 直流电源。

(2)逻辑电平开关。

(3)逻辑电平显示器。

(4)74LS20、74LS74、74LS00。

3. 实验预习要求

(1)复习数字电路中D触发器、多谐振荡器及分频电路等部分内容。

(2)熟悉实验原理预习实验，了解所用关键集成电路的基本逻辑功能、电路结构及工作原理。

(3)完成电路设计，画出实验电路图，可以根据自己的设计进行改进，列出实验所需的元器件清单，并利用计算机与电路仿真软件进行仿真。

4. 实验原理

图4-22为供四人用的智力竞赛抢答装置线路，用以判断抢答优先权。

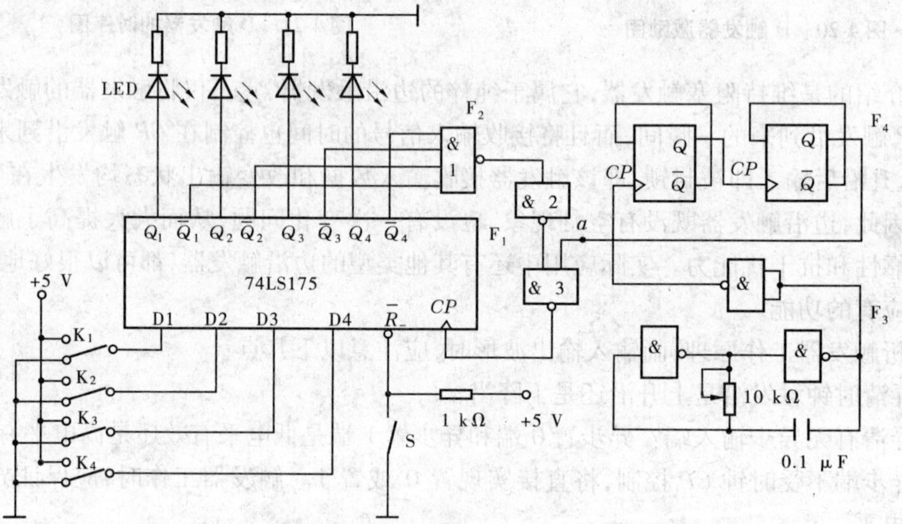

图4-22　智力竞赛抢答装置原理图

图中F_1为D触发器74LS175，它具有公共置0端和公共CP端；F_2为双4输入与非门74LS20；F_3是由74LS00组成的多谐振荡器；F_4是由74LS74组成的四分频电路。F_3、F_4组成抢答电路中的CP时钟脉冲源。抢答开始前，由主持人清除信号，按下复位开关S，74LS175的输出Q_1 ~ Q_4全为0，所有发光二极管LED均熄灭。当主持人宣布抢答开始后，首先作出判断的参赛者立即按下开关，对应的发光二极管点亮，同时，通过与非门F_2送出信号锁住其余三个抢答者的电路，不再接受其他信号，直到主持人再次清除信号为止。

5. 实验内容

(1)测试各触发器及各逻辑门的逻辑功能。测试各触发器及各逻辑门的逻辑功能，判断器件的好坏。

(2)按图4-22的原理，将两片74LS74双D触发器替换图中的74LS175，抢答器五个开关接实验装置上的逻辑开关、发光二极管接逻辑电平显示器。

(3)断开抢答器电路中CP脉冲源电路，单独对多谐振荡器F_3及分频器F_4进行调试，调整多谐振荡器10 kΩ电位器，使其输出脉冲频率约4 kHz。

(4)测试抢答器电路功能。

接通 +5 V 电源，将 F_4 的输出端断开，a 端接实验装置上连续脉冲源，取重复频率约 1 kHz。

①抢答开始前，开关 K_1、K_2、K_3、K_4 均置 0，准备抢答，将开关 S 置 0，发光二极管全熄灭，再将 S 置 1。抢答开始，K_1、K_2、K_3、K_4 某一开关置"1"，观察发光二极管的亮、灭情况，然后再将其他三个开关中任一个置 1，观察发光二极的亮、灭有否改变。

②重复①的内容，改变 K_1、K_2、K_3、K_4 任一个开关状态，观察抢答器的工作情况。

③整体测试。断开实验装置上的连续脉冲源，接入 F_3 及 F_4，再进行实验。

6. 思考题

分析实验中出现的故障及解决办法。

7. 实验报告要求

(1)分析智力竞赛抢答装置各部分功能及工作原理。

(2)总结数字系统的设计、调试方法。

本章小结

和门电路一样，触发器也是构成各种复杂数字系统的一种基本逻辑单元。

触发器逻辑功能的基本特点是可以保存 1 位二值信息。因此，触发器又称做半导体存储单元或记忆单元。

由于输入方式以及触发器状态随输入信号变化的规律不同，各种触发器在具体的逻辑功能上又有所差别。根据这些差异，将触发器分成了 RS、JK、T、T′、D 等几种逻辑功能的类型。这些逻辑功能可以用特性表、特性方程或状态转换图来描述。

此外，从电路结构形式上又可以把触发器分为基本 RS 触发器、同步 RS 触发器、主从触发器、维持阻塞触发器和利用 CMOS 传输门的边沿触发器等不同类型。介绍这些电路结构的主要目的，在于说明由于电路结构不同而带来的不同动作特点。只有了解这些不同的动作特点，才能正确地使用这些触发器。

特别需要指出，触发器的电路结构形式和逻辑功能是两个不同的概念，两者没有固定的对应关系。同一种逻辑功能的触发器可以用不同的电路结构实现，同一种电路结构的触发器可以做成不同的逻辑功能。因此，不要把这两个概念混同起来。

当选用触发器电路时，不仅要知道它的逻辑功能，还必须知道它的电路结构类型。只有这样，才能把握住它的动作特点，作出正确的设计。

习　题

4-1　RS 触发器有哪几种功能？写出其特征方程和特性表。

4-2　基本 RS 触发器如图 4-23 所示，试画出 Q 对应 $\overline{R}$ 和 $\overline{S}$ 的波形(设 Q 的初态为 0)。

4-3　同步 RS 触发器如图 4-24 所示，试画出 Q 对应 R 和 S 的波形(设 Q 的初态为 0)。

4-4　已知下降沿有效的 JK 触发器 CP、J、K 及异步置 1 端 $\overline{S}_d$、异步置 0 端 $\overline{R}_d$ 的波形如

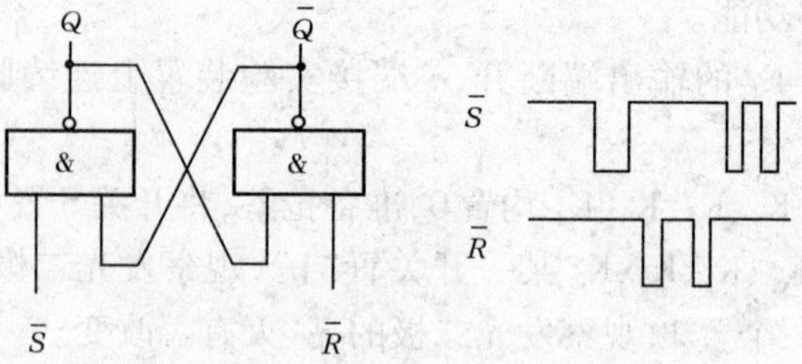

图 4-23　题 4-2 图

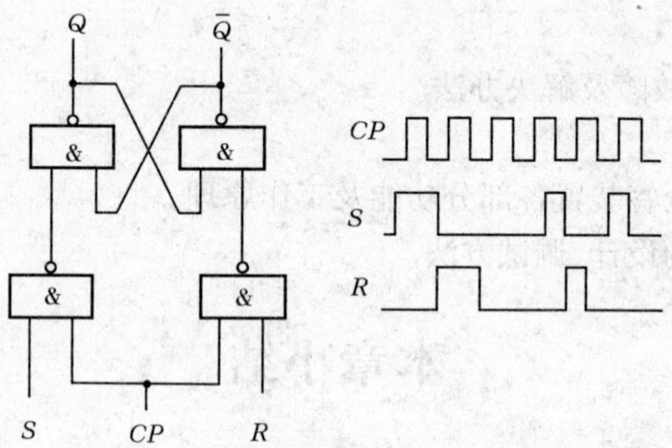

图 4-24　题 4-3 图

图 4-25 所示，试画出 Q 的波形（设 Q 的初态为 0）。

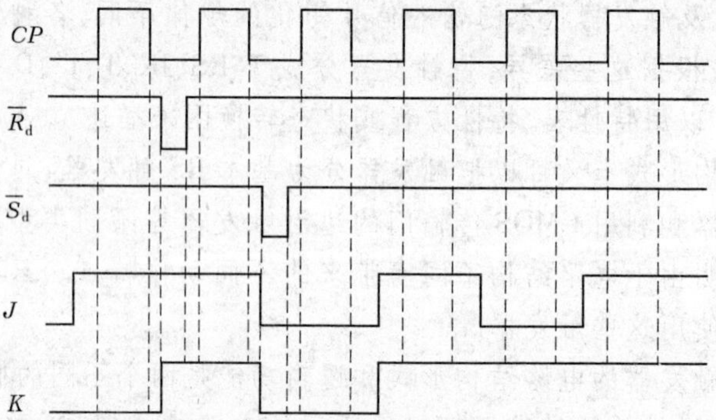

图 4-25　题 4-4 图

4-5　主从触发器对同步输入信号有什么要求？

4-6　提高触发器抗干扰能力的主要措施是什么？

4-7　JK 触发器有哪几种功能？写出其特征方程和特性表。

4-8　D 触发器有哪几种功能？写出其特征方程和特性表。

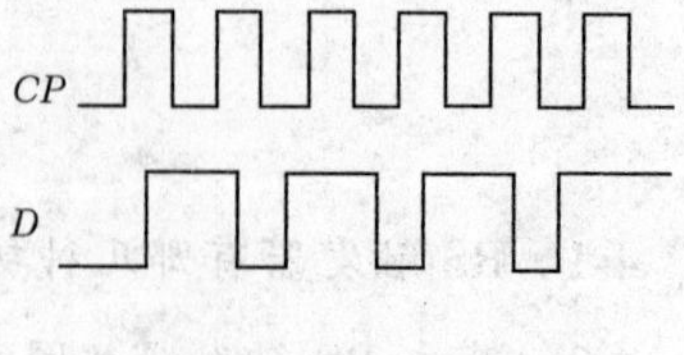

图 4-26　题 4-9 图

4-9　已知 CP、D 的波形如图 4-26，试画出高电平有效和上升沿有效 D 触发器 Q 的波形（设 Q 的初态为 0）。

4-10　设图 4-27 中的触发器的初态均为 0，试画出 Q 端的波形。

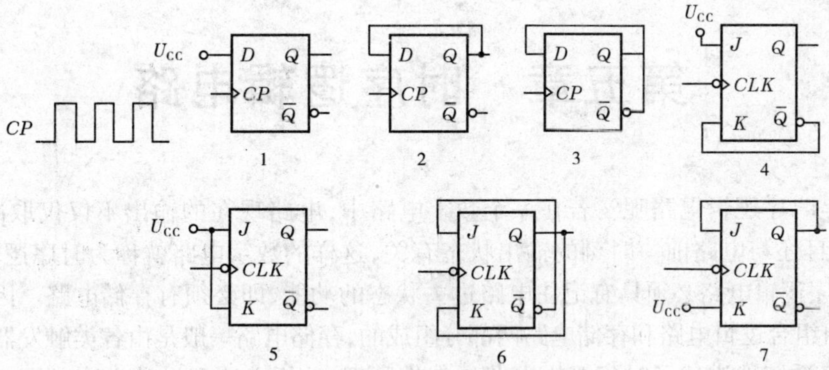

图 4-27　题 4-10 图

4-11　设图 4-28 中的触发器的初态均为 0，试画出对应 A、B 的 X、Y 的波形。

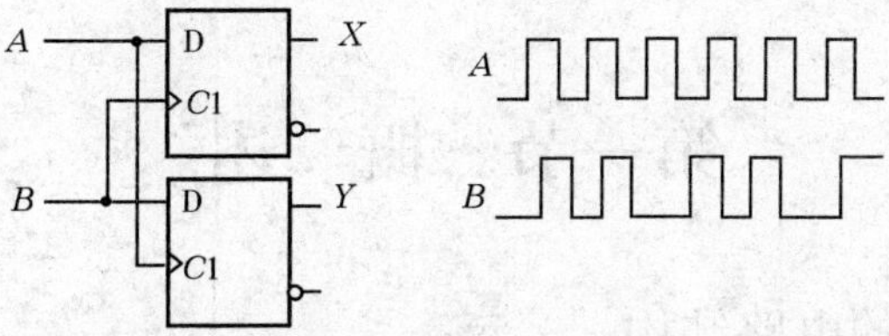

图 4-28　题 4-11 图

4-12　电路如图 4-29 所示，S 为常开按钮，C 是用来防抖动的，用于分析当点击 S 时，发光二极管 LED 的发光情况。

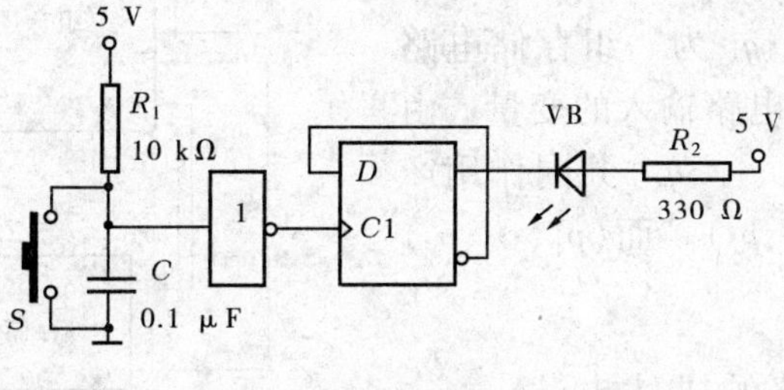

图 4-29　题 4-12 图

第五章　时序逻辑电路

什么是时序逻辑电路呢？若在一个数字电路中，电路现在的输出不仅仅取决于该时刻的输入，而且还与电路前一时刻的输出状态有关，这样的数字电路就称为时序逻辑电路。根据定义，时序逻辑电路必须具有记住电路过去状态的功能，即必须有存储电路。因此，时序逻辑电路是由组合逻辑电路和存储电路两部分组成的，存储电路一般是由各类触发器组成的。

本章将系统地讲述了时序逻辑电路的工作原理、分析方法和设计方法。

首先，概要地讲述了时序逻辑电路在逻辑功能和电路结构上的特点，然后详细介绍了分析时序逻辑电路的具体方法和步骤，最后分别介绍了计数器、寄存器等各类常用时序逻辑电路的工作原理和使用方法。

第一节　概　述

一、时序逻辑电路的电路结构

时序逻辑电路的电路结构如图 5-1 所示。

图 5-1 中，x_1、…、x_i 为一组输入变量，y_1、…、y_j 为一组输出变量，p_1、…、p_s 为一组存储电路输入变量，q_1、…、q_k 为一组存储电路输出并反馈至组合逻辑电路输入的变量。由图可见（x_1、…、x_i）和（q_1、…、q_k）共同作用产生（y_1、…、y_j）和（p_1、…、p_s）。而（p_1、…、p_s）又决定了（q_1、…、q_k）。

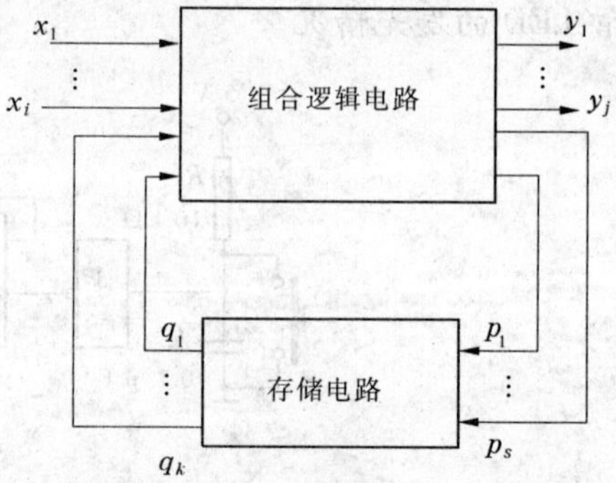

图 5-1　时序逻辑电路结构图

二、时序逻辑电路的描述方法

时序逻辑电路的描述方法如下所述：

(1)逻辑表达式。

(2)状态转换表（状态表）。它是时序逻辑电路输入状态与对应输出状态和存储电路（触发器）现态、次态关系表。

(3)状态转换图（状态图）。它以图形方式表示时序逻辑电路状态转换的规律。

(4)时序图（波形图）。它表示时序逻辑电路输入信号、输出信号和电路状态在时间上的对应关系。

三、时序逻辑电路的分类

按电路输出信号的特性分类，时序逻辑电路可分为米莱型（mealy）和穆尔型（moore）。满足式 $Y(t_n)=F[X(t_n),Q(t_n)]$ 的为米莱型；若输出只与存储电路的现态有关，与现态输

入 $X(t_n)$ 无关,构成 $Y(t_n)=F[Q(t_n)]$ 关系,称为穆尔型。针对这两种电路的分析过程和设计过程基本上是一致的。

按逻辑功能分类,时序逻辑电路可分为典型的有计数器、寄存器、移位寄存器、顺序脉冲发生器等,还有实现各种不同操作的时序电路。

按工作方式分类,时序逻辑电路可分为同步时序电路和异步时序电路。同步时序电路中各存储单元的更新是在同一时钟信号控制下同时完成的。异步时序电路中各存储单元无统一的时钟控制,不受同一时钟控制。

四、时序逻辑电路的分析方法

分析时序逻辑电路的目的是确定已知电路的逻辑功能和工作特点,其具体步骤如下。

(一)写方程组

根据给定的逻辑电路图分别写出:

(1)时钟方程组。其由存储电路中各触发器时钟信号 CP 的逻辑表达式构成。

(2)输出方程组。其由时序电路中各输出信号的逻辑表达式构成。

(3)驱动方程组。其由存储电路中各触发器输入信号的逻辑表达式构成。

(二)求状态方程组

将驱动方程代入各相应触发器的特性方程,得到各触发器的状态方程,即各触发器次态的输出逻辑表达式。

(三)列状态转换表,画状态转换图

依次假定电路现态 Q^n,代入状态方程组和输出方程组,求出相应的次态 Q^{n+1} 和输出,并列状态转换表、画状态转换图,以更直观地反映电路工作特性。

(四)说明电路功能

说明电路为何种功能电路,能否自启动。

【例 5-1】 分析图 5-2 所示时序逻辑电路的逻辑功能。

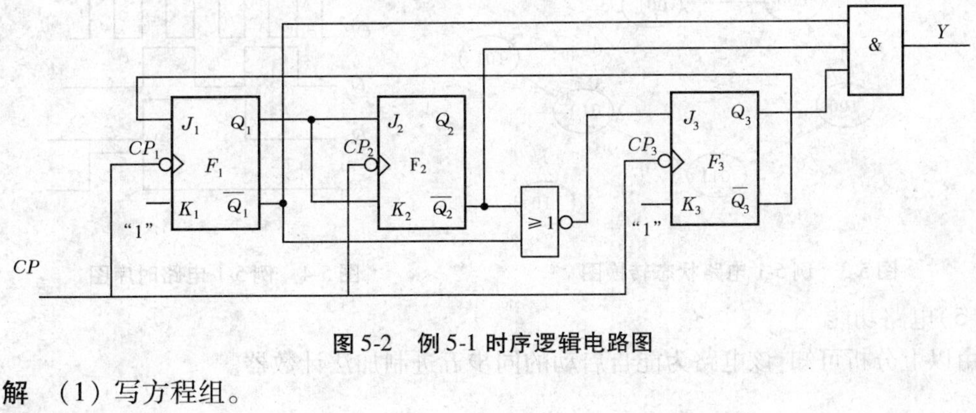

图 5-2 例 5-1 时序逻辑电路图

解 (1)写方程组。

由图 5-2 可得:

时钟方程 $CP_1=CP_2=CP_3=CP$

输出方程 $Y=\overline{Q}_1\cdot\overline{Q}_2\cdot Q_3$

驱动方程组 $J_1=\overline{Q}_3,\quad K_1=1$

$$J_2 = Q_1, K_2 = Q_1$$

$$J_3 = \overline{\overline{Q_1} + \overline{Q_2}}, \quad K_3 = 1$$

(2)求状态方程组。将 J、K 代入 JK 触发器特性方程可得

$$Q_1^{n+1} = \overline{Q_3} \cdot \overline{Q_1}$$

$$Q_2^{n+1} = Q_1\overline{Q_2} + \overline{Q_1}Q_2$$

$$Q_3^{n+1} = \overline{\overline{Q_1} + \overline{Q_2}} \cdot \overline{Q_3} = Q_1Q_2 \cdot \overline{Q_3}$$

(3)列状态转换表。$Q_3Q_2Q_1 = 000$ 开始，求出次态和输出。该次态又作为下一个脉冲到来后的现态,依次计算,并将结果列于表 5-1 中 。

表 5-1　例 5-1 状态转换表

CP	现态			次态			输出
	Q_3^n	Q_2^n	Q_1^n	Q_3^{n+1}	Q_2^{n+1}	Q_1^{n+1}	Y
0	0	0	0	0	0	1	
1	0	0	1	0	1	0	
2	0	1	0	0	1	1	
3	0	1	1	1	0	0	
4	1	0	0	0	0	0	
5	0	0	0				

(4)画状态转换图。图 5-3 中,该电路无输入信号,只在脉冲有效电平($CP = 0$)时,发生状态的变化。另外,利用的有效状态只有 5 个,而 101、110、111 为无效状态。它们在 CP 脉冲作用下,能自动进入有效状态循环中来,称之为能自启动,否则就是不能自启动。时序图如图 5-4 所示。

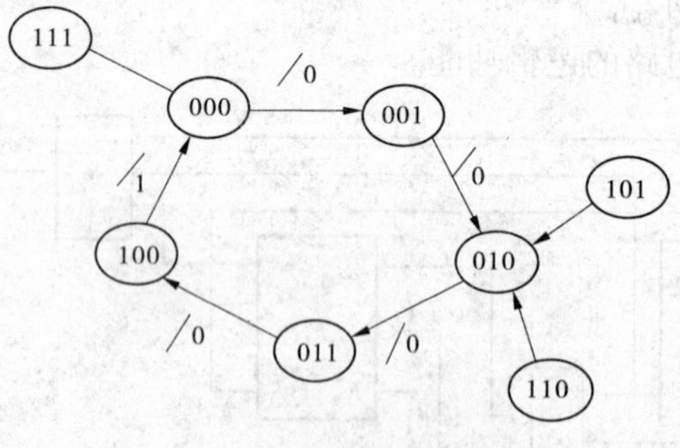

图 5-3　例 5-1 电路状态转换图

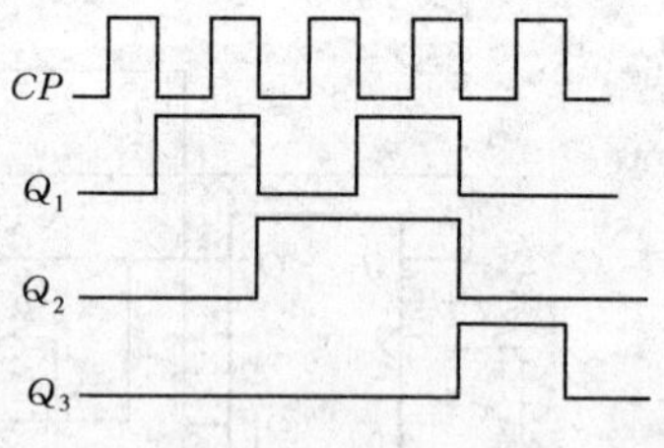

图 5-4　例 5-1 电路时序图

(5)电路功能。

由以上分析可知:该电路为能自启动的同步五进制加法计数器。

第二节　同步计数器

计数器是用来实现累计电路输入 CP 脉冲个数功能的时序电路。在计数功能的基础上,计数器还可以实现计时、定时、分频和自动控制等功能,应用非常广泛。

计数器种类很多,按对脉冲计数值增减分为加法计数器、减法计数器和可逆计数器。按照计数器中各触发器计数脉冲引入时刻,计算器可分为同步计数器、异步计数器。若各触发器受同一时钟脉冲控制,其状态更新是在同一时刻完成的,则为同步计数;反之,则为异步计数器。按照计数的进制,计数器可分为二进制计数器($N=2^n$)和非二进制计数器($N\neq 2^n$)。其中,N 代表计数器的进制数,n 代表计数器中触发器的个数。

本节将介绍同步计数器的基本工作原理和应用。

一、同步计数器

同步二进制计数器一般由门电路和 JK 触发器转换成的 T 触发器构成。因为 T 触发器只有两个功能:$T=1$ 时,计数;$T=0$ 时,保持。满足脉冲计数的要求。

下面以同步二进制加法计数器为例进行讲述。

(一)同步二进制加法计数器

1. 电路组成

图 5-5 所示是四位同步二进制加法计数器的逻辑图。

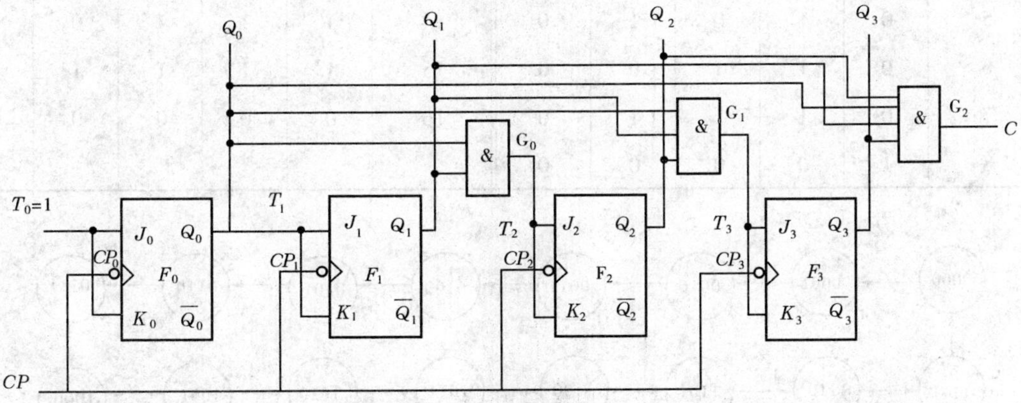

图 5-5 四位同步二进制加法计数器的逻辑电路图

2. 工作原理

1)写方程式

时钟方程
$$CP_0=CP_1=CP_2=CP_3=CP$$

输出方程
$$C=Q_3^nQ_2^nQ_1^nQ_0^n$$

驱动方程
$$T_0=1$$
$$T_1=Q_0^n$$
$$T_2=Q_1^nQ_0^n$$
$$T_3=Q_2^nQ_1^nQ_0^n$$

2)求状态方程组

由 T 触发器特性方程 $Q^{n+1}=T\overline{Q^n}+\overline{T}Q^n=T\oplus Q^n$ 可得

$$Q_0^{n+1}=\overline{Q_0^n}$$
$$Q_1^{n+1}=Q_0^n\overline{Q_1^n}+\overline{Q_0^n}Q_1^n=Q_0^n\oplus Q_1^n$$
$$Q_2^{n+1}=Q_0^nQ_1^n\overline{Q_2^n}+\overline{Q_0^nQ_1^n}Q_2^n=(Q_0^nQ_1^n)\oplus Q_2^n$$

$$Q_3^{n+1} = Q_0^n Q_1^n Q_2^n \overline{Q_3^n} + \overline{Q_0^n Q_1^n Q_2^n} Q_3^n = (Q_0^n Q_1^n Q_2^n) \oplus Q_3^n$$

3）计算

依次设定电路现态 $Q_3^n Q_2^n Q_1^n Q_0^n$，代入状态方程组，即可求出相应次态 $Q_3^{n+1} Q_2^{n+1} Q_1^{n+1} Q_0^{n+1}$。一般从 $Q_3^n Q_2^n Q_1^n Q_0^n = 0000$ 开始，计算出次态，再以该状态为现态，求出下一次态，依此类推，从而可得状态表 5-2、状态图 5-6、波形图 5-7。

表 5-2　四位同步二进制加法计数器状态表

输入 CP 脉冲个数	计数器状态				进位	输入 CP 脉冲个数	计数器状态				进位
	Q_0^n	Q_3^n	Q_2^n	Q_1^n	C		Q_0^n	Q_3^n	Q_2^n	Q_1^n	C
0	0	0	0	0	0	9	1	0	0	1	0
1	0	0	0	1	0	10	1	0	1	0	0
2	0	0	1	0	0	11	1	0	1	1	0
3	0	0	1	1	0	12	1	1	0	0	0
4	0	1	0	0	0	13	1	1	0	1	0
5	0	1	0	1	0	14	1	1	1	0	0
6	0	1	1	0	0	15	1	1	1	1	1
7	0	1	1	1	0	16	0	0	0	0	0
8	1	0	0	0	0						

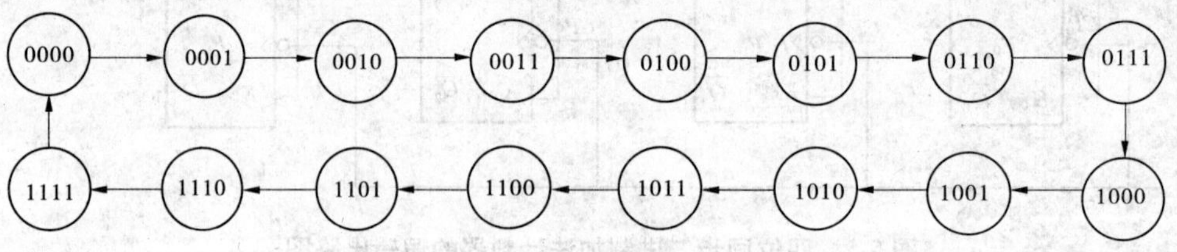

图 5-6　四位同步二进制加法计数器的状态图

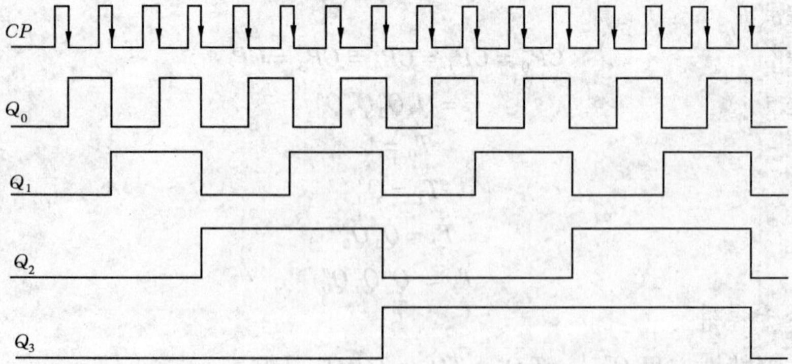

图 5-7　四位同步二进制加法计数器的波形图

4）功能讨论

由图5-6所示状态图可见，图5-5电路中每一位均以二进制加法对脉冲计数。因此是四位二进制加法计数器。

每来一个脉冲计数器自动加1，按0000→0001→0010→0011…→1111→0000规律循环。该计数器 $n=4$，$N=2^n=16$，可记录 $N+1=17$ 个脉冲。在第16个脉冲到来时，计数器返回至初态0000，且 $C=Q_3^nQ_2^nQ_1^nQ_0^n=1$，产生一个进位脉冲。n 位计数器的计数长度为 2^n。

由图5-7不难看出，第一级触发器 F_0 来一个 CP 脉冲，状态翻转一次，输出 Q_0 的频率为 CP 脉冲的1/2，第二级触发器 F_1 来两个 CP 脉冲，状态翻转一次，输出 Q_1 的频率为 CP 脉冲的1/4，依此类推，第 $n+1$ 级触发器输出信号频率为 CP 脉冲 $1/2^n$。也就是说，每经过一级触发器，输出信号频率降低1/2。这就是计数器的分频作用。

由驱动方程组可以说明，只有在第 i 位以下各位（最低位例外）输出均为1时（如 $T_3=Q_2^nQ_1^nQ_0^n=1$），再来一个 CP 脉冲，触发器才能翻转。否则，则保持原状态。因此，$Q_{i+1}=Q_i^nQ_{i-1}^n\cdots Q_0^1$ 是构成二进制加法计数器级间连接的依据。

此外，还有同步二进制减法计数器和可逆计数器，这里就不再一一介绍了。

（二）同步二进制计数器的特点

同步二进制计数器中不存在外部反馈，并且计数器进制数 N 和计数器中触发器个数 n 之间满足 $N=2^n$。因为同步计数器中的各个触发器均在输入 CP 脉冲的同一时刻触发，所以计数速度快，并且避免出现因触发器翻转时刻不一致而产生干扰毛刺现象。

（三）同步非二进制计数器

非二进制计数器的进制特点是 $N\neq 2^n$。其中，N 代表计数器的进制数，n 代表计数器中触发器的个数。

二、集成同步计数器

我国目前已系列化生产多种中规模集成电路（MSI）计数器，在一个单片上将整个计数器全部集成在上面，因此这种计数器使用起来很方便。为了增强MSI计数器的适应能力，一般MSI计数器比小规模集成电路构成的计数器有更多的功能，有的还能方便地改变计数进制。

下面是部分集成电路同步计数器。

2/10进制可预置同步加法计数器（异步清除），如74LS160、74HC160等。

2/16进制可预置同步加法计数器（异步清除），如74LS161、74HC161等。

2/10进制可预置同步加法计数器（同步清除），如74LS162、74HC162等。

2/16进制可预置同步加法计数器（同步清除），如74LS163、74HC163等。

2/10进制可预置同步可逆计数器（加减控制型），如74LS190、74HC190等。

2/16进制可预置同步可逆计数器（双时钟型），如74LS193、74HC193等。

2/16、2/10中的2代表二进制；10代表十进制，采用的是BCD8421码；16代表十六进制，即四位二进制码。型号的数字序号，双数的是2/10进制，单数的是2/16进制。

（一）2/10和2/16进制可预置同步加法计数器

下面以TTL2/10进制可预置同步加法计数器74LS160和2/16进制可预置同步加法计数器74LS161为例，对MSI计数器作介绍。

74LS160/161型和74LS162/163型计数器的功能表分别见表5-3和表5-4。74LS160型

和74LS161 型计数器的逻辑符号分别见图 5-8 和图 5-9。逻辑符号图中 CTRDIV16，是 Counter Divide 16 的简化缩写，表示十六进制计数器。若将 16 换成 10 则为十进制。

表 5-3　74LS160/161 型计数器功能表

输入									输出			
CP	$\overline{CR}$	$\overline{LD}$	EP	ET	A	B	C	D	Q_A	Q_B	Q_C	Q_D
×	L	×	×	×	×	×	×	×	L	L	L	L
↑	H	L	×	×	A	B	C	D	A	B	C	D
×	H	H	L	×	×	×	×	×	保持			
×	H	H	×	L	×	×	×	×				
↑	H	H	H	H	×	×	×	×	计数			
↑	H	L	×	×	L	L	L	L	L	L	L	L

表 5-4　74LS162/163 型计数器功能表

输入									输出			
CP	$\overline{CR}$	$\overline{LD}$	EP	ET	A	B	C	D	Q_A	Q_B	Q_C	Q_D
↑	L	×	×	×	×	×	×	×	L	L	L	L
↑	H	L	×	×	A	B	C	D	A	B	C	D
×	H	H	L	×	×	×	×	×	保持			
×	H	H	×	L	×	×	×	×				
↑	H	H	H	H	×	×	×	×	计数			
↑	H	L	×	×	L	L	L	L	L	L	L	L

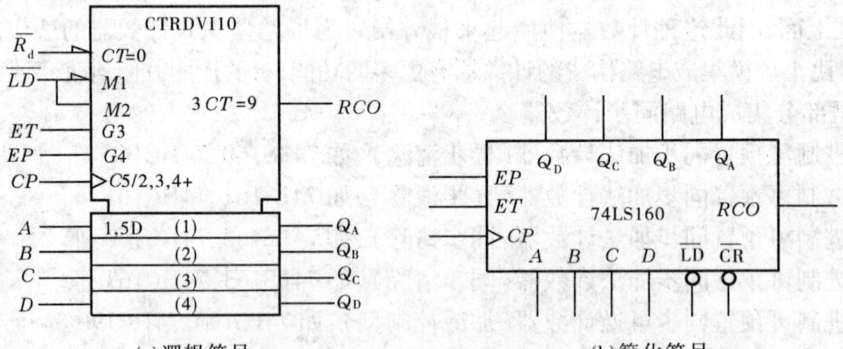

(a)逻辑符号　　　　(b)简化符号

图 5-8　74LS160 型计数器的逻辑符号及简化符号图

1. 清零

参阅功能表和逻辑符号，对这两对计数器的逻辑功能加以说明。符号$\overline{CR}$是清零，低电平有效，$\overline{CR}$与 $\overline{R}_d$ 相同。对于 74LS160/161 这一对计数器是异步清零，只要$\overline{CR}$ = L 就执行清零操作；对于 74LS162/163 这一对计数器是同步清零，清零时不但要有清零信号，而且还需

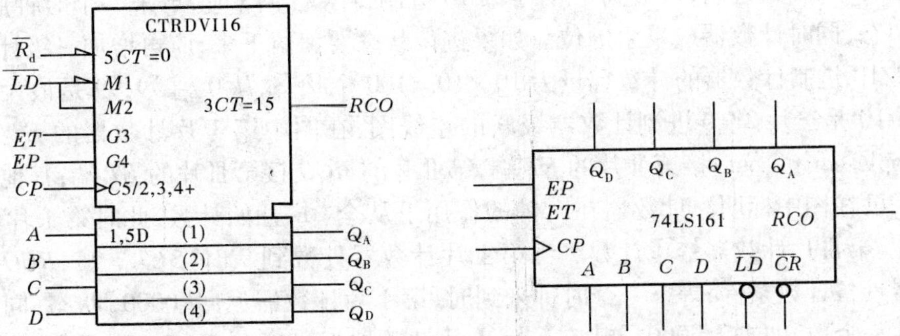

(a)逻辑符号　　(b)简化符号

图 5-9　74LS161 型计算器的逻辑符号及简化符号图

要时钟参与。在功能表中,对应清零的一行,异步清零的 $CP = \times$,可以是高电平,也可以是低电平,但不能是上升沿;同步清零的 $CP = \uparrow$,说明清零操作不但需要$\overline{CR} = L$,而且还需要有时钟的动作沿。在逻辑符号中,对应时钟处,有 $C5$ 的标记,C 为控制关联符,5 代表时钟的控制作用将达到的去向。同步清零,逻辑符号中 $\overline{R}_d$ 边框内标注 $5CT = 0$,$5CT = 0$ 的 5 表示此处的逻辑功能的执行接受 $C5$ 的控制,即时钟上升沿的参与,才能使计数器的状态等于 0(CT 代表 Counter)。对于异步清零,逻辑符号中 $\overline{R}_d$ 边框内标注 $CT = 0$,则表示不需要有时钟的上升沿参与。

计数器的清零,除通过$\overline{CR}$端执行外,还可以通过预置端进行,设[$ABCD$] = 0000,也可将计数器置成全"0"状态。

2. 预置数

这两对计数器都有预置数功能,功能相同,操作相同。预置数是该计数器可以将数据输入端 A、B、C、D 的数据送入计数器,使[$Q_AQ_BQ_CQ_D$] = [$ABCD$],在此是并行输入。预置数的条件是$\overline{LD} = L$ 和 $CP = \uparrow$,两者缺一不可。功能表中的第二行,$\overline{CR}$ = H、$\overline{LD} = L$ 和 $CP = \uparrow$,[$ABCD$]→[$Q_AQ_BQ_CQ_D$]。

逻辑符号中,对应数据 A、B、C、D 的边框内有 1,5D 字样,D 代表数据(Data),接收该数据的条件是由 $M1$ 和 $C5$ 决定的(M 是方式关联符),即有时钟的上升沿和 $M1$($\overline{LD} = L$)才可执行预置数操作。

3. 计数功能

计数器执行计数功能的条件从逻辑图中可以看出,时钟边框内标注有"$C5/2,3,4+$",即 $CP = \uparrow$、M2 = H、G3 = H、G4 = H,"+"代表加法计数。EP 和 ET 是计数使能端,EP = H、ET = H、$\overline{CR}$ = H、$\overline{LD}$ = H 时,在时钟上升沿作用下可执行计数功能。若 EP 和 ET 中有一个是低电平则禁止计数。同时,ET 还控制 RCO 的输出,RCO 的作用在下面说明。

4. 计数器的进位使能与计数器的级联

当计数容量不够时,需要几片计数器级联组成计数链。当低位片计数器没有计到它的最大数时,高位片计数器应不计数,处于保持状态,仅仅低位片计数器计数。当低位片计数器计到最大数时,应送出一个进位信号给高位片计数器,使之脱离保持状态而计数。对于多位计数链的规则是,只有所有的低位片计数器计入最大数时,高位片才计数,否则该片处于保持状态。

例如对于2/10进制，计数到9；对于2/16进制，计数到15时，再来一个时钟脉冲，计数器返回初态，同时计数器应发生进位。如果进位状态要保留下来，应再增加一级计数器。例如两级2/10进制计数器的计数容量为$10\times10=100$个状态，从0到99，99是最大数。

图5-10是三片2/10进制计数器级联的连线图，在图中第Ⅰ片计数器的$ET=EP=1$，RCO(Ripple carry - out)接第Ⅱ片的ET端，第Ⅱ片的RCO接第Ⅲ片的ET端，其他端头所接逻辑电平已在图中标明。计数器在时钟的作用下从全"0"开始计数，此时第Ⅰ片的$RCO=0$，第Ⅱ片、第Ⅲ片计数器禁止计数。当第Ⅰ片计数器计数到9时($3CT=9$)，$RCO=1$，第Ⅱ片计数器具备计数条件，等下一个时钟来到时，第Ⅰ片计数器返回[0000]状态，同时第Ⅱ片计数器计一个数，即进入[0001]状态。第Ⅰ片计数器返[0000]后，$RCO=0$，第Ⅱ片即退出计数状态。在第Ⅰ片计数器不断计数时，第Ⅱ片计数器一直保持[0001]状态。直至第Ⅰ片又计数到最大数9时，$RCO=1$，第Ⅱ片又具备计数条件。再来一个时钟时，第Ⅰ片返[0000]，第Ⅱ片状态为[0010]。第Ⅱ片计数器向第Ⅲ片计数器进位的传递，原理同上。以上过程不断进行，直至计数到999。图5-10中RCO起到进位使能的作用。如果第Ⅰ片的RCO不连接到第Ⅱ片的时钟端，这样连接，计数器片间是串行进位方式，第Ⅰ片计数器会发生超前进位，第Ⅱ片计数器会提前一个时钟节拍翻转。

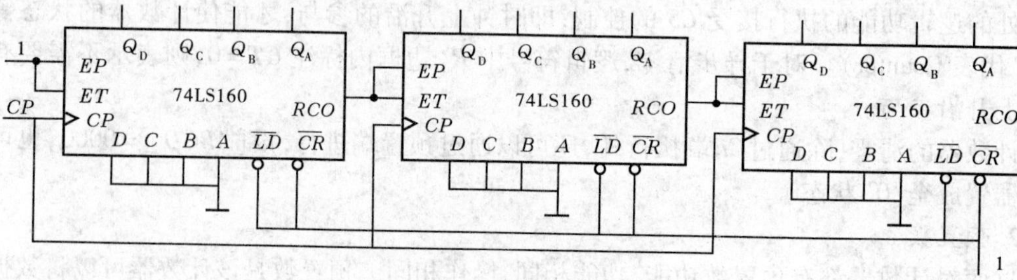

图5-10　三片2/10进制计数器之间的级联

（二）同步加法计数器计数进制的改变

以上两对同步加法计数器，虽然工厂生产时将它们的计数周期分别设计成2/10进制和2/16进制，但是在使用时也是可以适当加以改变的。改变计数器的计数周期主要有两种方法：一是通过清零端的反馈归零法；二是通过预置端的预置数法。

1. 反馈归零法改变计数进制

设计数器原来是N进制，一般来说它的编码是从0开始的一段二进制码。现在要把它改变成M进制，即它的编码为$0\sim(M-1)$，且$M<N$。也就是说，从原有编码0开始截取了一段，而丢弃了后面的一段编码。M是用计数器中触发器Q端状态的集合来表示的，我们称为译码位。但是，采用异步清零的74LS160/161和采用同步清零的74LS162/163还有一点小的差别，下面通过例子加以说明。

1）对异步清零计数器采用反馈归零法

对74LS161采用反馈归零法改变计数进制，如图5-11所示。图5-11电路的状态转换顺序是0→1→2→3→4→5→6→7→8→9→10→11→0(12)，当计数器进入状态$[Q_DQ_CQ_BQ_A]=1100$时，与非门输出低电平，计数器清零。所以，1100状态并不能持久。$\overline{R}_d$端是异步清零，它的优先级高，与非门输出的低电平即刻产生清零，然后进入0000状态。也就是说，状态1100和0000合用一个时钟周期，状态1100只持续计数器清零那么长的时间，一般远小于状态 0000 持续的时间。采用异步清零的计数器,该电路是十二进制计数器。

这里要说明的是,译码位一般是用最小项表示的,但许多情况下,可以用简单的与项译码位来代替最小项译码位。只要是这个简单的与项译码位在计数器状态转换过程中是第一次出现,不会产生混淆就可以。之所以图 5-11 中译码位不必使用 $Q_D Q_C Q_B Q_A$,使用 $Q_D Q_C$ 就可以,是因为状态 1100 在整个态序转换过程中,$Q_D Q_C = 11$ 是第一次出现。

2)对同步清零计数器采用反馈归零法

图 5-12 的接线与图 5-11 完全一样,只是计数器换成同步清零的 74LS163,电路的态序是 0→1→2→3→4→5→6→7→8→9→10→11→12→0,成为十三进制计数器。因为当达到译码位的状态时,与非门虽然输出低电平,但不能发生清零动作,必须在下一个时钟脉冲来到时,才能发生清零,使计数器复位到 0000。

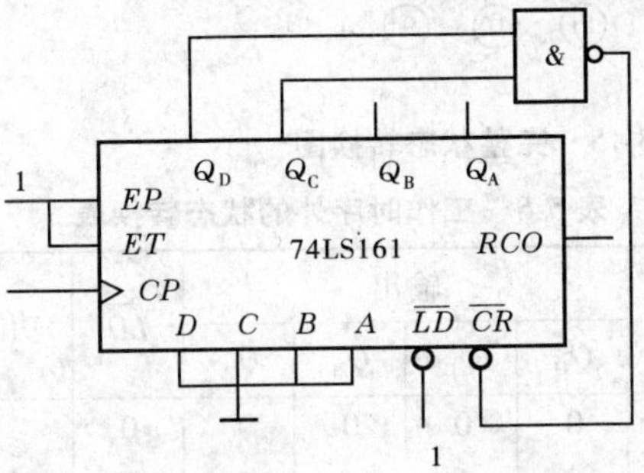

图 5-11 用反馈归零法实现十二进制计数

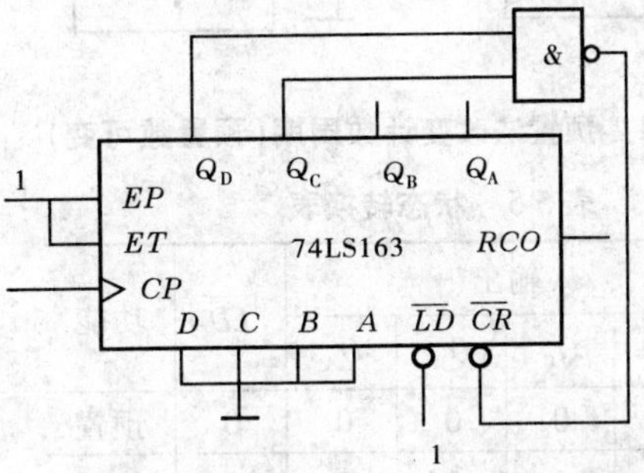

图 5-12 用反馈归零法实现十三进制计数

由以上分析可以得出结论,当采用异步清零的计数器,用反馈归零法改变计数器进制时,其状态转换顺序是 $0 \sim (M-1)$,可构成 M 进制计数器。当采用同步清零的计数器,用反馈归零法改变计数器进制时,其状态转换顺序是 $0 \sim M$,可构成 $M+1$ 进制计数器。

2. 预置数法改变计数进制

利用计数器的预置功能也可以改变计数器的计数周期,有两种情况:一是预置数是固定的,二是预置数是变化的。

1)预置数固定的情况

图 5-13 是预置数固定的情况,因为 74LS161 和 74LS163 的预置功能相同,所以预置法改变计数进制与异步清零或同步清零无关。

预置数法改变计数进制,也是从原计数器的二进制编码中截取一段,计数器的计数范围是从预置数 X 到译码位 M,显然 $X<M$。X 可以大于零,也可以等于零。若 $X=0$,则结果与反馈归零法中的同步清零计数器的情况相同,则计数的状态转换顺序是 $0 \to M$。若 $X>0$,则计数的状态转换顺序是 $X \to M$。图 5-13 的状态转换顺序是 3→12,相当于余 3BCD 码。

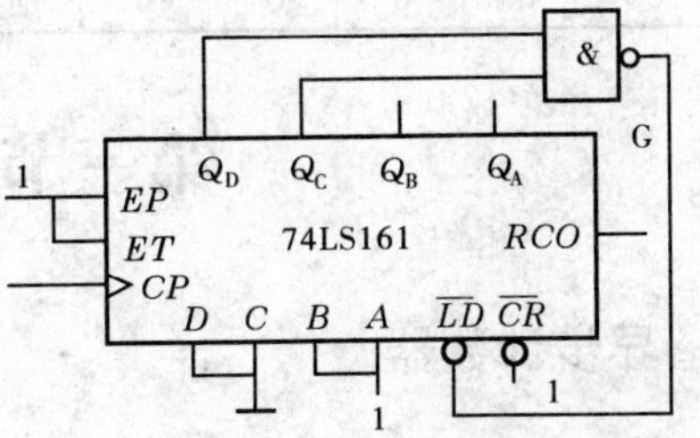

图 5-13 预置数法改变计数周期(预置数固定)

2)预置数可变的情况

图 5-14 是预置数可变的情况，输入数据 $A=0$、$B=0$、$C=1$ 且固定不变，$D=Q_D$ 且可变。计数器的编码将在计数和预置两个工作状态之间不断转换。计数时，计数器状态的变化是连续的。预置时，计数器将跳过若干个状态。图 5-14 电路的状态转换图见图 5-15。状态转换图的循环时序是根据表 5-5 做出的，工作时序外的状态转换关系是根据表 5-6 做出的。

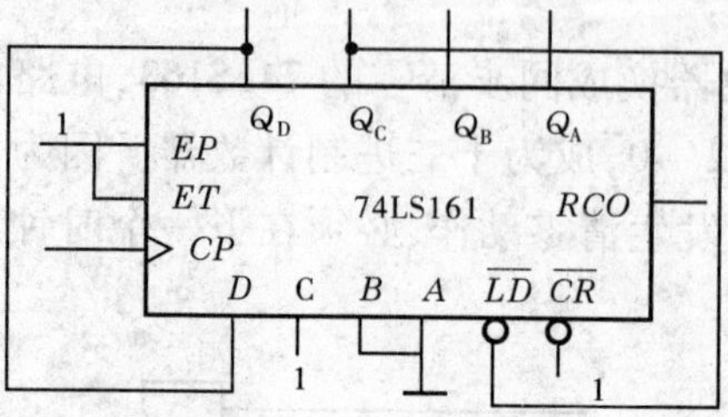

图 5-14　预置法改变计数周期(预置数可变)

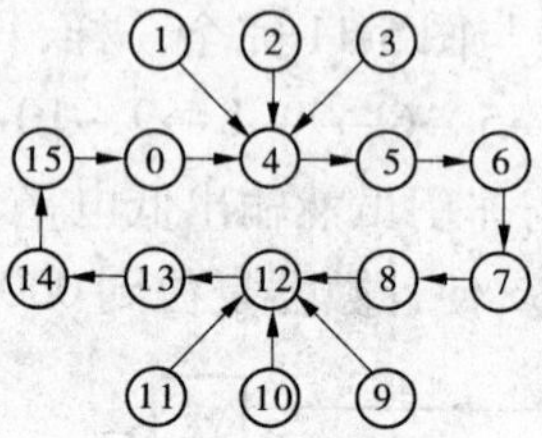

图 5-15　完整状态转换图

表 5-5　状态转换表

态序	输出				$\overline{LD}$	功能
	Q_D	Q_C	Q_B	Q_A		
0	0	0	0	0	0	预置
1	0	1	0	0	1	计数
2	0	1	0	1	1	
3	0	1	1	0	1	
4	0	1	1	1	1	
5	1	0	0	0	0	预置
6	1	1	0	0	1	计数
7	1	1	0	1	1	
8	1	1	1	0	1	
9	1	1	1	1	1	
10	0	0	0	0	0	预置

表 5-6　工作时序外的状态转换表

态序	输出				$\overline{LD}$	功能
	Q_D	Q_C	Q_B	Q_A		
0	0	0	0	1	0	
1	0	1	0	0	1	预置
0	0	0	1	0	0	
1	0	1	0	0	1	预置
0	0	0	1	1	0	
1	0	1	0	0	1	预置
0	1	0	0	1	0	
1	1	1	0	0	1	预置
0	1	0	1	0	0	
1	1	1	0	0	1	预置
0	1	0	1	1	0	
1	1	1	0	0	1	预置

第三节　异步计数器

一、异步计数器

(一)异步二进制计数器

JK 触发器的 J、K 端相连可构成 T 触发器，当 $T=1$ 时，T 触发器转变为只有翻转功能的 T′触发器，只要有效时钟脉冲到来，输出状态就翻转。把 T′触发器串接起来，便可构成 n 位二进制异步计数器。

图 5-16 所示为三位异步二进制加法计数器逻辑图。由三级 T′触发器组成。Q_i 为各触发器的输出，C 为进位输出。

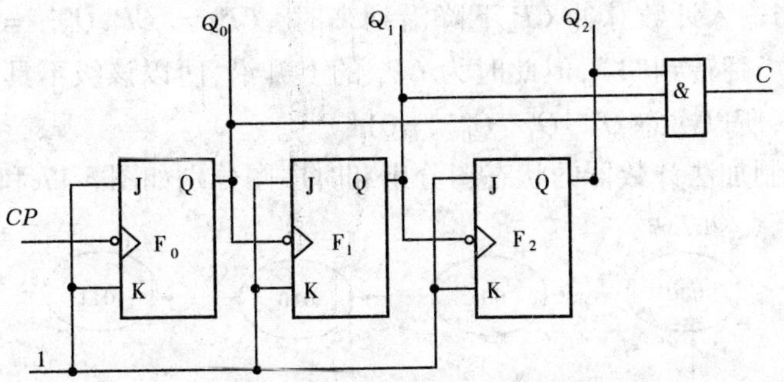

图 5-16　三位异步二进制加法计数器

分析步骤如下：

(1)写相关方程式。

时钟方程

$$CP_0 = CP\downarrow, CP_1 = Q_0\downarrow, CP_2 = Q_1\downarrow$$

驱动方程

$$J_0 = 1, K_0 = 1$$
$$J_1 = 1, K_1 = 1$$
$$J_2 = 1, K_2 = 1$$

输出方程

$$C = Q_2^n Q_1^n Q_0^n$$

(2)求各个触发器的状态方程。

将对应驱动方程式分别代入 JK 触发器 $Q^{n+1} = J\overline{Q^n} + \overline{K}Q^n$，进行化简变换可得状态方程，即

$$Q_0^{n+1} = \overline{Q_0^n} \quad (CP\downarrow)$$
$$Q_1^{n+1} = \overline{Q_1^n} \quad (CP_1\downarrow)$$
$$Q_2^{n+1} = \overline{Q_2^n} \quad (CP_2\downarrow)$$

(3)求出对应状态值。

设定起始状态为 $Q_2^n Q_1^n Q_0^n = 000$，依次代入状态方程组，运算后结果列于表 5-7 中。

表 5-7　三位异步二进制加法计数器真值表

输入 CP 脉冲个数	Q_2^n	Q_1^n	Q_0^n	Q_2^{n+1}	Q_1^{n+1}	Q_0^{n+1}	说明
0	0	0	0	0	0	1	CP_1
1	0	0	1	0	1	0	CP_1、CP_2
2	0	1	0	0	1	1	CP_1
3	0	1	1	1	0	0	CP_1、CP_2、CP_3
4	1	0	0	1	0	1	CP_1
5	1	0	1	1	1	0	CP_1、CP_2
6	1	1	0	1	1	1	CP_1
7	1	1	1	0	0	0	CP_1、CP_2、CP_3

计算过程中，要特别注意状态方程中每个表达式有效的时间，只有当相应的时钟脉冲触发沿到来时，各触发器才会按照方程式规定的次态转换，否则将保持原来状态。如在

$Q_2^nQ_1^nQ_0^n=010$ 时,当输入计数脉冲 CP 下降沿到来时, $CP_0 = CP, Q_0^{n+1}=\overline{Q_0^n}=1$。但 $CP_1 = Q_0$,虽然 Q_0 已由“0”翻转到“1”,但此时为 CP_1 的上升沿,所以该级不具备翻转条件。Q_0^{n+1} 仍保持为“1”状态 ,所以次态 $Q_2^{n+1}Q_1^{n+1}Q_0^{n+1}=011$ 。

三位异步二进制加法计数器的状态图分别和时序图分别如图 5-17 和图 5-18 所示。

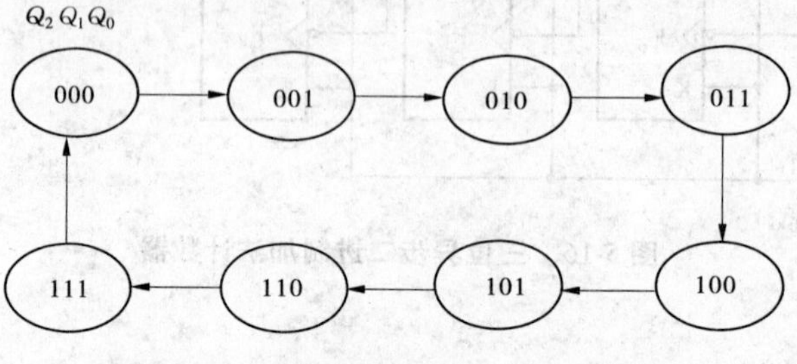

图 5-17　三位异步二进制加法计数器状态图

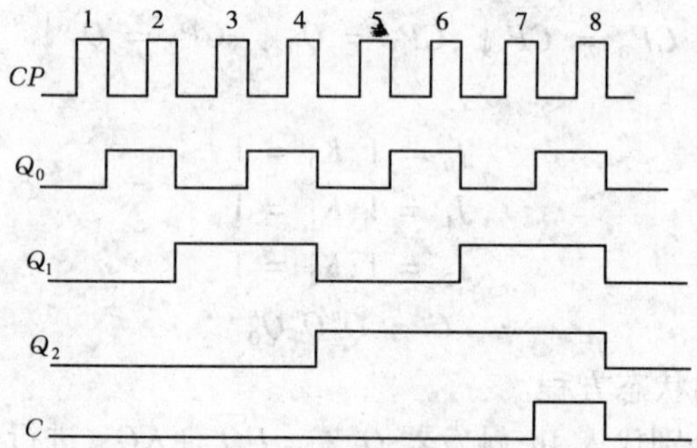

图 5-18　三位异步二进制加法计数器时序图

(4)归纳分析结果,确定该时序电路的逻辑功能。

由时钟方程可知该电路是异步时序电路。从状态图可知,随着 CP 脉冲的递增,触发器输出 $Q_2Q_1Q_0$ 的值是递增的,经过 8 个 CP 脉冲完成一个循环过程。

综上所述,此电路是一个三位异步二进制(或一位八进制)加法计数器。

(二)异步二进制计数器的特点

与同步计数器相比,异步计数器电路结构相对简单,但异步计数器输出状态的变化需要经过多个触发器的延迟时间才能稳定下来。例如,在图 5-16 所示的三位异步二进制加法计数器中,输出从 111 变为 000 时,就需要三个触发器的延迟时间才能稳定下来;而三位同步二进制加法计数器中的各个触发器只要经过一个触发器的延迟时间就能稳定下来。所以,同步计数器的计数速度比异步计数器快得多。此外,异步计数器在计数过程中存在过渡状态,容易出现因触发器先后翻转而产生的干扰毛刺,造成计数错误。因此,在计数要求较高的场合,一般多采用同步计数器。

二、集成异步计数器

常见的集成异步计数器芯片的型号一般有 74LS191、74LS196、74LS290、74LS293 等几种,它们的功能和应用方法基本相同,区别在于其具体的管脚排列顺序和具体参数存在差异。

下面以集成计数器芯片 74LS290 为例介绍其电路结构、功能和典型应用。

(一) 集成异步计数器芯片 74LS290

集成异步计数器 74LS290 逻辑电路如图 5-19 所示。

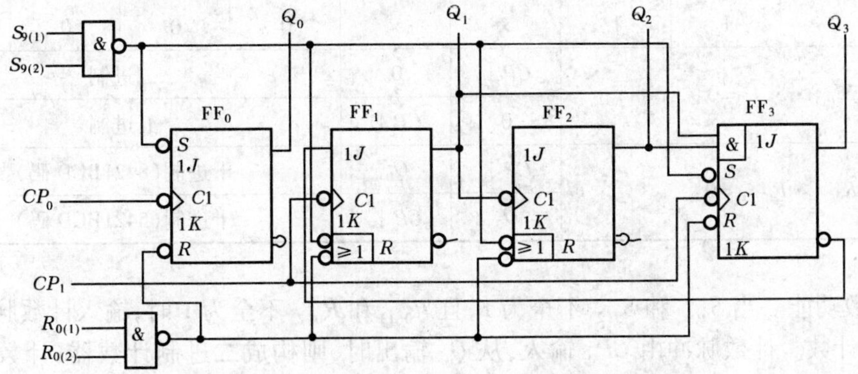

图 5-19 集成异步计数器 74LS290 逻辑电路图

分析 74LS290 逻辑电路可知:此电路是异步时序电路,结构上分为二进制计数器和五进制计数器两部分。二进制计数器由触发器 FF_0 组成,CP_0 为二进制计数器计数脉冲输入端,由 Q_0 端输出。五进制计数器由触发器 FF_1、FF_2、FF_3 组成,CP_1 为五进制计数器计数脉冲输入端,由 $Q_3Q_2Q_1$ 端输出。若将 Q_0 和 CP_1 相连,以 CP_0 为计数脉冲输入端,则构成 8421BCD 码十进制计数器。“二－五－十进制型集成计数器”由此得名。

74LS290 芯片的简化符号图和管脚排列如图 5-20 所示。其中,$S_{9(1)}$、$S_{9(2)}$ 称为置“9”端,$R_{0(1)}$、$R_{0(2)}$ 称为置“0”端;CP_0、CP_1 端为计数时钟输入端,$Q_3Q_2Q_1Q_0$ 为输出端,NC 表示空脚。

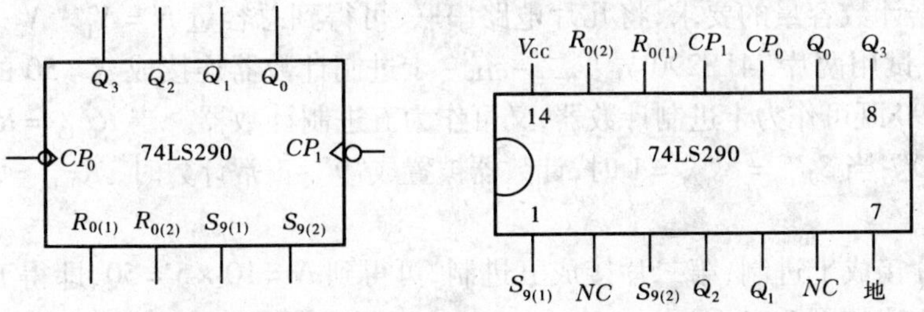

(a)简化符号图　　(b)管脚排列图

图 5-20 74LS290 简化符号图与管脚排列图

74LS290 芯片逻辑功能如表 5-8 所示。

74LS290 具有以下功能:

(1)置“9”功能。当 $S_{9(1)} = S_{9(2)} = 1$ 时,不论其他输入端状态如何,计数器输出 $Q_3Q_2Q_1Q_0 = 1001$,而 $(1001)_2 = (9)_{10}$,故又称为异步置数功能。

(2)置“0”功能。当 $S_{9(1)}$ 和 $S_{9(2)}$ 不全为 1,且 $R_{0(1)} = R_{0(2)} = 1$ 时,不论其他输入端状态如何,计数器输出 $Q_3Q_2Q_1Q_0 = 0000$,故又称为异步清零功能或复位功能。

表 5-8　74LS290 逻辑功能表

$S_{9(1)}$	$S_{9(2)}$	$R_{0(1)}$	$R_{0(2)}$	CP_0	CP_1	Q_3	Q_2	Q_1	Q_0
1	1	×	×	×	×	1	0	0	1
×	0	1	1	×	×	0	0	0	0
$S_{9(1)} \cdot S_{9(2)}=0$				$CP\downarrow$	0	二进制			
				0	$CP\downarrow$	五进制			
$R_{0(1)} \cdot R_{0(2)}=0$				$CP\downarrow$	Q_0	十进制(8421BCD 码)			
				Q_3	$CP\downarrow$	十进制(5421BCD 码)			

(3)计数功能。当 $S_{9(1)}$ 和 $S_{9(2)}$ 不全为 1,且 $R_{0(1)}$ 和 $R_{0(2)}$ 不全为 1 时,输入计数脉冲 CP,计数器开始计数。计数脉冲由 CP_0 输入,从 Q_0 输出时,则构成二进制计数器;计数脉冲由 CP_1 输入,输出为 $Q_2Q_1Q_0$ 时,则构成五进制计数器;若将 Q_0 和 CP_1 相连,计数脉冲由 CP_0 输入,输出为 $Q_3Q_2Q_1Q_0$ 时,则构成十进制(8421BCD 码)计数器;若将 Q_3 和 CP_0 相连,计数脉冲由 CP_1 输入,输出为 $Q_3Q_2Q_1Q_0$ 时,则构成十进制(5421BCD 码)计数器。

(二)任意(N)进制计数器

利用一片 74LS290 集成计数器芯片,可构成从二进制到十进制之间任意进制的计数器。利用 74LS290 构成除二进制、五进制和十进制以外的其他进制计数器时,可以采用直接清零法。

直接清零法是利用芯片的置"0"端和与门,将 N 值所对应的二进制代码中等于"1"的输出反馈到置"0"端 $R_{0(1)}$ 和 $R_{0(2)}$ 来实现 N 进制计数的,其计数过程中会出现过渡状态。

用 74LS290 构成十进制以上的 N 进制计数器,可以采用级联法。

级联法根据计数容量的要求,将几片电路串联,可得到总容量 $N=N_1 \cdot N_2 \cdots$ 的计数器。

【例 5-2】　试用两片 74LS290 异步二－五－十进制计数器连接成 $N=50$ 的计数器。

解　74LS290 既可作为十进制计数器,又可作为五进制计数器。当 $R_{0(1)}=R_{0(2)}=1$ 时,各触发器同时置"0";当 $S_{9(1)}=S_{9(2)}=1$ 时,计数器被置成"9";正常计数时,$R_{0(1)}=R_{0(2)}=S_{9(1)}=S_{9(2)}=0$。

现将第一片接成十进制,第二片接成五进制,可得到 $N=10\times5=50$,即得五十进制的计数器。其连接方法如图 5-21 所示。

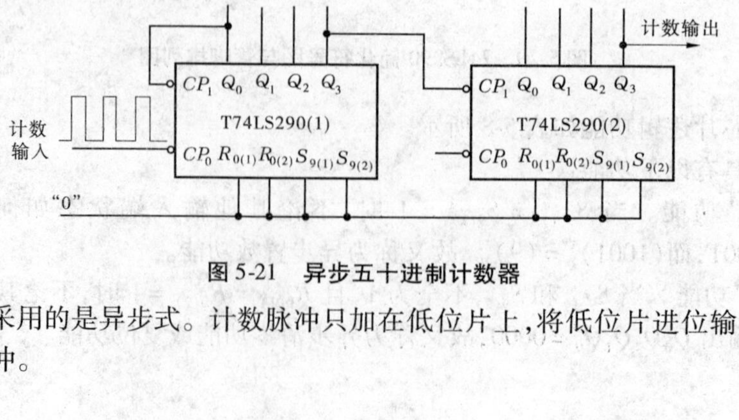

图 5-21　异步五十进制计数器

这种级联采用的是异步式。计数脉冲只加在低位片上,将低位片进位输出作为高位片的计数输入脉冲。

级联方法也可采用同步式。计数脉冲同时加在各片输入端，而将低位片进位输出作为高位片的片选或计数脉冲输入选通的控制信号。同步式级联方法之前已经讲过，这里不再赘述。

第四节　寄存器

一、数码寄存器

数码寄存器(又称基本寄存器)是最简单的寄存器，只有清除原有数码和接收存放数码的功能。图 5-22 所示是四位寄存器 T4175 的内部逻辑图。由 4 个上升沿触发的 D 触发器构成，用于存放四位二进制数。$D_0 \sim D_3$ 是并行数据输入端，$Q_0 \sim Q_3$ 是并行数据输出端，$\overline{R}_d$ 是异步清零端，CP 是时钟控制端。

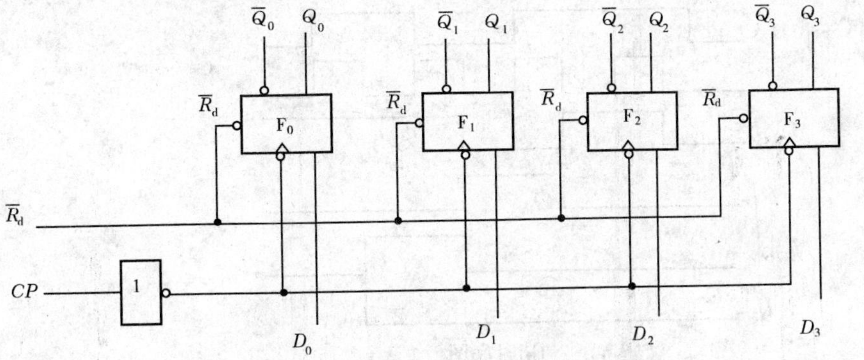

图 5-22　四位寄存器 T4175 逻辑图

数码寄存器具有以下功能。

(一)并入/并出

当$\overline{R}_d = 1$，在 CP 上升沿到来时，数码 $D_0 \sim D_3$ 并行置入，将四位二进制数 $D_0 \sim D_3$ 存入寄存器，且并行输出 $Q_0 = D_0$，$Q_1 = D_1$，$Q_2 = D_2$，$Q_3 = D_3$。这就是并入/并出工作方式。$\overline{Q}_0 \sim \overline{Q}_3$ 输出反码。

(二)异步清零

当$\overline{R}_d = 0$ 时，无论寄存器原状态是“0”还是“1”，输出端 $Q_0 \sim Q_3$ 均被置“0”。

(三)保持

当$\overline{R}_d = 1$，CP 上升沿以外的时间，寄存器保持原数码不变。

实际应用中，目前使用最多的寄存器是由 TTL 电路和 CMOS 电路构成的集成寄存器。可参阅有关手册。

二、移位寄存器

移位寄存器和数码寄存器不同，移位寄存器不仅能存储数据，而且具有移位功能。按照数据移动的方向，移位寄存器可分为单向移位寄存器和双向移位寄存器。而单向移位寄存器又有左移移位寄存器和右移移位寄存器之分。

（一）单向移位寄存器

图 5-23（a）所示为四位单向右移移位寄存器，由 4 个 D 触发器构成。将前一位触发器的输出与后一位触发器的输入相连，即 $Q_i^n = D_i + 1$，可得 $Q_{i+1}^{n+1} = Q_i^n$，将前一位数据移至后一位。在 CP 移位指令控制下，数据依次由 D_0 输入，经 4 个 CP 脉冲，可并行输出 $Q_0 \sim Q_3$，也可依次由 Q_3 串行输出，构成串入/串出和串入/并出两种工作方式。

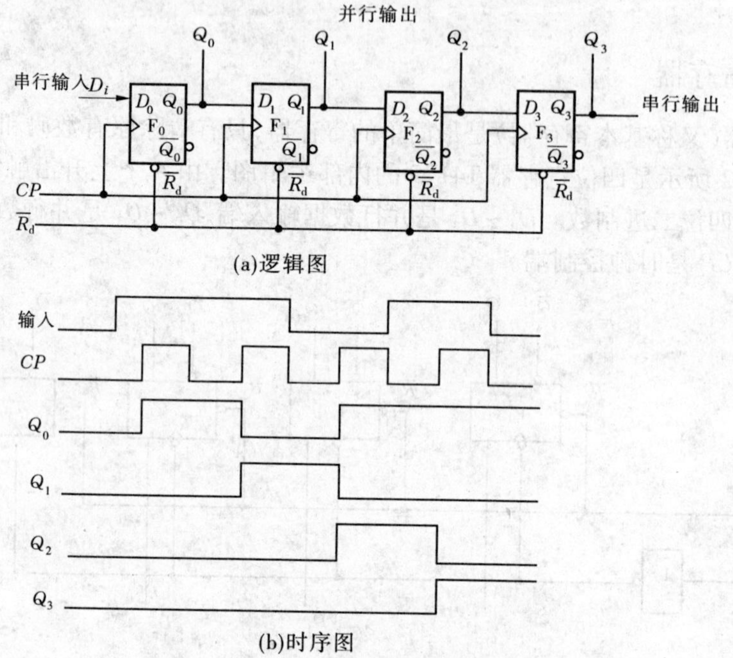

图 5-23　四位单向右移移位寄存器

设输入数码为 1101，那么，在 CP 移位脉冲作用下，其数码移动情况如表 5-9 所示。可见，当来过 4 个 CP 脉冲后，1101 四位数码全部移入寄存器中，并从 4 个触发器 Q 端得到并行数码输出。再经 4 个 CP 脉冲后，则由 Q_3 全部串行输出。

表 5-9　移位寄存器中数码的移动

CP	移位寄存器中数码			
	F_0	F_1	F_2	F_3
0	0	0	0	0
1	1	0	0	0
2	0	1	0	0
3	1	0	1	0
4	1	1	0	1

同样方法，数据由右输入可构成左移移位寄存器。上述移位寄存器数据都是串行输入的，而事实上，在数据输入形式上还可实现并行输入、左移或右移串行输出，从而构成多种工作方式。

(二)双向移位寄存器

将左移和右移移位寄存器结合起来，加上移位控制端，在方向控制信号作用下可构成双向移位寄存器。图 5-24 所示是四位双向移位寄存器，其中由 4 个与或非门构成 4 个 2 选 1 数据选择器。M 为移位方向控制信号。当 $M=1$ 时，打开右移输入与门，左边触发器的 $\overline{Q}$ 经与或非门反向后加至相邻右边触发器输入 D 端。在 CP 脉冲到来时，D_{SR} 数据自左向右移。反之，当 $M=0$ 时，打开左移输入与门，D_{SL} 自右向左移。从而构成双向移位。

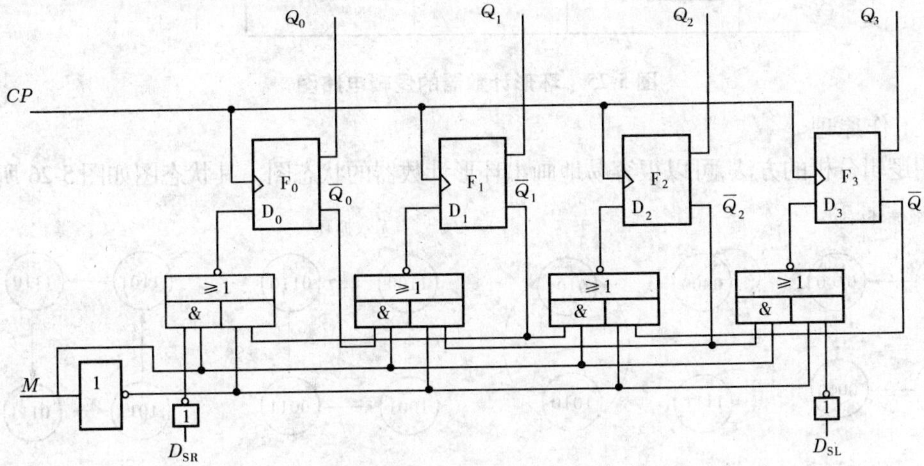

图 5-24　双向移位寄存器

由双向移位寄存器的逻辑电路可写出其驱动方程，即

$$D_0 = \overline{M\,\overline{D_{SR}} + \overline{M}\,\overline{Q_1^n}},\quad D_1 = \overline{M\,\overline{Q_0^n} + \overline{M}\,\overline{Q_2^n}}$$

$$D_2 = \overline{M\,\overline{Q_1^n} + \overline{M}\,\overline{Q_3^n}},\quad D_3 = \overline{M\,\overline{Q_2^n} + \overline{M}\,\overline{D_{SL}}}$$

代入 D 触发器的特性方程，求出状态方程，即

$$Q_0^{n+1} = \overline{M\,\overline{D_{SR}} + \overline{M}\,\overline{Q_1^n}},\quad Q_1^{n+1} = \overline{M\,\overline{Q_0^n} + \overline{M}\,\overline{Q_2^n}}\quad (CP\text{ 上升沿有效})$$

$$Q_2^{n+1} = \overline{M\,\overline{Q_1^n} + \overline{M}\,\overline{Q_3^n}},\quad Q_3^{n+1} = \overline{M\,\overline{Q_2^n} + \overline{M}\,\overline{D_{SL}}}$$

当 $M=1$ 时，电路为右移移位寄存器，则

$$Q_0^{n+1} = D_{SR},\quad Q_1^{n+1} = Q_0^n$$

$$Q_2^{n+1} = Q_1^n,\quad Q_3^{n+1} = Q_2^n\quad (CP\text{ 上升沿有效})$$

当 $M=0$ 时，电路为左移移位寄存器，则

$$Q_0^{n+1} = Q_1^n,\quad Q_1^{n+1} = Q_2^n$$

$$Q_2^{n+1} = Q_3^n,\quad Q_3^{n+1} = D_{SL}$$

(三)移位寄存器的应用

1. 实现数据传输方式的转换

在数字电路中，数据的传送方式有串行和并行两种，而移位寄存器可实现数据传送方式的转换。它既可以将串行输入转换为并行输出，也可以将并行输入转换为串行输出。

2. 构成移位型计数器

1) 环形计数器

(1) 电路组成。

环形计数器的逻辑电路如图 5-25 所示。

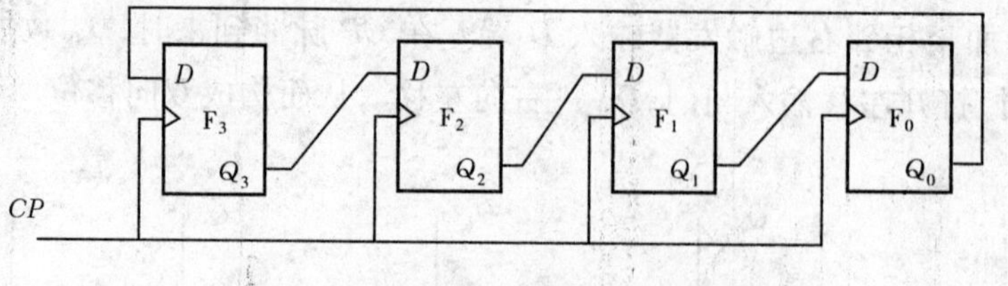

图 5-25 环形计数器的逻辑电路图

(2) 工作原理。

利用逻辑分析的方法,可以很容易地画出环形计数器的状态图。其状态图如图 5-26 所示。

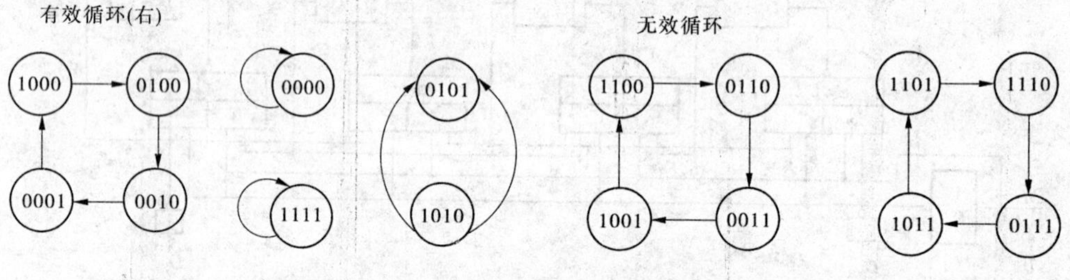

图 5-26 环形计数器状态图

由上图可知这种电路在输入计数 *CP* 操作下,可以循环移位一个 1,也可以循环移位一个 0。如果选用循环移位一个 1,则有效状态将是 1000、0100、0010、0001。工作时,应先用启动脉冲将计数器置入有效状态,(如 1000),然后才能加 *CP* 脉冲。

(3) 自启动问题。

由图 5-26 所示状态图可知,这种计数器不能自启动。倘若由于电源故障或信号干扰使电路进入无效状态,计数器就一直工作在无效状态,只有重新启动,才会回到有效状态。图 5-27 为能够自启动的四位环形计数器。

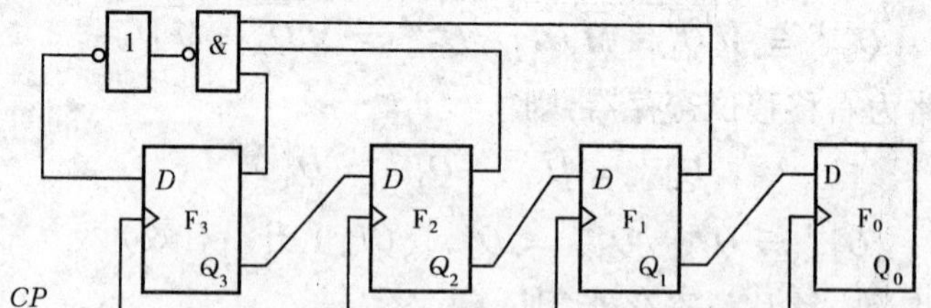

图 5-27 能自启动的四位环形计数器

由图 5-27 可得驱动方程,即

$$D_3 = \overline{Q_3^n Q_2^n Q_1^n}, \quad D_2 = Q_3^n$$

$$D_1 = Q_2^n, \quad D_0 = Q_1^n$$

代入 D 型触发器的特性方程可得状态方程,即

$$Q_3^{n+1} = \overline{Q_3^n}\ \overline{Q_2^n}\ \overline{Q_1^n},\quad Q_2^{n+1} = Q_3^n$$

$$Q_1^{n+1} = Q_2^n,\quad Q_0^{n+1} = Q_1^n$$

依次设定现态,代入上式进行计算可得状态表 5-10。图 5-28 为其状态转换图。

表 5-10　能自启动的环形计数器状态转换表

Q_3^n	Q_2^n	Q_1^n	Q_0^n	Q_3^{n+1}	Q_2^{n+1}	Q_1^{n+1}	Q_0^{n+1}
0	0	0	0	1	0	0	0
0	0	0	1	1	0	0	0
0	0	1	0	0	0	0	1
0	0	1	1	0	0	0	1
0	1	0	0	0	0	1	0
0	1	0	1	0	0	1	0
0	1	1	0	0	0	1	1
0	1	1	1	0	0	1	1
1	0	0	0	0	1	0	0
1	0	0	1	0	1	0	0
1	0	1	0	0	1	0	1
1	0	1	1	0	1	0	1
1	1	0	0	0	1	1	0
1	1	0	1	0	1	1	0
1	1	1	0	0	1	1	1
1	1	1	1	0	1	1	1

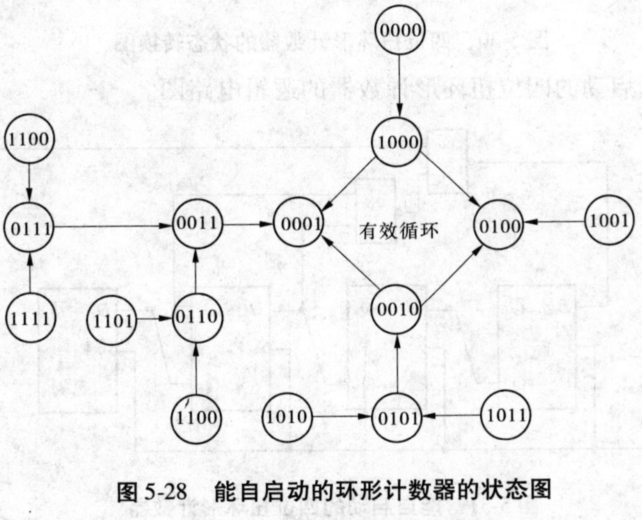

图 5-28　能自启动的环形计数器的状态图

(4)基本特点。

环形计数器的突出优点是,正常工作时所有触发器中只有一个是 1(或 0)状态,因此可以直接利用各个触发器的 Q 端作为电路的状态输出,不需要附加译码器。当连续输入 CP

脉冲时,各个触发器的 Q 端或 $\overline{Q}$ 端将轮流地出现矩形脉冲,因此又常把这种电路叫做环形脉冲分配器。其缺点是状态利用率低,记 N 个数需要 N 个触发器,使用触发器多。

2)扭环形计数器

扭环形计数器的电路结构如图 5-29 所示。

在 n 位扭环形计数器中,$D_0 = \overline{Q}_{n-1}^n$。

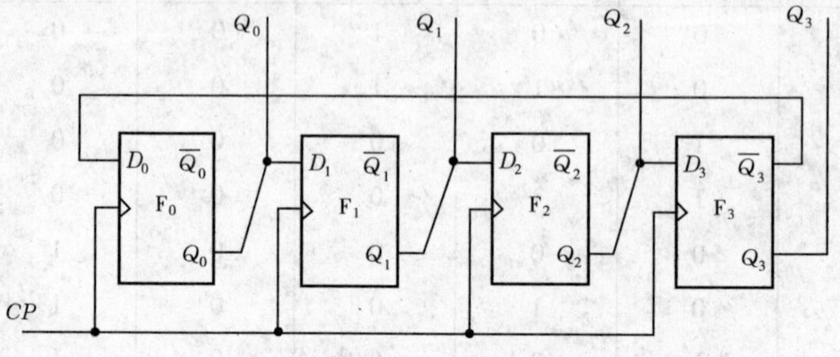

图 5-29　扭环形计数器

图 5-30 是一个四位扭环形计数器的状态转换图,有 8 个有效状态、8 个无效状态,不能自启动,工作时应预先将计数器置成 0000 状态。

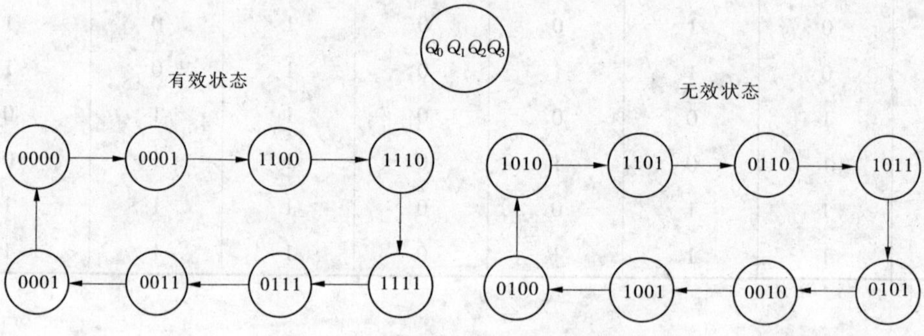

图 5-30　四位扭环形计数器的状态转换图

图 5-31 是能自启动的四位扭环形计数器的逻辑电路图。

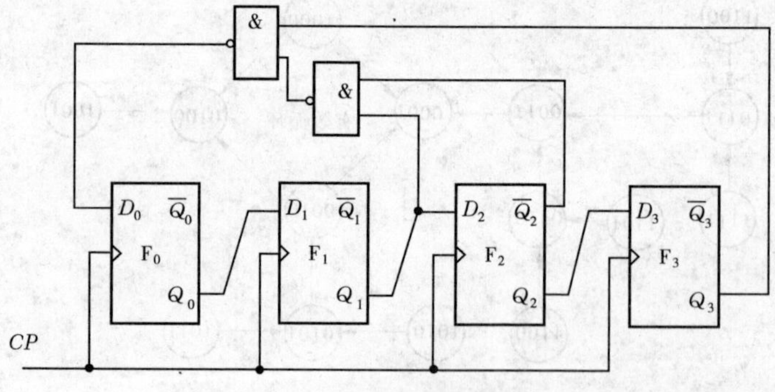

图 5-31　能自启动的四位扭环形计数器

因此,扭环形计数器的特点是,每次状态变化时仅有一个触发器翻转,译码时不存在竞争冒险,而且所有的译码门都只需要两个输入端。但是仍然没有能够利用计数器的所有状态，例如在 n 位计数器中，有 $2n$ 个有效状态，而 2^n-2n 个状态没有利用。它和环形计数器的共同缺点是：① 存在无效循环；②不能充分利用计数器的所有状态。

（四）集成移位寄存器

集成移位寄存器按结构可分为 TTL 型和 CMOS 型；按寄存数据位数，可分为四位、八位、十六位等；按移位方向，可分为单向和双向两种。

74LS194 是双向四位 TTL 型集成移位寄存器，具有双向移位、并行输入、保持数据和清除数据等功能。其管脚排列图如图 5-32(b) 所示。其中 $\overline{CR}$ 端为异步清零端，优先级别最高；M_1、M_0 为寄存器的控制端；D_{SR} 为右移数据输入端；D_{SL} 为左移数据输入端。

图 5-32 是一种功能较强的集成四位双向移位寄存器 74LS194 的示意图。

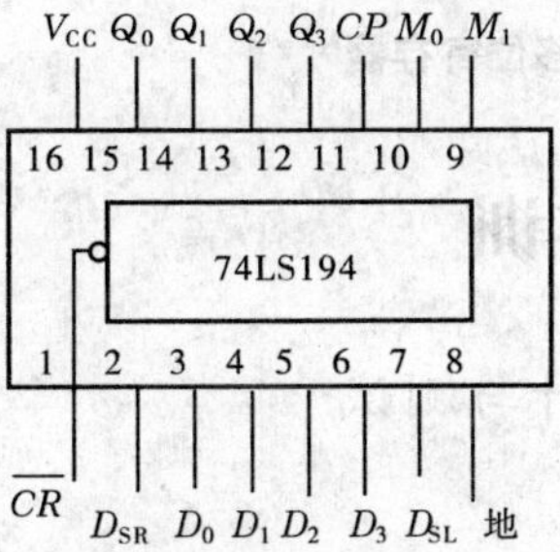

(a)逻辑功能示意图

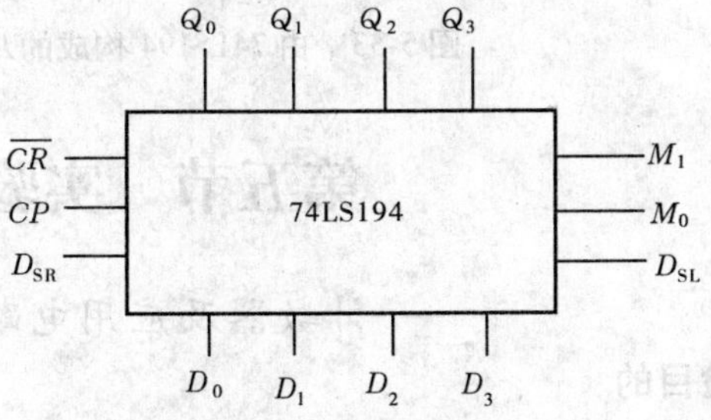

(b)管脚排列图

图 5-32　四位双向移位寄存器 74LS194 示意图

四位双向移位寄存器 74LS194 状态表如表 5-11 所示。

表 5-11　74LS194 状态表

输入										输出				说明
$\overline{CR}$	M_1	M_0	D_{SR}	D_{SL}	CP	D_0	D_1	D_2	D_3	Q_0^{n+1}	Q_1^{n+1}	Q_2^{n+1}	Q_3^{n+1}	
0	×	×	×	×	×	×	×	×	×	0	0	0	0	清零
1	×	×	×	×	0	×	×	×	×	Q_0^n	Q_1^n	Q_2^n	Q_3^n	保持
1	1	1	×	×	↑	d_0	d_1	d_2	d_3	d_0	d_1	d_2	d_3	并行输入
1	0	1	1	×	↑	×	×	×	×	1	Q_0^n	Q_1^n	Q_2^n	右移输入 1
1	0	1	0	×	↑	×	×	×	×	0	Q_0^n	Q_1^n	Q_2^n	右移输入 0
1	1	0	×	1	↑	×	×	×	×	Q_1^n	Q_2^n	Q_3^n	1	左移输入 1
1	1	0	×	0	↑	×	×	×	×	Q_1^n	Q_2^n	Q_3^n	0	左移输入 0
1	0	0	×	×	↑	×	×	×	×	Q_0^n	Q_1^n	Q_2^n	Q_3^n	保持

将 74LS194 各功能端，控制端适当级联，可实现容量的扩展。图 5-33 所示是由 74LS194 构成的八位双向移位寄存器。

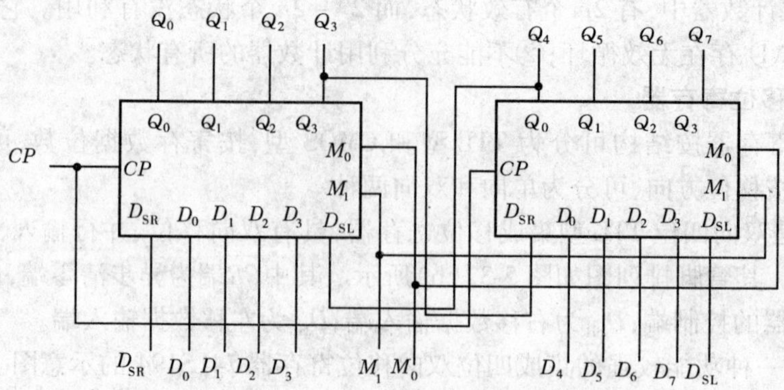

图 5-33　由 74LS194 构成的八位双向移位寄存器

第五节　实验与实训

——计数器及应用电路的设计与测试

1. 实验目的

(1)学习用集成触发器构成计数器的方法。

(2)掌握中规模集成计数器的使用及功能测试方法。

(3)运用集成计数器构成 1/N 分频器。

2. 实验设备与器件

(1)双踪示波器。

(2)数字实验箱。

(3)74LS74、74LS20、74LS90。

3. 实验预习要求

(1)根据实验任务要求,预习加法计数器的原理。

(2)预习 74LS90 集成电路各管脚功能。

(3)对方案 2,根据实验任务要求设计组合电路,并写出实验步骤及测试方法。

4. 实验原理

计数器是一个用以实现计数功能的时序部件,它不仅可用来记录脉冲数,还可用于数字系统的定时、分频和数字运算的执行以及其他特定的逻辑功能。

计数器的工作原理就是记录输入脉冲的个数。其所能记录脉冲数目的最大值,即电路所能表示状态数目的最大值,称为计数器的模。根据计数器的模值不同,有二进制、十进制和任意进制计数器之分。按构成计数器中的各触发器是否使用一个时钟脉冲源来分,有同步计数器和异步计数器。根据计数的增减趋势,又分为加法、减法和可逆计数器。还有可预置数和可编程序功能计数器,等等。目前,无论是 TTL 还是 CMOS 集成电路,都有品种较齐全的中规模集成计数器。使用者只要借助于器件手册提供的功能表和工作波形图以及引出端的排列,就能正确地运用这些器件。

5. 实验内容

方案 1

1)用 74LS74 D 触发器构成四位二进制异步加法计数器

用 74LS74 D 触发器构成四位二进制异步加法计数器，如图 5-34 所示。

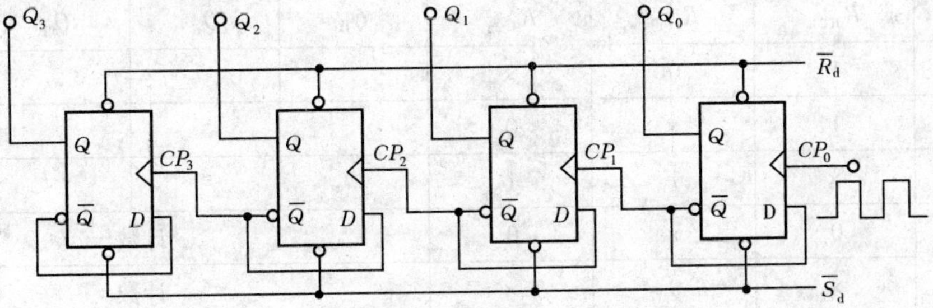

图 5-34　四位二进制异步加法计数器

(1)按图 5-34 接线，将 $\overline{R}_d$ 接逻辑开关输出插口，将 CP_0 端接单次脉冲源，将输出端 $Q_0Q_1Q_2Q_3$ 接逻辑电平显示输入插口，将各 $\overline{S}_d$ 接高电平“1”。

(2)按表 5-12 的要求，逐个输入单次脉冲，观察并记录 $Q_3 \sim Q_0$ 的状态。

(3)将单次脉冲改为 1 kHz 的连续脉冲，用示波器分别观察 $Q_3 \sim Q_0$ 端的波形状态，并与输入的连续脉冲 CP_0 进行比较，将图绘于表 5-13 中。

表 5-12　逐个输入单次脉冲后 $Q_3 \sim Q_0$ 的状态

$\overline{R}_d$	$\overline{S}_d$	CP	Q_3	Q_2	Q_1	Q_0
1	0	×				
0	1	×				
1	1	1				
1	1	2				
1	1	3				
1	1	4				

表 5-13　输入、输出波形

CP_0	
Q_0	
Q_1	
Q_2	
Q_3	

2)74LS90 二－五－十进制异步计数器逻辑功能的测试

(1)74LS90 的置位、复位功能测试。

将 74LS90 计数器的 $R_{0(1)}$、$R_{0(2)}$、$R_{9(1)}$、$R_{9(2)}$ 端按表 5-14 的要求加入规定的电平，将输出端 $Q_DQ_CQ_BQ_A$ 接逻辑电平显示输入插口，用“电平显示”分别测试 $Q_DQ_CQ_BQ_A$ 的电平状态，将结果记入表 5-14。

表 5-14　74LS90 的位置、复位功能测试

输入				输出			
$R_{0(1)}$	$R_{0(2)}$	$R_{9(1)}$	$R_{9(2)}$	Q_D	Q_C	Q_B	Q_A
1	1	0	×				
1	1	×	0				
×	×	1	1				
×	0	×	0	计数			
0	×	0	×	计数			
0	×	×	0	计数			
×	0	0	×	计数			

(2)74LS90 计数功能测试。

①BCD 码输出：将 $R_{0(1)}$ 和 $R_{0(2)}$、$R_{9(1)}$ 和 $R_{9(2)}$ 两组端子中，每组至少取其中一个端子加给零电平(接地)；把 Q_A 与 CP_B 相连，CP_1 接单次脉冲源；经清零处理后，逐个输入单次脉冲，用"电平显示"分别测试 $Q_DQ_CQ_BQ_A$ 相应的电平状态，将其结果记入表 5-15 之中。

②二－五进制计数输出：断开 Q_A 与 CP_2 的连线，将 Q_D 与 CP_1 相连；"单次脉冲"作为 CP 信号加至 CP_2，经清零处理后，逐个输入单次脉冲，用"电平显示"分别测试 $Q_DQ_CQ_BQ_A$ 相应的电平状态，将其结果记入表 5-15 之中。

表 5-15　74LS90 计数功能测试

CP 脉冲	BCD 码				二－五进制计数输出			
	Q_D	Q_C	Q_B	Q_A	Q_A	Q_D	Q_C	Q_B
1								
2								
3								
4								
5								
6								
7								
8								
9								
10								

3)用 74LS90 和与非门 74LS20 构成一个七进制计数器

(1)写出设计过程。

(2)画出电路图。

(3)进行逻辑功能测试,将结果记录在自己拟定的表格中。

方案2

在完成方案1中第二步(74LS90二-五-十进制异步计数器逻辑功能的测试)的基础上,自理实验方案,用两片74LS90、一片74LS00构成一个六十进制秒表,要求有清零和暂停功能,绘出电路图,并记录结果。

6. 思考题

(1)如何用最简便的方法将图5-5加法计数器改变构成减法计数器?

(2)用JK触发器如何构成四位加法计数器?

7. 实验报告要求

(1)画出实验线路图,记录、整理实验现象及实验所得的有关波形。对实验结果进行分析。

(2)总结使用集成计数器的体会。

本章小结

时序逻辑电路(又称为时序数字电路)的基本特点:在时序电路中,输出不仅取决于现在的输入,而且还与电路的原来状态有关。这是区别于组合电路的一个重要特点。因此,从电路组成上看,时序电路通常包含有存储电路(触发器)和组合逻辑电路(门电路)。

计数器应用极其广泛,种类繁多。计数器按计数时钟脉冲的引入方式可分为同步和异步计数器;按计数长度可分为加法、减法计数器;按内部器件可分为TTL系列和CMOS系列计数器。对于TTL系列和CMOS系列产品,通常TTL系列比CMOS系列产品速度快,而CMOS系列产品的功耗低、集成度高又优于TTL系列。随着集成电路的快速更新,CMOS系列产品速度将大大提高,可见CMOS系列产品的应用前景更加广阔。

时序电路分析的关键是求出状态方程和输出方程。首先写出时钟方程和驱动方程,然后代入触发器的特性方程,从而得到描述触发器状态转换规律的状态方程。根据状态方程和输出方程,就可以列出状态表,画出状态图,从而可判断电路的逻辑功能。

随着集成电路技术的日益发展,数字系统的设计发生了根本的变化。为了减少组件的数目,提高电路的可靠性,降低成本,目前数字系统普遍采用中大规模集成电路。因此,数字系统的设计主要的问题是考虑选择合适的集成电路,用最简单的连接方式构成满足需要的逻辑电路系统。

习　题

5-1　试分析如图5-35所示的时序电路。(步骤要齐全)

5-2　试分析如图5-36所示的时序电路。(步骤要齐全)

5-3　采用直接清零法,将74LS290构成三进制计数器和九进制计数器,画出逻辑图。(要求用8421BCD码)

5-4　采用直接清零法,将集成计数器74LS161构成十三进制计数器,画出逻辑电路图。

5-5　采用同步预置数法,将集成计数器74LS161构成七进制计数器,画出逻辑电路图。

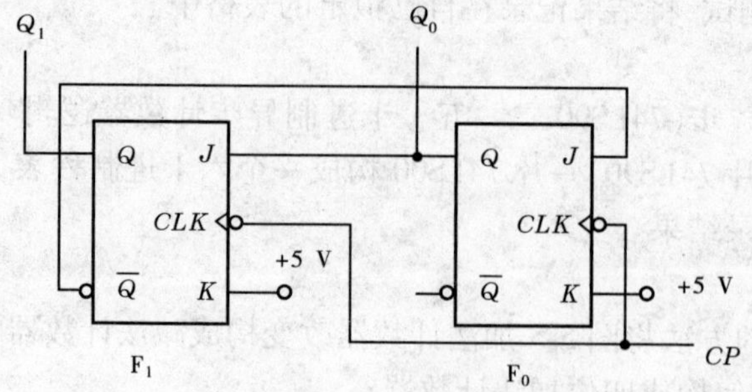

图 5-35　题 5-1 时序电路图

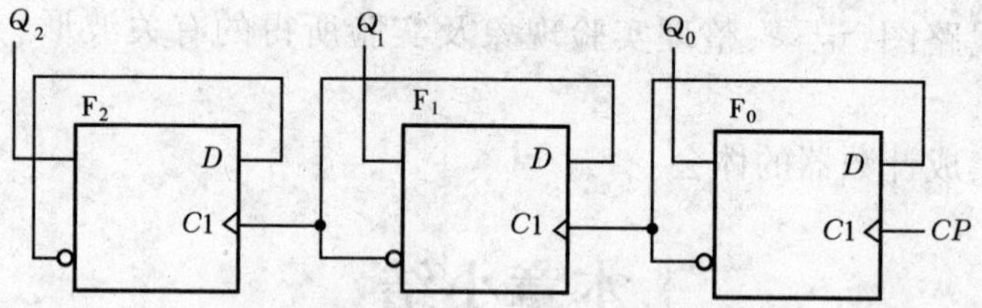

图 5-36　题 5-2 时序电路图

5-6　采用级联法，将 74LS290 构成三十六进制计数器，画出逻辑电路图。

5-7　采用级联法，将集成计数器 74LS161 构成一百零八进制计数器，画出逻辑电路图。

5-8　试分析如图 5-37 所示电路，当开关 S 分别置于 1、2、…、6 时，电路的工作情况，画出 S 置于“6”时的时序图。

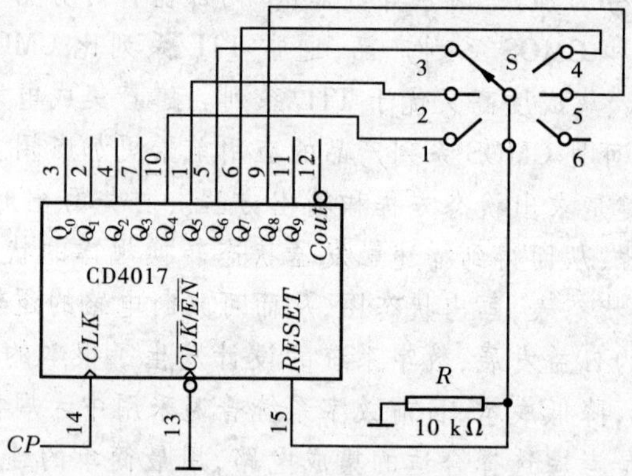

图 5-37　题 5-8 电路结构图

5-9　试分析如图 5-38 图所示(a)、(b)两个电路，画出状态转换图，并说明是几进制计数器。

5-10　试分别采用反馈归零法和预置法，用 74LS163 构成八进制计数器，要求：输出 8421BCD 码。

5-11　试分别采用反馈归零法和预置法，用 74LS160 构成八进制计数器，要求：输出 8421BCD 码。

5-12　利用双向四位 TTL 型集成移位寄存器 74LS194，构成环形计数器和扭环形计数器，画出逻辑电路图。

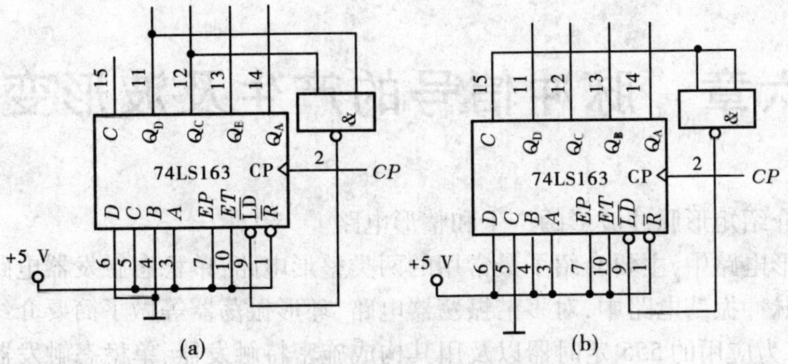

图 5-38　题 5-9 电路结构图

第六章　脉冲信号的产生及波形变换

本章主要介绍矩形脉冲波形的产生和整形电路。

在脉冲整形电路中，主要介绍了最常用的两类整形电路：单稳态触发器电路和施密特触发器电路。在脉冲振荡电路中，对多谐振荡器电路、环形振荡器等做了简要介绍。在本章的最后，讨论了广为应用的555定时器以及用其构成施密特触发器、单稳态触发器和多谐振荡器电路的方法。

第一节　概　述

一、脉冲信号

脉冲信号是指一种持续时间极短的电压或电流波形，如图6-1所示。图6-1(a)是方波，图6-1(b)是矩形波，图6-1(c)是尖顶脉冲，图6-1(d)是锯齿波，图6-1(e)是钟形脉冲。它们都可以称为脉冲信号。

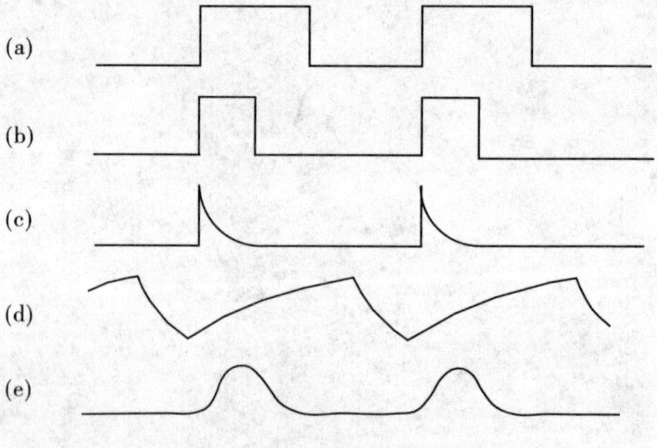

图6-1　脉冲波形的不同形状

二、矩形脉冲的主要参数

在数字电路中，要控制和协调整个系统的工作，常常需要时钟脉冲(CP)信号。获得这种矩形脉冲的方法有两种：一是利用多谐振荡器直接产生，二是通过整形电路变换得到。多谐振荡器可通过门电路、石英晶体或集成555定时器等三种方式构成。整形电路可分为单稳态触发器电路和施密特触发器电路，它们可以使脉冲的边沿变得陡峭，形成满足要求的矩形脉冲。脉冲波形的特性主要用图6-2中所示的参数来描述。

描述矩形脉冲的主要参数有：

(1)脉冲周期 T。即周期性重复的脉冲序列中，两个相邻脉冲之间的时间间隔。有时也

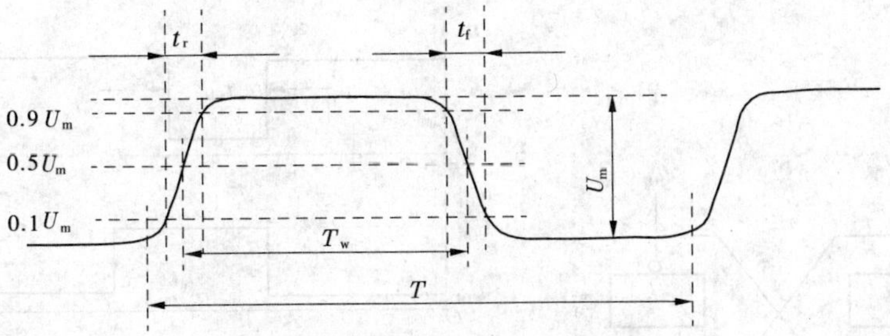

图 6-2　描述矩形脉冲的主要参数

使用频率 $f=\dfrac{1}{T}$ 表示单位时间内脉冲重复的次数。

(2)脉冲幅度 U_m。即脉冲电压的最大变化幅度。

(3)脉冲宽度 T_w。即从脉冲前沿到达 $0.5U_m$ 起,到脉冲后沿到达 $0.5U_m$ 为止的一段时间。

(4)上升时间 t_r。即脉冲上升沿从 $0.1U_m$ 上升到 $0.9U_m$ 所需要的时间。

(5)下降时间 t_f。即脉冲下降沿从 $0.9U_m$ 下降到 $0.1U_m$ 所需要的时间。

(6)占空比 q。即脉冲宽度与脉冲周期的比值,$q=T_w/T$。

此外,在将脉冲整形或产生电路用于具体的数字系统时,还可能有一些特殊的要求,例如脉冲周期和幅度的稳定性等。这时还需要增加一些相应的性能参数来说明。

第二节　单稳态触发器

一、用门电路组成的单稳态触发器

单稳态触发器有两种不同的工作状态:一是稳定状态。二是暂稳定状态。当无触发脉冲输入时,单稳态触发器处于稳定状态;当有触发脉冲输入时,单稳态触发器将从稳定状态变为暂稳定状态,而暂稳定状态在保持一定时间后,能够自动返回到稳定状态。暂稳态维持时间的长短取决于电路本身的参数,与触发脉冲的宽度和幅度无关。

由于具备这些特点,单稳态触发器被广泛用于脉冲整形、延时(产生滞后于触发脉冲的输出脉冲)以及定时(产生固定时间宽度的脉冲信号)等。

(一)电路组成

微分型单稳态触发器的电路如图 6-3(a)所示,其波形如图 6-3 所示。门 G_1 的输出经微分电路 RC 接到门 G_2 的输入端,门 G_2 的输出直接耦合到 G_1 的输入端。电路处于稳态时,u_I 为高电平,u_{O1} 为低电平,为了使 u_{O2} 可靠为高电平,对于 TTL 芯片 74LS00,应选择 $R<R_{off}$(关门电阻),一般取 $R<0.7\ \text{k}\Omega$。但对于 CC4011 来说,其 MOS 门输入阻抗高,外接电阻 R 的大小不会影响其稳态,则不受 R_{off} 限制。

(二)工作过程

电源接通后,在没有外来触发脉冲时(u_I 为高电平)电路处于稳定状态:$u_{O1}=U_{OL}$,$u_{O2}=U_{OH}$。为此,必须保证 $R>R_{on}$(开门电阻),$R<R_{off}$(关门电阻)。根据稳态时的部分电路,

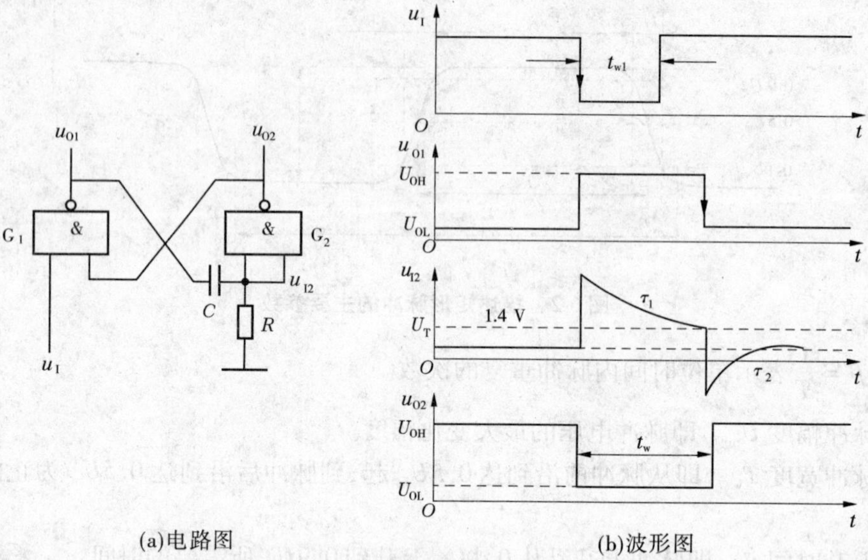

图 6-3　微分型单稳态触发器

如图 6-4 所示的等效电路，非门 G_2 的输入 u_{I2} 为

$$u_{I2}=\frac{R}{R+R_1}(U_{CC}-U_{BE})$$

为了讨论方便,假定 $u_{I2}=U_{OL}$，则此时电容 C 上没有电压。

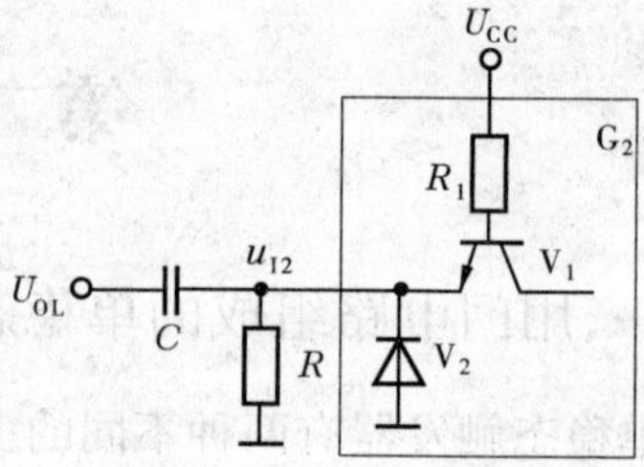

图 6-4　稳态时的部分电路

二、集成单稳态触发器

鉴于单稳态触发器的应用十分普遍,在 TTL 电路和 CMOS 电路的产品中,都生产了单片集成的单稳态触发器器件。

使用这些器件时只需要很少的外接元件和连线,而且由于器件内部一般还附加了上升沿和下降沿触发的控制和置零等功能,使用极为方便。此外,由于将元器件集成于同一芯片上,并且在电路上采取了温漂补偿措施,所以电路的温度稳定性比较好。

集成单稳态触发器分为可重复触发型和不可重复触发型两种。不可重复触发型单稳态触发器,是指在暂稳定时间 t_w 之内,若有新的触发脉冲输入,电路不会产生任何反应。可重复触发型单稳态触发器,是指在暂稳定时间 t_w 之内,若有新的触发脉冲输入,可被新的触发脉冲重新触发。

(一) CMOS 集成单稳态触发器

常用的 CMOS 集成单稳态触发器有 CC14528、CC4528B 等。

(二) TTL 集成单稳态触发器

常用的 TTL 集成单稳态触发器,有不可重复触发型单稳态触发器 54LS121/74LS121、54LS221/74LS221,可重复触发型单稳态触发器 54LS123/74LS123、54LS122/74LS122 等。

三、单稳态触发器应用举例

脉冲信号经过长距离传输后，其边沿会变差或叠加了某些干扰，这时可利用单稳态触发器进行整形。脉冲整形电路如图6-5(a)所示。将受到干扰的脉冲信号 u_I 加到单稳态触发器的输入端，输出端便可得到符合要求的矩形脉冲 u_O，如图6-5(b)所示。

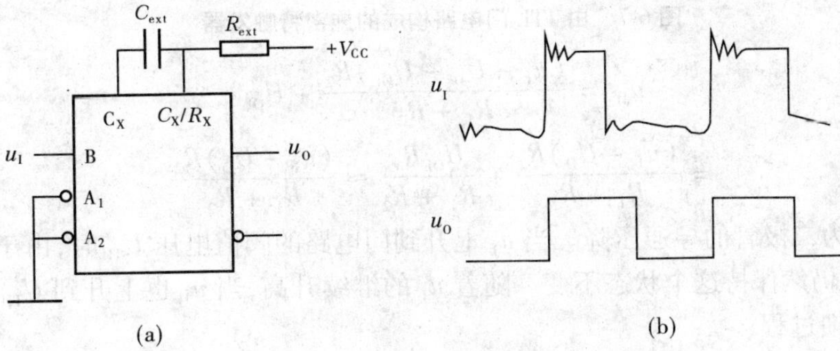

图6-5　脉冲整形电路

第三节　施密特触发器

施密特触发器是脉冲波形变换中经常使用的一种电路，利用它可以将正弦波、三角波以及其他一些周期性的脉冲波形变换成边沿陡峭的矩形波。另外，它还可以用做脉冲鉴幅器、比较器。施密特触发器在性能上有两个重要的特点：

(1)输入信号从低电平上升的过程中电路状态转换时对应的输入电平，与输入信号从高电平下降过程中对应的输入转换电平不同。

(2)在电路状态转换时，通过电路内部的正反馈过程使输出电压波形的边沿变得很陡。

利用这两个特点不仅能将边沿变化缓慢的信号波形整形为边沿陡峭的矩形波，而且能将叠加在矩形脉冲高、低电平上的噪声有效地清除。

总之，施密特触发器是一种受输入信号电平直接控制的双稳态触发器。它有两个稳定状态，在外加信号的作用下，只要输入信号变化到某一电平时，电路就从一个稳定状态转换到另一个稳定状态，而且稳定状态的保持也与输入信号的电平密切相关。图6-6是这种电路的工作波形。

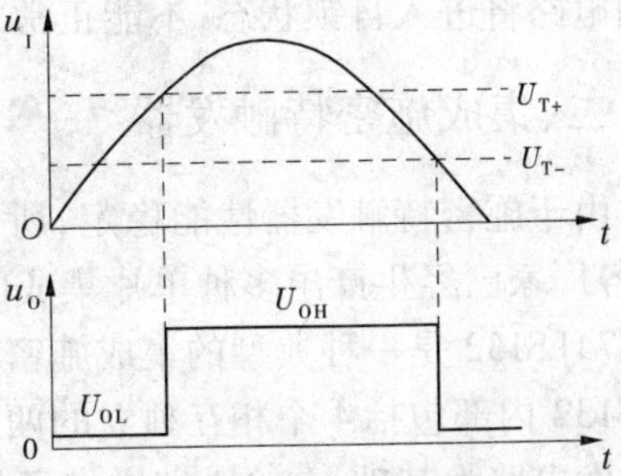

图6-6　施密特触发器电路的工作波形

一、用门电路组成的施密特触发器

图6-7所示电路是由TTL门电路构成的施密特触发器。图中，V为电压偏移二极管，R_1、R_2 为分压电阻，电路的输出通过电阻 R_2 进行正反馈。下面我们来分析电路的工作原理。

假设在接通电源后，电路输入为低电平 $u_I = U_{OL}$，则电路处于如下状态：$u_{O1} = U_{OH}$，$u_O = U_{OL}$。如果不考虑 G_1 门的输入电流，u_{I1} 的电压为

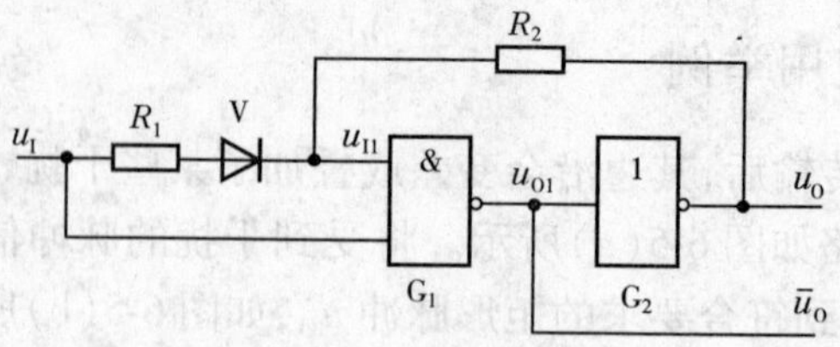

图 6-7　由 TTL 门电路构成的施密特触发器

$$u_{I1} = \frac{(u_I - U_D - U_{OL})R_2}{R_1 + R_2} + U_{OL}$$

$$= \frac{(u_I - U_D)R_2}{R_1 + R_2} + \frac{U_{OL}R_1}{R_1 + R_2} \approx \frac{(u_I - U_D)R_2}{R_1 + R_2} \tag{6-1}$$

其中，U_D 为二极管的导通压降。当 u_I 上升到门电路的阈值电压 U_{TH} 时，由于 u_{I1} 的值还低于 U_{TH}，电路仍然保持这个状态不变。随着 u_I 的继续升高，当 u_{I1} 也上升到 U_{TH} 时，电路将产生如下正反馈过程：

$$u_I\uparrow \to u_{I1}\uparrow \to u_{O1}\downarrow \to u_O\uparrow$$

结果使电路的状态迅速翻转为：$u_{O1} = U_{OL}$，$u_O = U_{OH}$，这是电路的另一个稳定状态。那么这一时刻的输入电压 u_I 就是电路的正向阈值电压 U_{T+}，将 $u_I = U_{T+}$，$u_{I1} = U_{TH}$ 代入式(6-1)可得

$$U_{T+} = U_D + (1 + R_1/R_2)U_{TH}$$

当 u_I 从 U_{T+} 再升高时，电路的状态不会发生改变。当 u_I 从高电平下降时，只要下降到 $u_I = U_{TH}$，由于电路中的正反馈作用，电路状态立刻发生翻转，回到初始的稳定状态。可见，电路的负向阈值电压 $U_{T-} = U_{TH}$。所以，该电路的回差电压为

$$\Delta U_T = U_{T+} - U_{T-} = U_D + \frac{R_1}{R_2}U_{TH}$$

因此，通过改变电阻 R_1 和 R_2 的比值，可以调整回差电压的大小。但 R_1 必须小于 R_2，否则电路将进入自锁状态，不能正常工作。

二、集成施密特触发器

由于施密特触发器性能稳定，所以在数字系统中，集成施密特触发器被广泛采用。目前，各厂家已经生产出多种单片集成的施密特触发器产品。

74LS132 是一种典型的集成施密特触发器，其内部逻辑图和引脚排列如图 6-8(a)所示。74LS132 内部包括 4 个相互独立的两输入施密特触发器，每一个触发器都是以基本的施密特触发电路为基础，在输入端增加了与的功能，在输出端增加反相器，所以我们将其称为施密特触发的与非门，其逻辑符号如图 6-8(b)所示。

74LS132 的输出信号 Y 与输入信号中 A、B 只要有一个低于施密特触发器的负向阈值电平，输出 Y 就是高电平；只有当 A、B 同时高于正向阈值电平时，输出 Y 才为低电平。在使用 +5 V 电源的条件下，集成施密特触发器 74LS132 的正向阈值电平 U_{T+} = 1.5 ~ 2.0 V，负向阈值电平 U_{T-} = 0.6 ~ 1.1 V，回差电压 ΔU_T 的典型值为 0.8 V。

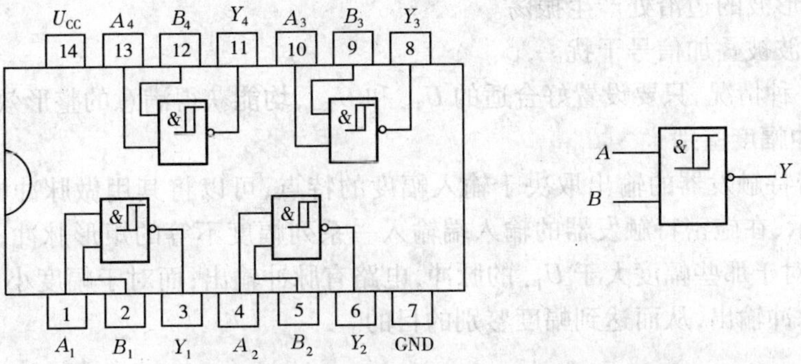

(a)内部逻辑和引脚排列图　　　　(b)逻辑符号

图 6-8　施密特触发器内部逻辑图和逻辑符号

三、施密特触发器的应用

(一)波形变换

利用施密特触发器在状态转换过程中的正反馈作用，可以将边沿变化缓慢的周期性信号(如正弦波、三角波等)变换成边沿陡峭的矩形脉冲。在图 6-9 中，施密特触发器的输入是一个直流分量和正弦分量相叠加的信号，只要输入信号的幅度大于施密特触发器的正向阈值电压 U_{T+}，在触发器的输出端就可得到相同频率的矩形脉冲信号。

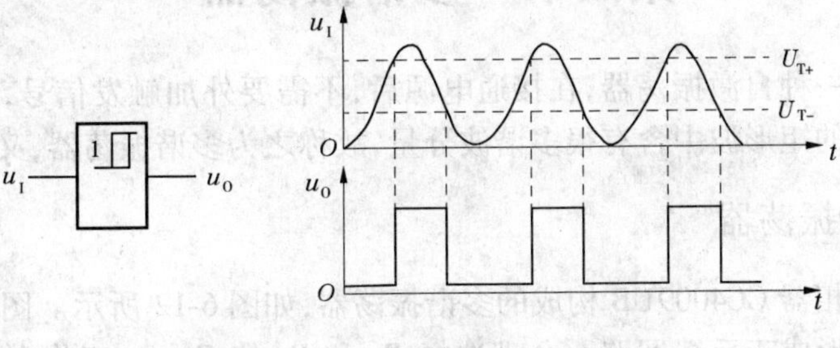

图 6-9　施密特触发器的波形变换

(二)脉冲整形

矩形波经过传输后波形往往会发生畸变，如图 6-10 所示，其中比较常见的有以下三种情况：

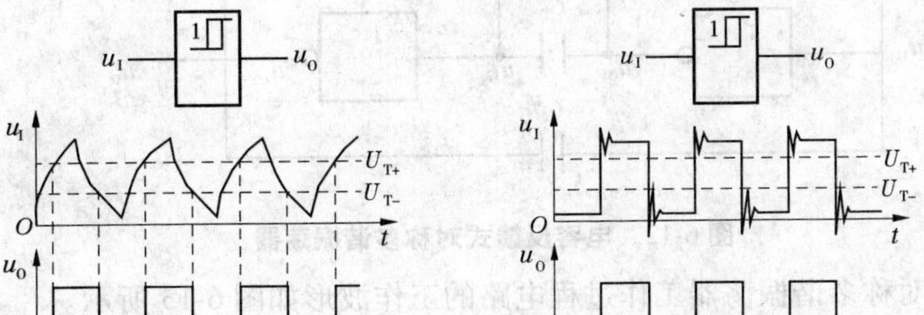

图 6-10　施密特触发器的脉冲整形

(1)矩形波的边沿变缓。

(2)在矩形波的边沿处产生振荡。

(3)矩形波被叠加信号干扰。

无论哪一种情况,只要设置好合适的 U_{T+} 和 U_{T-},均能获得满意的整形效果。

(三)脉冲幅度鉴别

利用施密特触发器的输出取决于输入幅度的特点,可以将其用做脉冲幅度鉴别电路。如图 6-11 所示,在施密特触发器的输入端输入一系列幅度不等的矩形脉冲,根据施密特触发器的特点,对于那些幅度大于 U_{T+} 的脉冲,电路有脉冲输出;而对于幅度小于 U_{T+} 的脉冲,电路则没有脉冲输出,从而达到幅度鉴别的目的。

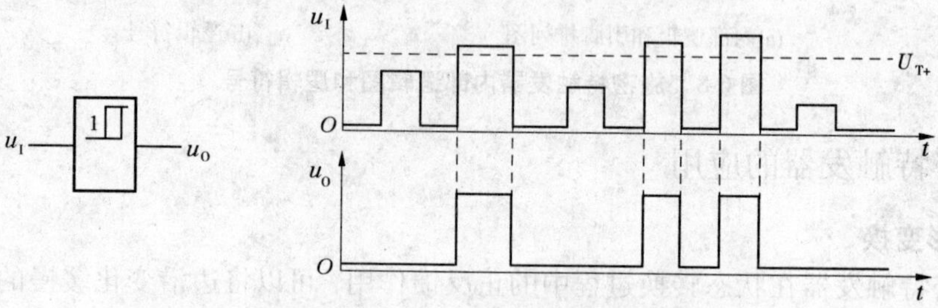

图 6-11　用施密特触发器鉴别脉冲幅度

第四节　多谐振荡器

多谐振荡器是一种自激振荡器,在接通电源后,不需要外加触发信号,能自动地产生矩形脉冲。由于输出的矩形波中含有很多谐波分量,故称之为多谐振荡器,又称方波发生器。

一、对称多谐振荡器

由 CMOS 六反相器 CC4009UB 构成的多谐振荡器,如图 6-12 所示。图中两个反相器之间经 C_1 和 C_2 耦合形成正反馈回路。合理选择 R_{F1} 和 R_{F2} 使 G_1、G_2 工作在传输特性的转折区,这时,G_1 和 G_2 都工作在放大区。由于 G_1、G_2 的外电路对称,因此又称其为电容反馈式对称多谐振荡器。

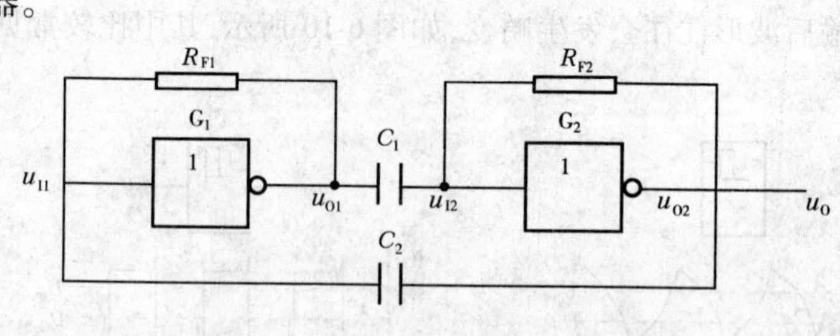

图 6-12　电容反馈式对称多谐振荡器

电容反馈式对称多谐振荡器工作过程电路的工作波形如图 6-13 所示。

振荡周期的计算方法如下所示:

取 $R_{F1}=R_{F2}=R_F, C_1=C_2=C, U_{TH}=1.4\text{ V}, U_{OH}=3.6\text{ V}, U_{OL}=0.3\text{ V}$,则

$$T=2t_w\approx 1.4R_FC$$

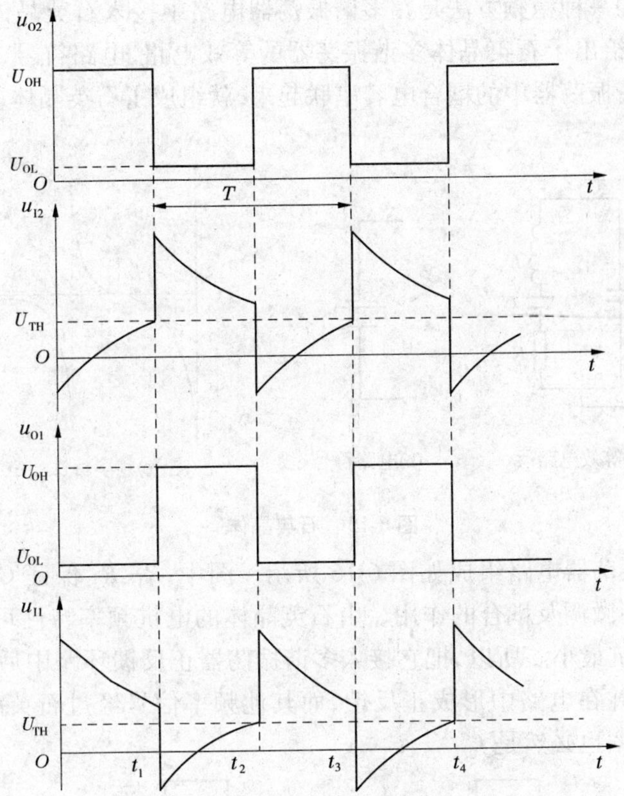

图 6-13　电容反馈式对称多谐振荡器的工作波形

二、环形振荡器

由 3 个非门构成的环形振荡器（即方波发生器）及其工作波形如图 6-14 所示。

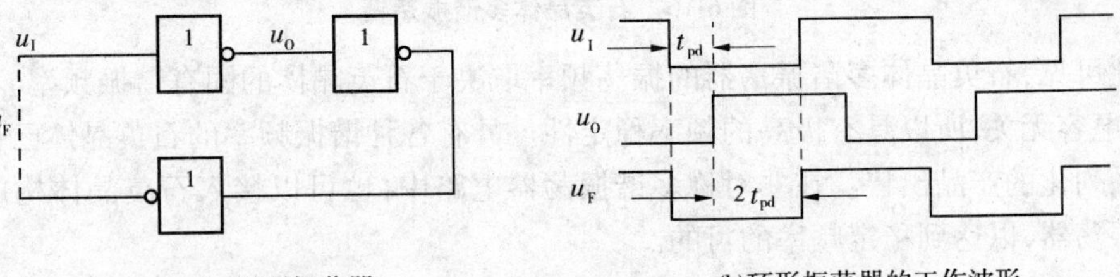

(a)环形振荡器　　(b)环形振荡器的工作波形

图 6-14　环形振荡器及其工作波形

三、石英晶体多谐振荡器

在许多应用场合下都对多谐振荡器的振荡频率稳定性有严格的要求。例如，在将多谐振荡器作为数字钟的脉冲源使用时，它的频率稳定性直接影响着计时的准确性。在这种情况下，前面所讲的几种多谐振荡器电路都难以满足要求。这是因为在这些多谐振荡器中振荡频率主要取决于门电路输入电压在充、放电过程中达到转换电平所需要的时间，因此其频率稳定性不可能很高。

目前普遍采用的一种稳频方法是在多谐振荡器电路中接入石英晶体，组成石英晶体多谐振荡器。图 6-15 给出了石英晶体多谐振荡器的等效电路、电路符号、阻抗频率特性。把石英晶体与对称多谐振荡器中的耦合电容串联起来，就组成了石英晶体多谐振荡器。

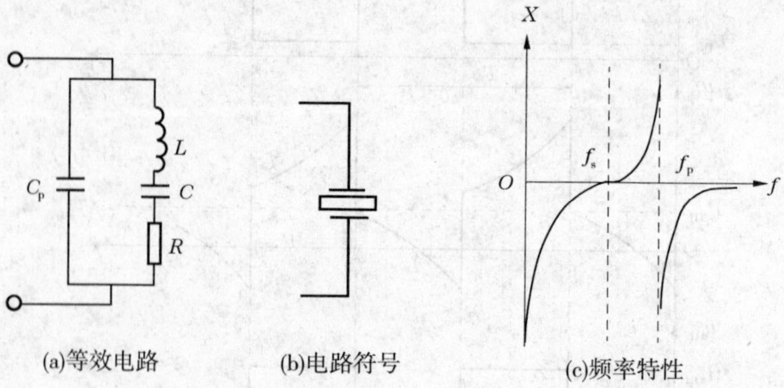

图 6-15　石英晶体

石英晶体多谐振荡器电路组成如图 6-16 所示。图中，R_1、R_2 保证 G_1、G_2 正常工作，电容器 C_1、C_2 起到频率微调及耦合的作用。由石英晶体的电抗频率特性可知，当外加电压的频率为f_0时，它的阻抗最小。所以，把它接入多谐振荡器正反馈环路中后，频率为 f_0 的电压信号最容易通过它，并在电路中形成正反馈，而其他频率信号经过石英晶体时被衰减。因此，振荡器的工作频率也必然是f_0。

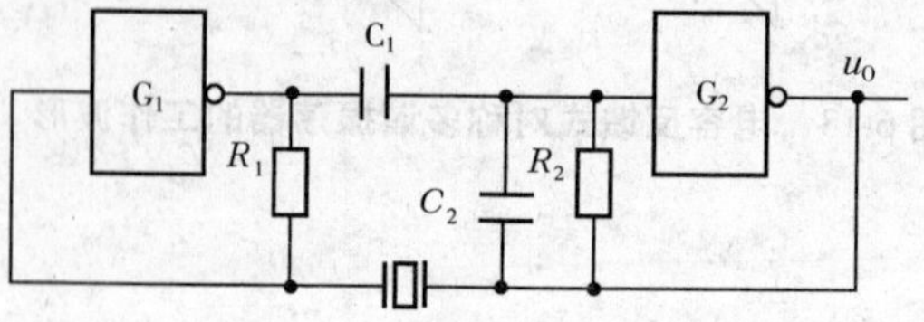

图 6-16　石英晶体多谐振荡器

由此可见，石英晶体多谐振荡器的振荡频率取决于石英晶体的固有谐振频率f_0，而与外接电阻、电容无关，所以具有极高的频率稳定性。具有各种谐振频率的石英晶体已被制成标准化和系列化的产品出售。在非对称多谐振荡器电路中，也可以接入石英晶体构成石英晶体多谐振荡器，以达到稳定频率的目的。

第五节　555 定时器及其应用

定时器是大多数数字系统的重要部件之一。555 定时器不但本身可以组成定时电路，而且只要外接少量的阻容元件，就可以很方便地构成多谐振荡器、单稳态触发器以及施密特触发器等脉冲的产生与整形电路。555 定时器按内部器件类型可分为双极型（TTL 型）和单极型（CMOS 型）。TTL 型产品型号的最后 3 位数码是 555 或 558，CMOS 型产品型号的最后 4 位数码都是 7555 或 7558，它们的逻辑功能和外部引线排列完全相同。555 芯片和 7555 芯片是单定时器，558 芯片和 7558 芯片是双定时器。

一、CC7555 定时器的电路结构

图 6-17(a)、(b)、(c)所示分别为 CC7555 定时器内部逻辑电路结构图、逻辑符号、外管脚分布图。外部有 8 个管脚,各管脚的名称如图 6-18(b)所示。由图 6-17(a)可看出,7555 定时器由三部分组成:输入比较电路、基本 RS 触发器和场效应管。

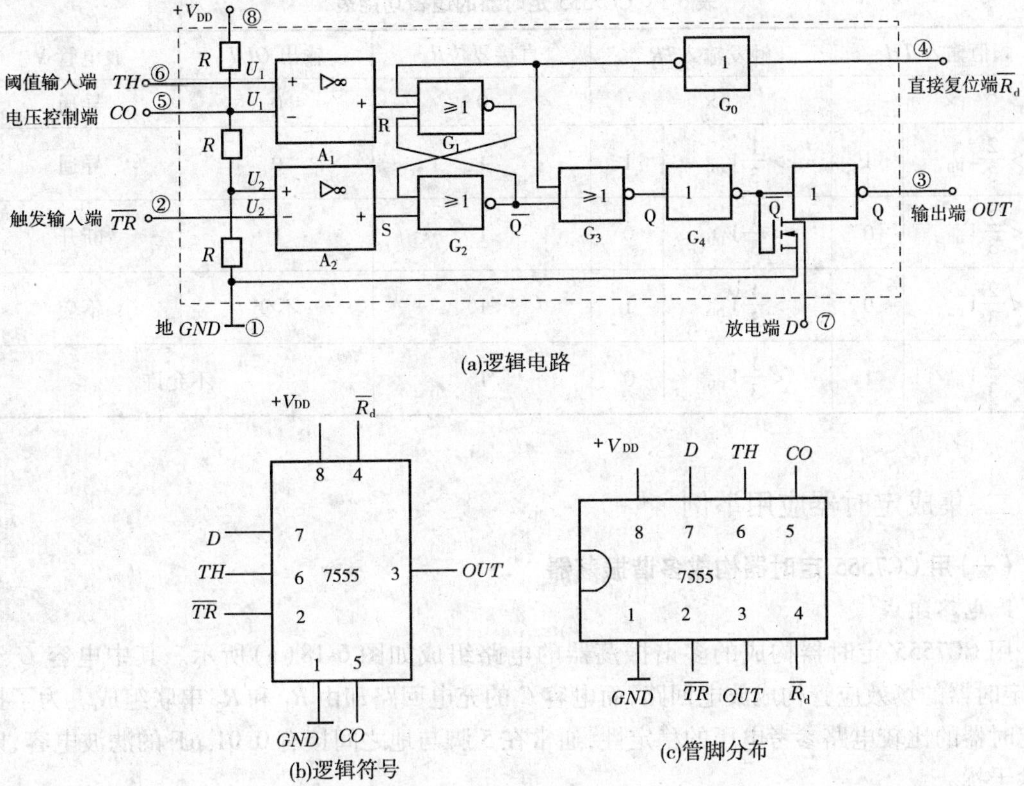

图 6-17　CC7555 定时器

(一)输入比较电路

输入比较电路由 3 个等值分压电阻 R(一般为 5 kΩ,故称 555 定时器)和 2 个高、低电压比较器 A_1、A_2 组成。3 个电阻对 V_{DD}分压,使 A_1 的"-"端电压 $U_{1-}=\frac{2}{3}V_{DD}$,A_2 的"+"端电压 $U_{2+}=\frac{1}{3}V_{DD}$。当阈值输入端 TH 的电压超过$\frac{2}{3}V_{DD}$时,则 A_1 输出高电平,使基本 RS 触发器翻转,$Q=0$。而当触发输入端$\overline{TR}$的电压低于$\frac{1}{3}V_{DD}$时,A_2 输出高电平,使基本 RS 触发器翻转,$Q=1$。

(二)基本 RS 触发器

基本 RS 触发器由两个或非门 G_1、G_2 组成。当 R 端置 1 时,触发器置 0,输出端 OUT 为 0;当 S 端置 1 时,触发器置 1,输出端 OUT 为 1。当直接复位端$\overline{R}_d$加低电平时,不管其他输入状态如何,触发器直接置 0,输出端 OUT 为 0;不使用$\overline{R}_d$时,应将此端接高电平。G_3、G_4、G_5

的作用是输出缓冲,提高电路的驱动能力。

(三)场效应管

场效应管是一个由 NMOS 管构成的放电开关,状态受 RS 触发器输出的控制。$\overline{Q}=1$ 时,场效应管导通,为外接的电容提供放电通路;$\overline{Q}=0$,V 截止。CC7555 定时器的逻辑功能表如表 6-1 所示。

表 6-1　CC7555 定时器的逻辑功能表

阈值输入 TH		触发输入 $\overline{TR}$		直接复位 $\overline{R}_d$	输出 OUT	放电管 V
×		×		0	0	导通
$>\frac{2}{3}V_{DD}$	1	$>\frac{1}{3}V_{DD}$	1	1	0	导通
$<\frac{2}{3}V_{DD}$	0	$<\frac{1}{3}V_{DD}$	0	1	1	断开
$<\frac{2}{3}V_{DD}$	0	$>\frac{1}{3}V_{DD}$	1	1	不变	不变
$>\frac{2}{3}V_{DD}$	1	$<\frac{1}{3}V_{DD}$	0	1	不允许	

二、集成定时器应用举例

(一)用 CC7555 定时器构成多谐振荡器

1. 电路组成

用 CC7555 定时器构成的多谐振荡器的电路组成如图 6-18(a)所示。其中电容 C 经 R_2、定时器的场效应管构成放电回路,而电容 C 的充电回路却由 R_1 和 R_2 串联组成。为了提高定时器的比较电路参考电压的稳定性,通常在 5 脚与地之间接有 0.01 μF 的滤波电容,以消除干扰。

2. 工作原理

电源 V_{DD} 刚接通时,电容 C 上的电压 u_C 为零,电路输出 u_O 为高电平,放电管 V 截止,处于第 1 暂稳态。之后,V_{DD} 经 R_1 和 R_2 对 C 充电,使 u_C 不断上升,当 u_C 上升到 $u_C \geqslant \frac{2}{3}V_{DD}$ 时,电路翻转置 0,输出 u_O 变为低电平,此时,放电管 V 由截止变为导通,进入第 2 暂稳态。C 经 R_2 和 V 开始放电,使 u_C 下降,当 $u_C \leqslant \frac{1}{3}V_{DD}$ 时,电路又翻转置 1,输出 u_O 回到高电平,V 截止,回到第 1 暂稳态。然后,上述充、放电过程被再次重复,从而形成连续振荡。用 CC7555 定时器构成的多谐振荡器的工作波形如图 6-18(b)所示。

3. 主要参数的计算

(1)输出高电平的脉宽 t_{w1} 为 C 充电所需的时间为

$$t_{w1} = (R_1 + R_2)\ln\frac{V_{DD} - \frac{1}{3}V_{DD}}{V_{DD} - \frac{2}{3}V_{DD}} = 0.7(R_1 + R_2)C$$

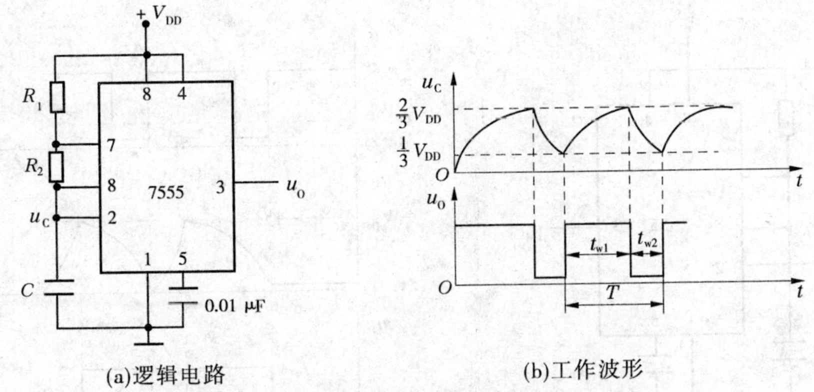

图 6-18　用 CC7555 定时器构成的多谐振荡器及工作波形

(2)输出低电平的脉宽 t_{w2} 为 C 放电所需的时间为

$$t_{w2} = R_2 C\ln\frac{0-\frac{2}{3}V_{DD}}{0-\frac{1}{3}V_{DD}} = 0.7R_2C$$

(3)振荡周期为

$$T = t_{w1} + t_{w2} = 0.7(R_1 + 2R_2)C$$

(4)振荡频率为

$$f = \frac{1}{T} = \frac{1}{0.7(R_1 + 2R_2)C}$$

(5)占空比为

$$q = \frac{t_{w1}}{t_{w1} + t_{w2}} = \frac{R_1 + R_2}{R_1 + 2R_2} > 50\%$$

(二)用 CC7555 定时器构成单稳态触发器

1. 电路组成

用 CC7555 构成的具有微分环节的单稳态触发器如图 6-19(a)所示。R 和 C 为定时元件,0.01 μF 电容为滤波电容。

2. 工作原理

1)稳态

当输入信号 u_I 为高电平时,接通电源后,V_{DD} 首先通过 R 对 C 充电,使 u_C 上升,当 $u_C \geqslant \frac{2}{3}V_{DD}$ 时,触发器置 0,输出 u_O 为低电平,放电管 V 导通,此后,C 又通过 V 放电,放电完毕后,u_C 和 u_O 均为低电平不变,电路进入稳态。

2)暂稳态

当触发脉冲 u_I 的负窄脉冲触发后,由于 $u_I < \frac{1}{3}V_{DD}$,触发器被置 1,输出 u_O 为高电平,放电管 V 截止,电路进入暂稳态,定时开始。

3)暂稳态自动到恢复稳态

V_{DD} 通过 R 向 C 充电,电容 C 上的电压 u_C 按指数规律上升,趋向 V_{DD}。当 $u_C \geqslant \frac{2}{3}V_{DD}$ 时,

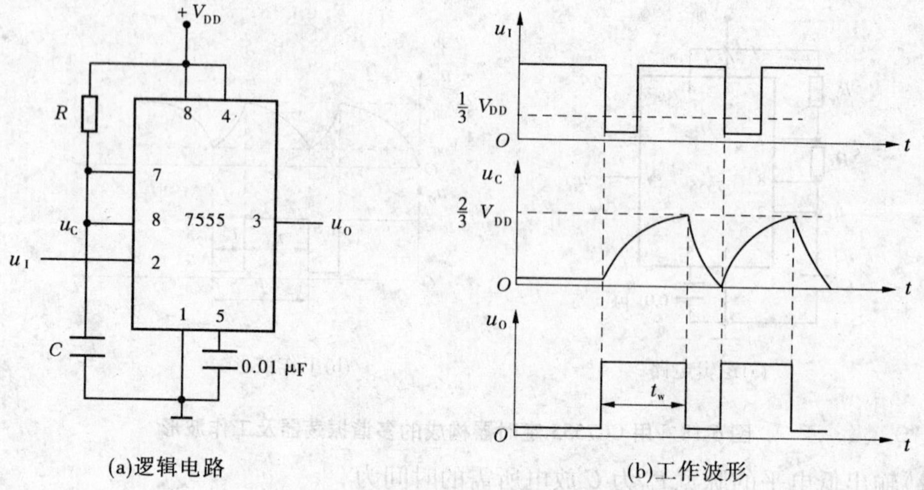

(a)逻辑电路　　　　　　　　　　　　　　(b)工作波形

图 6-19　用 CC7555 构成的单稳态触发器及工作波形

触发器置 0，输出 u_O 为低电平，放电管 V 导通，定时结束。电容 C 经 V 放电，u_C 下降到低电平，u_O 维持在低电平，电路恢复稳态。

当第 2 个触发信号到来时，重复上述工作过程。其工作波形如图 6-19(b)所示。

3. 输出脉宽 t_w 的计算

输出脉宽 t_w 等于电容 C 上的电压 u_C 从零充到 $\frac{2}{3}V_{DD}$ 所需的时间，即

$$t_w = RC\ln\frac{V_{DD}-0}{V_{DD}-\frac{2}{3}V_{DD}} = 1.1RC$$

可以看出，输出脉宽 t_w 仅与定时元件 R、C 值有关，与输入信号无关。但为了保证电路正常工作，要求输入的触发信号的负脉冲宽度小于 t_w，且低电平小于 $\frac{1}{3}V_{DD}$。

(三)用 CC7555 定时器构成施密特触发器

1. 电路组成

将 CC7555 定时器的第 2 脚和第 8 脚短接并作为信号输入端，则定时器就具有施密特触发器的功能，则用 CC7555 定时器构成的施密特触发器电路如图 6-20(a)所示。

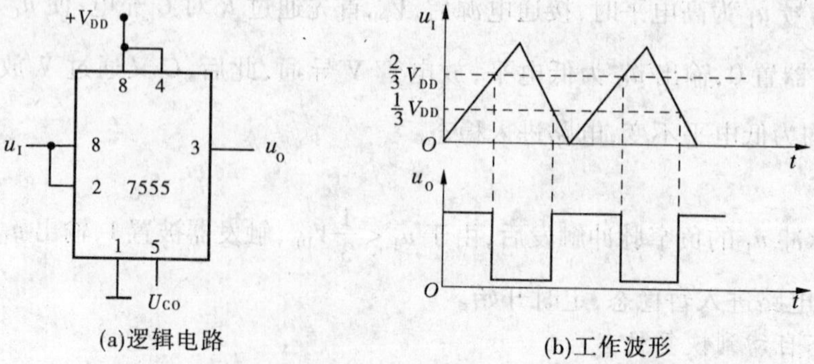

(a)逻辑电路　　　　　　　　　　　　　　(b)工作波形

图 6-20　用 CC7555 定时器构成施密特触发器及工作波形

2. 工作原理

设在电路的输入端输入三角波。接通电源后，输入电压 u_I 较低，使 8 管脚电压 $<\frac{2}{3}V_{DD}$，2 管脚电压 $<\frac{1}{3}V_{DD}$，触发器置 1，输出 u_O 为高电平，放电管 V 截止。随输入电压 u_I 的上升，当满足 $\frac{1}{3}V_{DD}<u_I<\frac{2}{3}V_{DD}$ 时，电路维持原态。当 $u_I\geqslant\frac{2}{3}V_{DD}$ 时，触发器置 0，输出 u_O 为低电平，放电管 V 导通，电路状态翻转。可见，该施密特触发器的正向阈值电压 $U_{T+}=\frac{2}{3}V_{DD}$。

当输入电压 $u_I>\frac{2}{3}V_{DD}$，经过一段时间后，逐渐开始下降，当 $\frac{1}{3}V_{DD}<u_I<\frac{2}{3}V_{DD}$ 时，电路仍维持不变的状态，输出 u_O 为低电平。当 $u_I\leqslant\frac{1}{3}V_{DD}$ 时，触发器置 1，输出 u_O 变为高电平，放电管 V 截止。可见，该电路负向阈值电压 $U_{T-}=\frac{1}{3}V_{DD}$，回差电压 $\Delta U=\frac{2}{3}V_{DD}-\frac{1}{3}V_{DD}=\frac{1}{3}V_{DD}$。

在以后的时间里，随着输入电压的反复变化，输出电压重复以上过程。其工作波形如图 6-20(b)所示。

另外，在控制端 5 管脚上外加一控制电压 U_{CO}，就能改变内部比较器的参考电压($U_{T+}=U_{CO}$，$U_{T-}=\frac{1}{2}U_{CO}$)，达到调节回差电压的目的。

第六节　实验与实训

——电子秒表的综合设计与制作

1. 实验目的

(1)通过对数字电路中基本 RS 触发器、单稳态触发器、时钟发生器及计数、译码显示等单元电路的综合应用，初步掌握数字电路应用设计的方法。

(2)学会如何对自己设计的电路进行安装和调试。

2. 实验器材

(1)双踪示波器:1 台。

(2)数字万用表:1 台。

(3)数字电子技术实验箱:1 套。

(4)关键器件:74LS00、555、74LS90、电位器、电阻、电容若干。

3. 实验预习要求

(1)复习数字电路中 RS 触发器、单稳态触发器、时钟发生器及计数器等部分内容。

(2)自行设计电子秒表的测试数据表格。熟悉实验原理，预习实验内容，了解所用关键集成电路的基本逻辑功能、电路结构及工作原理。

(3)完成电路设计，画出实验电路图，可以根据自己的设计进行改进，列出实验所需的元器件清单,并利用计算机与电路仿真软件进行仿真。

4. 实验原理

要设计一个电子秒表,首先应确定其基本功能,电子秒表的主要功能是计时,则其主体框架是一个计数电路。考虑到计数电路所需的输入秒脉冲,输入控制电路等,则需要添加基本 RS 触发器、单稳态触发器、时钟发生器电路和显示译码电路,可按功能分成 4 个单元电路,电路秒表电路原理图如图 6-21 为所示。

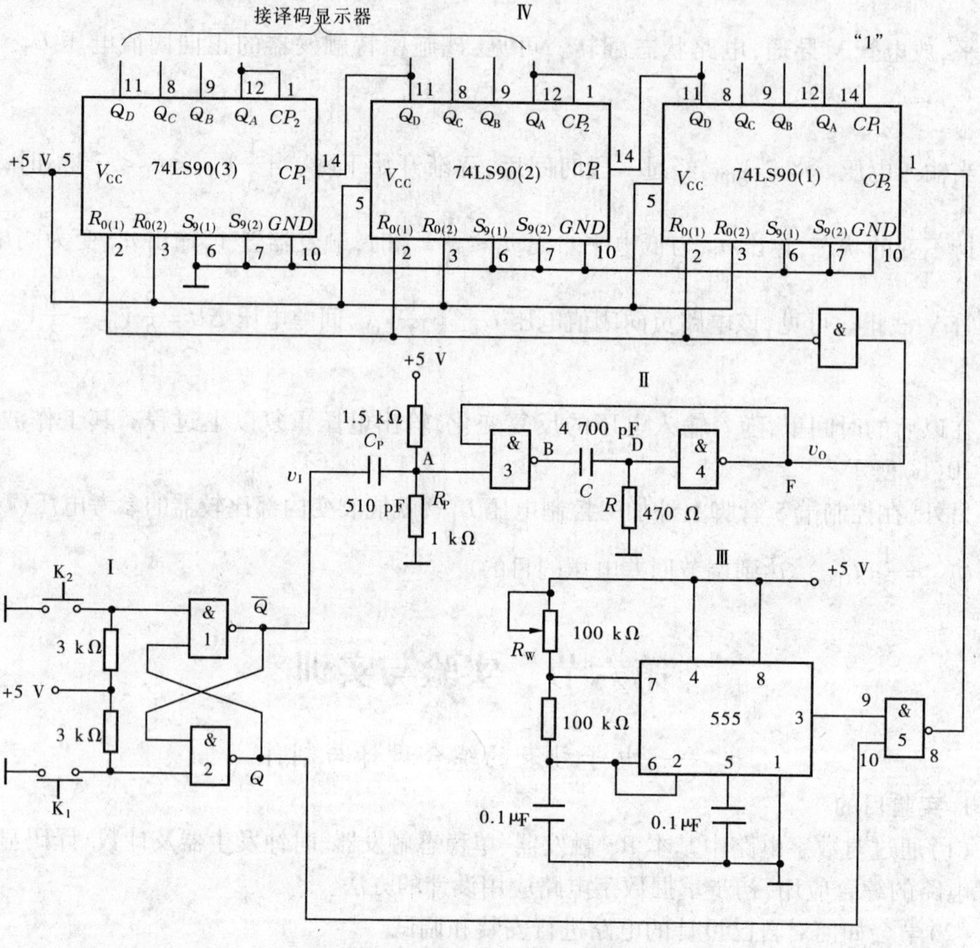

图 6-21　电子秒表电路原理图

1)基本 RS 触发器电路

在电子秒表中基本 RS 触发器的功能是启动和停止秒表。

图 6-21 中单元 Ⅰ 为用集成与非门构成的基本 RS 触发器。低电平触发,具有置位、复位功能。它的一路输出 $\overline{Q}$ 作为单稳态触发器的输入,另一路输出 Q 作为与非门 5 的输入控制信号。按动按钮开关 K_2(接地),则门 1 输出 $\overline{Q}=1$;门 2 输出 $Q=0$,K_2 复位后 Q、$\overline{Q}$ 状态保持不变。再按动按钮开关 K_1,则 Q 由 0 变为 1,门 5 开启,为计数器启动做好准备。$\overline{Q}$ 由 1 变 0,送出负脉冲,启动单稳态触发器工作。

2)单稳态触发器电路

在电子秒表中单稳态触发器的功能是为计数器提供清零信号。

图 6-21 中单元Ⅱ为用集成与非门构成的微分型单稳态触发器，图 6-22 为各点波形图。

单稳态触发器的输入触发负脉冲信号 v_I 由基本 RS 触发器 $\overline{Q}$ 端提供，输出负脉冲信号 v_O 通过非门加到计数器的清除端 R。静态时，门 4 应处于截止状态，故电阻 R 必须小于门的关门电阻 R_{off}。定时元件 R、C 取值不同，输出脉冲宽度也不同。当触发脉冲宽度小于输出脉冲宽度时，可以省去输入微分电路的 R_P 和 C_P。

3）时钟发生器电路

图 6-21 中单元Ⅲ为用 555 定时器构成的多谐振荡器，是一种性能较好的时钟源。该电路用于提供秒脉冲。这里要说明的问题是，555 定时器的定时元件是电阻和电容，普通器件误差较大，易受温度变化影响，对于对时间要求高的应用场合，其误差较大，且 555 定时器成本较高，所以在实际的秒表设计中一般用 32 KHz 晶振通过计数器（如 CD4060）分频获得精确的秒脉冲信号，而不采用 555 定时器。本次实验保证精度的方法是通过 555 定时器电路产生 50 Hz 的信号，然后通过计数器进行分频得到秒脉冲。

调节电位器 R_W，使在输出端 3 获得频率为 50 Hz 的矩形波信号，当基本 RS 触发器 $Q=1$ 时，门 5 开启，此时 50 Hz 脉冲信号通过门 5 作为计数脉冲加于计数器 1 的计数输入端 CP_2。

4）计数及译码显示

电子秒表的计数单元由加法计数器 74LS90 构成，如图 6-21 中单元Ⅳ所示。其中计数器 1 接成五进制形式，对频率为 50 Hz 的时钟脉冲进行五分频，在输出端 Q_D 取得周期为 0.1 s 的矩形脉冲，作为计数器 2 的时钟输入。计数器 2 及计数器 3 接成 8421 码十进制形式，其输出端与实验装置上译码显示单元的相应输入端连接，可显示 0.1 ~0.9 s；1 ~9.9 s 计时。

图 6-23 为 74LS90 引脚排列，表 6-2 为其功能表。

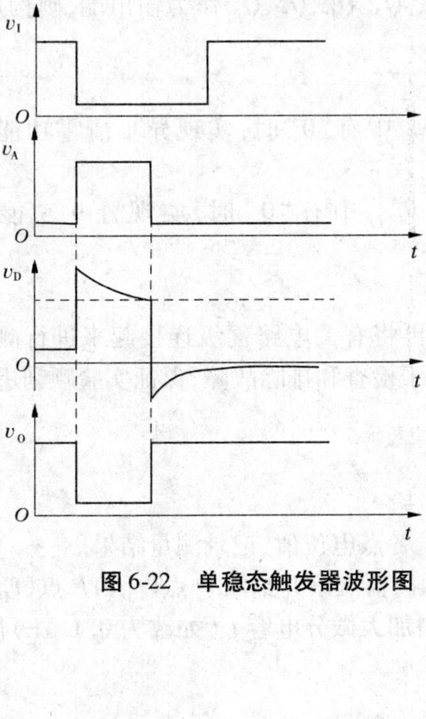

图 6-22　单稳态触发器波形图

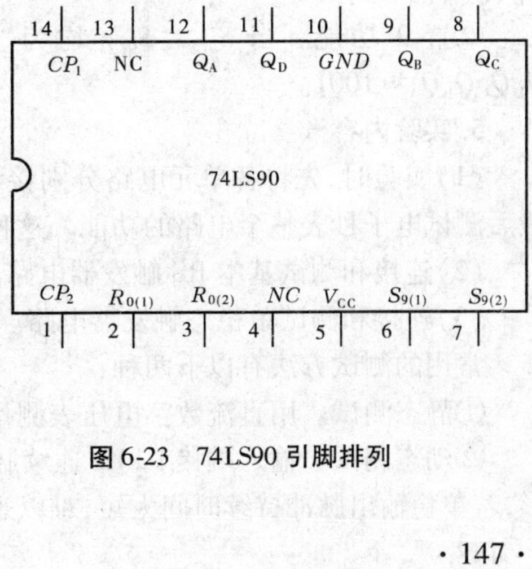

图 6-23　74LS90 引脚排列

表 6-2　加法计数器 74LS90 的功能表

<table>
<tr><th colspan="6">输入</th><th colspan="4">输出</th><th rowspan="3">功能</th></tr>
<tr><th colspan="2">清零</th><th colspan="2">置 9</th><th colspan="2">时钟</th><th rowspan="2">Q_D</th><th rowspan="2">Q_C</th><th rowspan="2">Q_B</th><th rowspan="2">Q_A</th></tr>
<tr><th>$R_{0(1)}$</th><th>$R_{0(2)}$</th><th>$S_{9(1)}$</th><th>$S_{9(2)}$</th><th>CP_1</th><th>CP_2</th></tr>
<tr><td>1</td><td>1</td><td>0
×</td><td>×
0</td><td>×</td><td>×</td><td>0</td><td>0</td><td>0</td><td>0</td><td>清零</td></tr>
<tr><td>0
×</td><td>×
0</td><td>1</td><td>1</td><td>×</td><td>×</td><td>1</td><td>0</td><td>0</td><td>1</td><td>置 9</td></tr>
<tr><td colspan="2" rowspan="5">0　×
×　0</td><td colspan="2" rowspan="5">0　×
×　0</td><td>↓</td><td>1</td><td colspan="4">Q_A 输出</td><td>二进制计数</td></tr>
<tr><td>1</td><td>↓</td><td colspan="4">$Q_DQ_CQ_B$ 输出</td><td>五进制计数</td></tr>
<tr><td>↓</td><td>Q_A</td><td colspan="4">$Q_DQ_CQ_BQ_A$ 输出
8421BCD 码</td><td>十进制计数</td></tr>
<tr><td>Q_D</td><td>↓</td><td colspan="4">$Q_AQ_DQ_CQ_B$ 输出
5421BCD 码</td><td>十进制计数</td></tr>
<tr><td>1</td><td>1</td><td colspan="4">不变</td><td>保持</td></tr>
</table>

通过不同的连接方式,74LS90 可以实现 4 种不同的逻辑功能;而且还可借助 $R_{0(1)}$、$R_{0(2)}$ 对计数器清零,借助 $S_{9(1)}$、$S_{9(2)}$ 将计数器置 9。其具体功能详述如下:

(1)计数脉冲从 CP_1 输入,Q_A 作为输出端,为二进制计数器。

(2)计数脉冲从 CP_2 输入,$Q_DQ_CQ_B$ 作为输出端,为异步五进制加法计数器。

(3)若将 CP_2 和 Q_A 相连,计数脉冲由 CP_1 输入,Q_D、Q_C、Q_B、Q_A 作为输出端,则构成异步 8421BCD 码十进制加法计数器。

(4)若将 CP_1 与 Q_D 相连,计数脉冲由 CP_2 输入,Q_A、Q_D、Q_C、Q_B 作为输出端,则构成异步 5421BCD 码十进制加法计数器。

(5)异步清零、置 9 功能。

①异步清零。当 $R_{0(1)}$、$R_{0(2)}$ 均为"1";$S_{9(1)}$、$S_{9(2)}$ 中有"0"时,实现异步清零功能,即 $Q_DQ_CQ_BQ_A=0000$。

②置 9 功能。当 $S_{9(1)}$、$S_{9(2)}$ 均为"1";$R_{0(1)}$、$R_{0(2)}$ 中有"0"时,实现置 9 功能,即 $Q_DQ_CQ_BQ_A=1001$。

5. 实验内容

(1)实验时,先将各单元电路分别接线和调试,再将有关电路逐级连接起来进行测试,最后测试电子秒表整个电路的功能。这种方法有利于检查和排除故障,保证实验顺利进行。

(2)连接和测试基本 RS 触发器电路。

(3)连接和测试单稳态触发器电路。

常用的测试方法有以下两种:

①静态测试。用直流数字电压表测量 A、B、D、F 各点电位值,记录测量结果。

②动态测试。输入端接 1 kHz 连续脉冲源,用示波器观察并描绘 D 点(v_D)、F 点(v_O)波形,若单稳输出脉冲持续时间太短,难以观察,可适当加大微分电容 C(如改为 0.1 μF)待测

试完毕，再恢复 4 700 pF。

(4)连接和测试时钟发生器电路。用示波器观察输出电压波形并测量其频率，调节 R_W，使输出矩形波频率为 50 Hz。

(5)连接和测试计数器电路。

①计数器 1 接成五进制形式，$R_{0(1)}$、$R_{0(2)}$、$S_{9(1)}$、$S_{9(2)}$ 接逻辑开关输出插口，CP_2 接单次脉冲源，CP_1 接高电平"1"，$Q_D \sim Q_A$ 接实验设备上译码显示输入端 D、C、B、A，按表 6-2 测试其逻辑功能。

②计数器 2 及计数器 3 接成 8421BCD 码十进制形式，同内容(1)进行逻辑功能测试。

③将计数器 1、2、3 级连，进行逻辑功能测试。

(6)电子秒表的整体测试。

各单元电路测试正常后，按图 6-21 把几个单元电路连接起来，进行电子秒表的总体测试。先按一下按钮开关 K_2，此时电子秒表不工作，再按一下按钮开关 K_1，则计数器清零后便开始计时，观察数码管显示计数情况是否正常，如不需要计时或暂停计时，按一下开关 K_2，计时立即停止，但数码管保留所计时之值。

(7)测试电子秒表准确度。用一个准确的电子钟表，对实验构成的电子秒表进行 12 小时测试，计算其误差。

6. 思考题

(1)分析调试中发现的问题及故障排除方法。

(2)重新用晶振设计一个时钟发生器电路并分析其原理。

7. 实验报告要求

(1)画出电子秒表的电路图，填写所设计的数据表格。

(2)写所设计电路的实验原理。

(3)回答思考题。

本章小结

在这一章里我们介绍了用于产生矩形脉冲的各种电路。其中一类是脉冲整形电路，它们虽然不能自动产生脉冲信号，但能把其他形状的周期性信号变换为所要求的矩形脉冲信号，达到整形的目的。

施密特触发器和单稳态触发器是最常用的两种整形电路。因为施密特触发器输出的高、低电平随输入信号的电平改变，所以输出脉冲的宽度是由输入信号决定的。由于它的滞回特性和输出电平转换过程中正反馈的作用，所以输出电压波形的边沿得到明显的改善。单稳态触发器输出信号的宽度则完全由电路参数决定，与输入信号无关。输入信号只起触发作用。因此，单稳态触发器可以用于产生固定宽度的脉冲。

另一类是自激的脉冲振荡器，如多谐振荡器，它们不需要外加输入信号，只要接通供电电源，就自动产生矩形脉冲信号。

555 定时器是一种将模拟电路和数字电路集成于一体的电子器件，是一种使用方便、灵活的集成电路。通过外部电路的适当连接，555 定时器可以构成单稳态触发器、多谐振荡器和施密特触发器等多种电路。555 定时器在工业控制、定时、检测、报警等方面有广泛应用。

习 题

6-1　555 定时器由哪几部分组成？各部分功能是什么？

6-2　由 555 定时器组成的施密特触发器具有回差特性，回差电压 ΔU_T 的大小对电路有何影响，怎样调节？当 $U_{DD}=12$ V 时，U_{T+}、U_{T-}、ΔU_T 各为多少？当控制端 C－U 外接 8 V 电压时，U_{T+}、U_{T-}、ΔU_T 各为多少？

6-3　电路如图 6-24(a)所示，若输入信号 u_I 如图 6-24(b)所示，请画出 u_O 的波形。

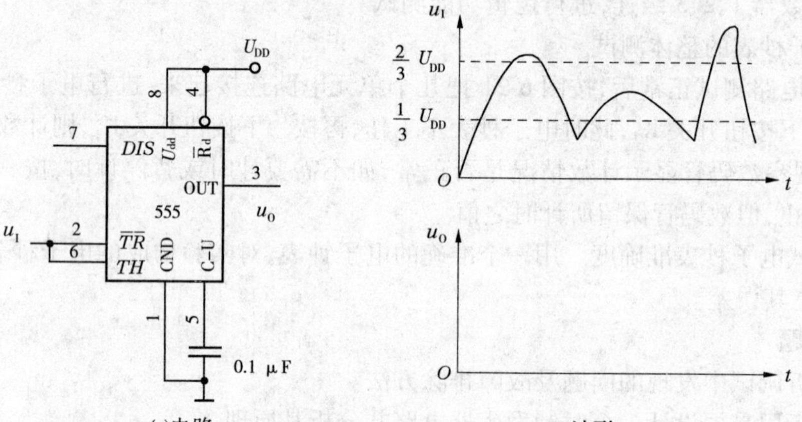

(a)电路　　(b)波形

图 6-24　题 6-3 图

6-4　由 555 定时器构成的多谐波发生器如图 6-18(a)所示，若 $V_{DD}=9$ V，$R_1=10$ kΩ，$R_2=2$ kΩ，$C=0.3$ μF，试计算电路的振荡频率及占空比。

6-5　如要改变由 555 定时器组成的单稳态触发器的脉宽，可以采取哪些方法？

6-6　由 555 定时器构成的单稳态触发器如图 6-19(a)所示，若 $V_{DD}=12$ V，$R=10$ kΩ，$C=0.1$ μF，试求脉冲宽度 t_w。

6-7　如图 6-25 所示，这是一个根据周围光线强弱可自动控制 VB 亮、灭的电路，其中 VT 是光敏三极管，有光照时导通，有较大的集电极电流，光暗时截止，试分析电路的工作原理。

6-8　如图 6-26 所示，电路工作时能够发出“呜呜”间歇声响，试分析电路的工作原理。

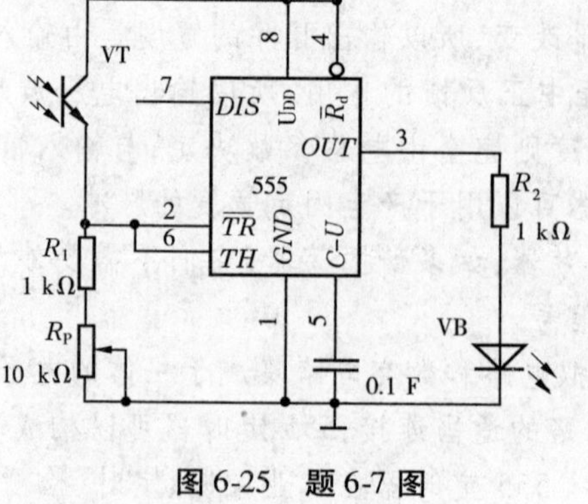

图 6-25　题 6-7 图

$R_{1A}=100\ \text{k}\Omega, R_{2A}=390\ \text{k}\Omega, C_A=10\ \mu\text{F}, R_{1B}=100\ \text{k}\Omega, R_{2B}=620\ \text{k}\Omega, C_B=1\ 000\ \text{pF}$，则 f_A、f_B 分别为多少？定性画出 u_{O1}、u_{O2} 的波形图。

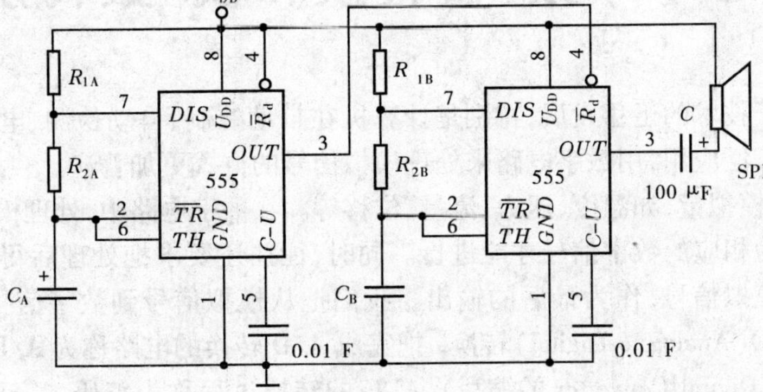

图 6-26　题 6-8 图

第七章　数/模转换和模/数转换

随着数字电子技术的迅猛发展,特别是计算机在自动控制、自动检测、电子信息处理及许多其他领域的广泛应用,用数字电路来处理模拟信号的方式更加普遍。

模拟信号,即模拟量,如温度、压力、流量、位移等。在数字电路中,处理模拟量必须首先把模拟信号转换为相应的数字信号才能进行。同时,往往还要求把处理后得到的数字信号再转化成相应的模拟信号,作为最后的输出。我们把从模拟信号到数字信号的转换,称为模/数转换,或 A/D(Analog to Digital)转换,把完成 A/D 转换的电路称为 A/D 转换器(简称 ADC,即 Analog to Digital Converter 的缩写),ADC 的转换过程称为编码。完成 D/A 转换的电路称为 D/A 转换器(简称 DAC,即 Digital to Analog Converter 的缩写),DAC 的转换过程称为解码。

例如,用计算机对粉状货物(如水泥、面粉)和颗粒状货物进行称重的包装系统,如图 7-1 所示。

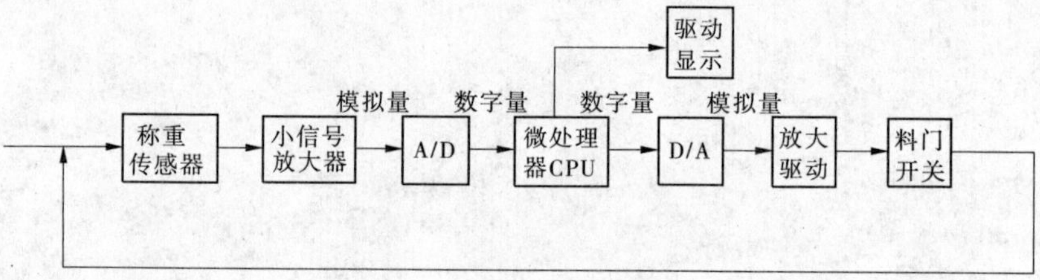

图 7-1　电脑包装系统框图

为了确保数据处理的准确性,A/D 转换器和 D/A 转换器必须有足够的转换精度。同时,为了适应快速过程的控制和检测的需要,A/D 转换器和 D/A 转换器必须有足够的转换速度。

按结构划分,ADC 和 DAC 可分为三大类:第一类是单片集成的,它是 ADC 和 DAC 的主流产品,这一类转换器的特点是通用性强,可靠性高,成本也较低,已形成系列化,但单片式 ADC 和 DAC 器件频带宽度有限制,影响转换速度和精度,至多能达到 16 位精度的水平;第二类是混合集成式的,这类转换器可以根据转换精度和速度的要求,在集成芯片外的陶瓷基片上制造与之匹配的电阻网络,使得混合式集成芯片在转换精度和速度上大大优于单片式芯片;第三类是模块结构式的,这一类转换器实际上是一个功能完整的最小数字系统。

第一节　数/模转换器(DAC)

由于 D/A 转换器的工作原理比 A/D 转换器的工作原理简单,且在 A/D 转换器中往往要用 D/A 转换器作它的反馈电路,因此我们先介绍 D/A 转换器。数/模转换器(即 DAC)是数字系统和模拟系统的接口,它将输入的二进制代码转换为相应的模拟电压输出。数/模转换有多种方法,如权电流法、权电阻法、T 型 R－2R 网络法等。

一、权电阻网络 D/A 转换电路

(一)电路组成

四位权电阻网络 D/A 转换电路，如图 7-2 所示，由求和运算放大器、基准电压 V_{REF}、权电阻网络和电子模拟开关 $S_0 \sim S_3$ 等四部分组成。

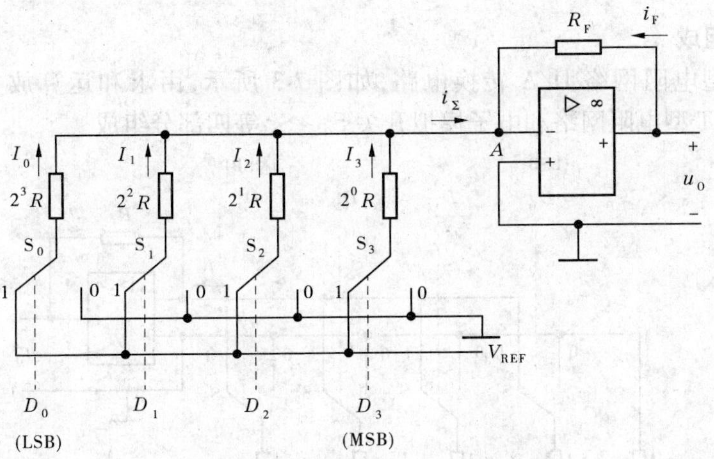

图 7-2　四位权电阻网络 D/A 转换电器

(二)工作原理

数字量是用代码按数位组合而成的。对于有权码，每位代码都有一定的权值，如能将每一位代码按其权值的大小转换成相应的模拟量，再将这些模拟量相加，即可得到与数字量成正比的模拟量，这样就可以实现数字量与模拟量间的转换。

在四位权电阻网络 D/A 转换电路中，当电子开关 $S_0 \sim S_3$ 都接 1 端时，流入求和运算放大器反相输入端 A 的总电流为

$$\begin{aligned}\sum I &= I_3 + I_2 + I_1 + I_0 \\ &= \frac{U_{REF}}{2^0R}D_3 + \frac{U_{REF}}{2^1R}D_2 + \frac{U_{REF}}{2^2R}D_1 + \frac{U_{REF}}{2^3R}D_0 \\ &= \frac{U_{REF}}{2^3R}(2^3D_3 + 2^2D_2 + 2^1D_1 + 2^0D_0) \\ &= \frac{U_{REF}}{2^3R}\sum_{i=0}^{3}D_i2^i\end{aligned}$$

又由于

$$\sum I = -i_F$$

于是运算放大器的输出电压 u_O 为

$$u_O = -\sum I \cdot R_F = -R_F \cdot \frac{U_{REF}}{2^3R}\sum_{i=0}^{3}D_i2^i \qquad (7\text{-}1)$$

对于 n 位权电阻 D/A 转换器，则有

$$u_O = \sum I \cdot R_F = -R_F\frac{U_{REF}}{2^{n-1}R}\sum_{i=0}^{n-1}D_i2^i \qquad (7\text{-}2)$$

权电阻网络 D/A 转换器的优点：电路简单，转换速度比较快。

权电阻网络 D/A 转换器的缺点：各个电阻的阻值相差很大，而且随着输入二进制代码位数的增多，电阻的差值也随之增加，难以保证电阻阻值精度的要求，这既不利于电路的集成化，又给电路的转换精度带来严重的影响。

二、R－2R 倒 T 型电阻网络 D/A 转换电路

（一）电路组成

四位倒 T 型电阻网络 D/A 转换电路，如图 7-3 所示，由求和运算放大器、基准电压 V_{REF}、R－2R 倒 T 型电阻网络和电子模拟开关 $S_0 \sim S_3$ 等四部分组成。

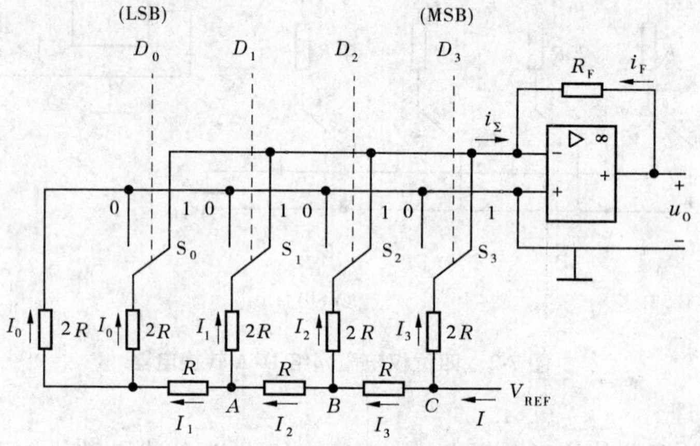

图 7-3　四位倒 T 型电阻网络 D/A 转换电路

（二）工作原理

四位倒 T 型电阻网络 D/A 转换的等效电路如图 7-4 所示。

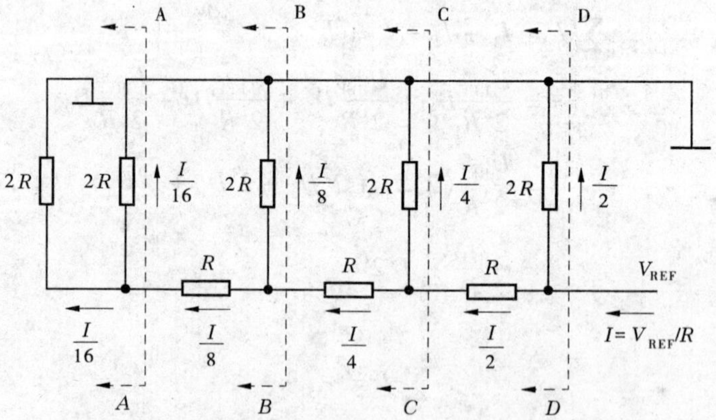

图 7-4　四位倒 T 型电阻网络 D/A 转换的等效电路

从数字量高位 D_3 至低位 D_0 的电流分别为

$$I_3 = \frac{I}{2},\quad I_2 = \frac{I}{4},\quad I_1 = \frac{I}{8},\quad I_0 = \frac{I}{16}$$

因此，流入求和运算放大器的输入电流分别为

$$\begin{aligned}\sum I &= \frac{I}{2}D_3 + \frac{I}{4}D_2 + \frac{I}{8}D_1 + \frac{I}{16}D_0 \\ &= \frac{I}{2^4}(2^3D_3 + 2^2D_2 + 2^1D_1 + 2^0D_0) \\ &= \frac{U_{REF}}{2^4R}(2^3D_3 + 2^2D_2 + 2^1D_1 + 2^0D_0)\end{aligned} \tag{7-3}$$

所以,运算放大器原输出电压 u_O 为

$$\begin{aligned}u_O &= -\sum I \cdot R_F \\ &= R_F\frac{U_{REF}}{2^4R}(2^3D_3 + 2^2D_2 + 2^1D_1 + 2^0D_0)\end{aligned} \tag{7-4}$$

对于 n 位倒 T 型电阻网络 D/A 转换器的输出电压 u_O 为

$$u_O = -R_F\frac{U_{REF}}{2^4R}(2^{n-1}D_{n-1} + 2^{n-2}D_{n-2} + \cdots + 2^1D_1 + 2^0D_0) \tag{7-5}$$

三、D/A 转换器的主要技术参数

(一)转换精度

在 D/A 器中通常用分辨率和转换误差来描述转换精度。

1. 分辨率

其定义为 D/A 转换器模拟输出电压可能被分离的等级数。实际应用中往往用输入数字量的位数表示 D/A 转换器的分辨率。

D/A 转换器的分辨率也定义为电路所能分辨的最小输出电压 U_{LSB} 与最大输出电压 U_m 之比来表示，则 n 位 D/A 转换器的分辨率可表示为

$$分辨率 = \frac{U_{LSB}}{U_m} = \frac{-\dfrac{V_{REF}}{2^n}}{-\dfrac{V_{REF}}{2^n}(2^n-1)} = \frac{1}{2^n-1} \tag{7-6}$$

上式说明,输入数字代码的位数 n 越多,分辨率越小,分辨能力越高。

例如,某 8 位的 DAC,基准电压为 10 V,求分辨率。通常分辨率用字母 S 来表示。

$$S = \frac{1}{2^8-1} = \frac{1}{255}$$

2. 转换误差

转换误差是指 D/A 转换器实际精度与理论上可达到的精度之间存在的最大偏差。产生原因是由于 D/A 转换器中各元件参数值存在误差,如基准电压不够稳定或运算放大器的零漂等各种因素的影响。转换误差有比例系数误差、失调误差和非线性误差等几种。

对于上例 D/A 转换器,若基准电压为 10 V,则最小输出电压为 $\frac{1}{255}\times 10 \approx 0.039(\text{V}) \approx$ 39 mV,如果给出转换误差 $\lambda = \frac{1}{2}U_{LSB}$,则意味着最大的转换偏差不超过 19.5 mV。

(二)转换速度

D/A 转换器的转换速度有两种衡量方法。

1. 建立时间 t_{set}

建立时间 t_{set} 是指在输入数字量各位由全 0 变为全 1，或由全 1 变为全 0，输出电压达到某一规定值（例如最小值取 $\frac{1}{2}U_{LSB}$ 或满度值的 0.01%）所需要的时间。目前，在内部只含有解码网络和模拟开关的单片集成 D/A 转换器中，$t_{set} \leqslant 0.1\ \mu s$；在内部还包含有基准电源和求和运算放大器的集成 D/A 转换器中，最短的建立时间在 1.5 μs 左右。

2. 转换速率 S_R

转换速率 S_R 是指在大信号工作时，即输入数字量的各位由全 0 变为全 1，或由全 1 变为 0 时，输出电压 u_O 的变化率。这个参数与运算放大器的压摆率类似。

第二节　模/数转换器(ADC)

一、A/D 转换器的基本概念

A/D 转换器的功能是将输入的模拟电压转换为输出的数字信号，即将模拟量转换成与其成比例的数字量。一个完整的 A/D 转换过程必须包括采样、保持、量化、编码等四部分电路。在具体实施时，常把这四个步骤合并进行。例如，采样和保持是利用同一电路连续完成的；量化和编码是在转换过程中同步实现的，而且所用的时间又是保持的一部分。

（一）采样定理

如图 7-5 是某一输入模拟信号经采样后得出的波形。为了保证能从采样信号中将原信号恢复，必须满足条件

$$f_s \geqslant 2f_{i(\max)} \tag{7-7}$$

式中　f_s——采样频率；

$f_{i(\max)}$——信号 u_i 中最高次谐波分量的频率。

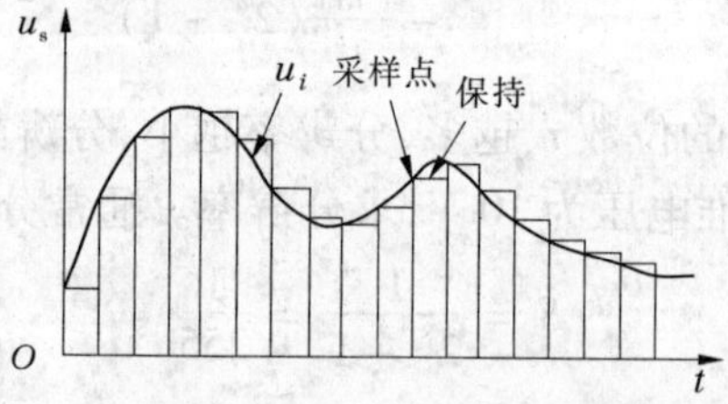

图 7-5　模拟信号采样

式(7-7)所示关系称为采样定理。

A/D 转换器工作时的采样频率必须大于等于式(7-7)所规定的频率。采样频率越高，留给每次进行转换的时间就越短，这就要求 A/D 转换电路必须具有更高的工作速度。因此，采样频率通常取 $f_s=(3\sim5)f_{i(\max)}$，能满足要求。

图 7-6 所示的是一个实际的采样保持电路 LF198 的电路结构图。图中 A_1、A_2 是两个运算放大器，S 是模拟开关，L 是控制 S 状态的逻辑单元电路。采样时令 $u_L=1$，S 随之闭合。A_1、A_2 接成单位增益的电压跟随器，故 $u_O = u_O' = u_I$。同时，u_O' 通过 R_2 对外接电容 C_h 充电，使 $u_{ch}=u_I$。因电压跟随器的输出电阻十分小，故对 C_h 充电很快结束。当 $u_L=0$ 时，S 断开，采样

结束，由于 u_{ch} 无放电通路，其电压值基本不变，故使 u_O 得以将采样所得结果保持下来。

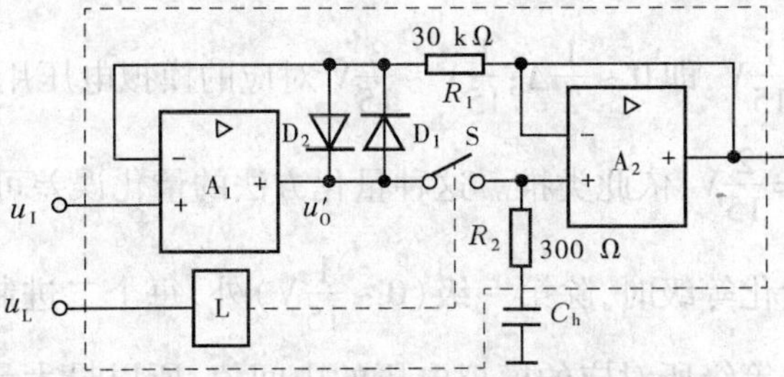

图 7-6　采样保持电路 LF198 的电路结构

图中还有一个由二极管 D_1、D_2 组成的保护电路。在没有 D_1 和 D_2 的情况下，如果在 S 再次接通以前 u_I 变化了，则 u'_O的变化可能很大，以致使 A_1 的输出进入非线性区，u'_O与 u_I 不再保持线性关系，并使开关电路有可能承受过高的电压。接入 D_1 和 D_2 以后，当 u'_O比 u_O 所保持的电压高出一个二极管的正向压降时，D_1 将导通，u'_O被钳位于 u_I+U_{D1}（其中 U_{D1} 表示二极管 D_1 的正向导通压降）。当 u'_O比 u_O 低一个二极管的压降时，将 u'_O钳位于 u_I-U_{D2}。在 S 接通的情况下，因为 $u'_O \approx u_O$，所以 D_1 和 D_2 都不导通，保护电路不起作用。

（二）量化与编码

为了使采样得到的离散的模拟量与 n 位二进制码的 2^n 个数字量一一对应，还必须将采样后离散的模拟量归并到 2^n 个离散电平中的某一个电平上，这一过程称为量化。量化后的值再按数制要求进行编码，以作为转换完成后输出的数字代码。量化和编码是所有 A/D 转换器不可缺少的核心部分之一。

数字信号具有在时间上离散和幅度上断续变化的特点。这就是说，在进行 A/D 转换时，任何一个被采样的模拟量只能表示成某个规定最小数量单位的整数倍，所取的最小数量单位叫做量化单位，用 Δ 表示。若数字信号最低有效位用 LSB 表示，1LSB 所代表的数量大小就等于 Δ，即模拟量量化后的一个最小分度值。把量化的结果用二进制码，或是其他数制的代码表示出来，称为编码。

这些代码就是 A/D 转换的结果。既然模拟电压是连续的，那么它就不一定是 Δ 的整数倍，在数值上只能取接近的整数倍，因而量化过程不可避免地会引入误差。这种误差称为量化误差。将模拟电压信号划分为不同的量化等级时通常有以下两种方法，如图 7-7 所示，它们的量化误差相差较大。

图 7-7（a）的量化结果误差较大，例如把 0 ~ 1 V 的模拟电压转换成 3 位二进制代码，取最小量化单位 $\Delta=\frac{1}{8}$V，并规定凡是模拟量数值在 0 ~ $\frac{1}{8}$V 时，都用 0Δ 来替代，用二进制数 000 来表示；凡数值在$\frac{1}{8}$V ~ $\frac{2}{8}$V 的模拟电压都用 1Δ 代替，用二进制数 001 表示等。这种量化方法带来的最大量化误差可能达到 Δ，即$\frac{1}{8}$V。若用 n 位二进制数编码，则所带来的最大量化误差为 $\frac{1}{2^n}$V 。

为了减小量化误差，通常采用图 7-7（b）所示的改进方法来划分量化电平。在划分量化电平时，基本上是取第一种方法Δ的1/2，在此取量化单位$\Delta=\frac{2}{15}$V。将输出代码000对应的模拟电压范围定为$0\sim\frac{1}{15}$V，即$0\sim\frac{1}{2}\Delta$；$\frac{1}{15}$V～$\frac{3}{15}$V对应的模拟电压用代码用001表示，对应模拟电压中心值为$1\Delta=\frac{2}{15}$V，依此类推。这种量化方法的量化误差可减小到$\frac{1}{2}\Delta$，即$\frac{1}{15}$V。这是因为在划分的各个量化等级时，除第一级（$0\sim\frac{1}{15}$V）外，每个二进制代码所代表的模拟电压值都归并到它的量化等级所对应的模拟电压的中间值，所以最大量化误差自然不会超过$\frac{1}{2}\Delta$。

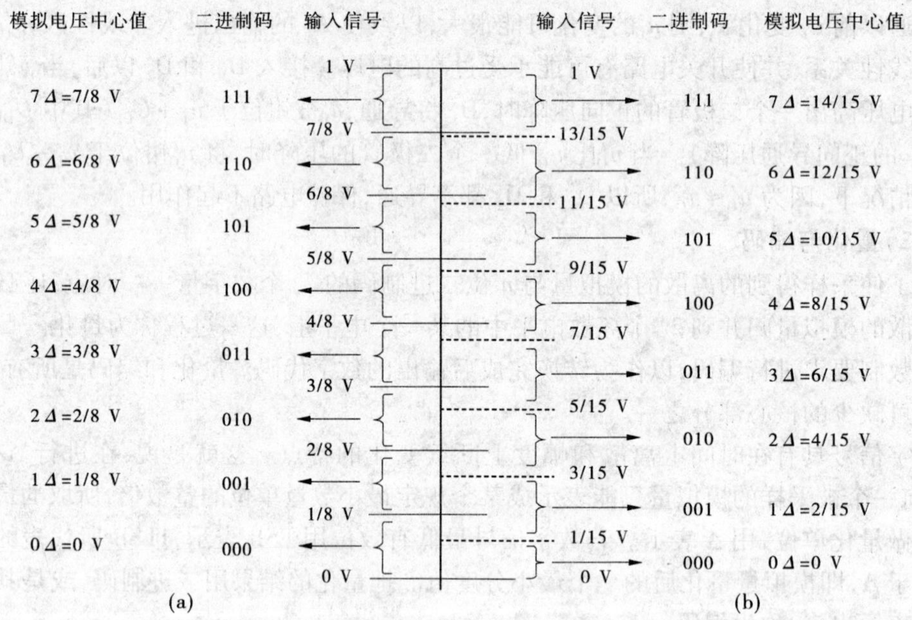

图7-7 划分量化电平的两种方法

（三）A/D转换器的分类

按转换过程，A/D转换器可大致分为直接型A/D转换器和间接型A/D转换器。直接型A/D转换器能把输入的模拟电压直接转换为输出的数字代码，而不需要经过中间变量。常用的电路有并行比较型和反馈比较型两种。

间接型A/D转换器是把待转换的输入模拟电压先转换为一个中间变量，例如时间T或频率F，然后再对中间变量量化编码，得出转换结果。A/D转换器的大致分类如下所示。

- A/D转换器
  - 直接型
    - 并行比较型
    - 反馈比较型
      - 计数型
      - 逐次逼近型
  - 间接型
    - 电压－时间型（VT）型——双积分型
    - 电压－频率型（VF）型

二、并行比较型 A/D 转换器

三位并行比较型 A/D 转换器原理电路如图 7-8 所示。它由电阻分压器、电压比较器、寄存器及编码器组成。图中的八个电阻将参考电压 V_{REF} 分成八个等级，其中七个等级的电压分别作为七个比较器 $C_1 \sim C_7$ 的参考电压，其数值分别为 $V_{REF}/15$、$3V_{REF}/15$、…、$13V_{REF}/15$。输入电压为 u_I，它的大小决定各比较器的输出状态。例如，当 $0 \leqslant u_I < (V_{REF}/15)$ 时，比较器$C_1 \sim C_7$的输出状态都为 0；当$(3V_{REF}/15) < u_I < (5V_{REF}/15)$时，比较器 C_1 和 C_2 的输出 $C_{O1} = C_{O2} = 1$，其余各比较器输出状态都为 0。根据各比较器的参考电压值，可以确定输入模拟电压值与各比较器输出状态的关系。比较器的输出状态由 D 触发器存储，CP 作用后，触发器的输出状态 $Q_7 \sim Q_1$ 与对应的比较器的输出状态 $C_{O7} \sim C_{O1}$ 相同。经代码转换网络（优先编码器）输出数字量 $D_2D_1D_0$。优先编码器优先级别最高是 Q_7，最低是 Q_1。

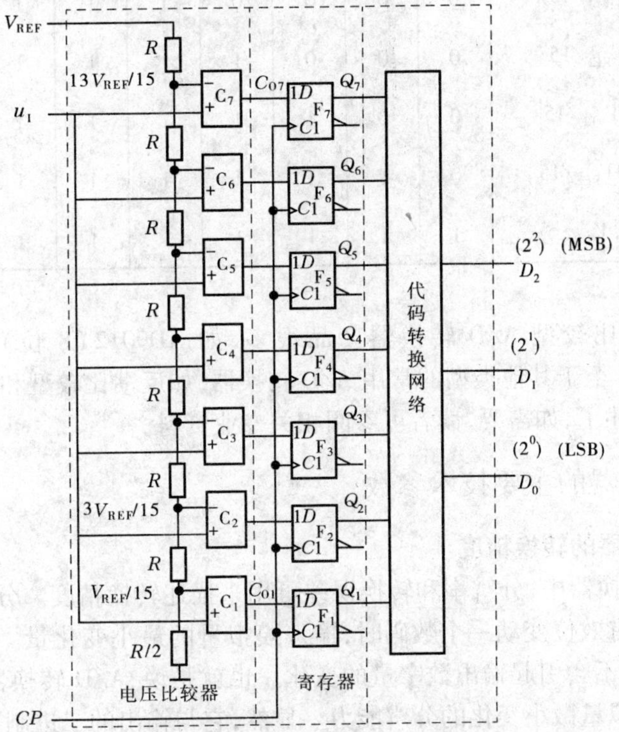

图 7-8　三位并行比较型 A/D 转换器

设 u_I 变化范围是 $0 \sim V_{REF}$，输出 3 位数字量为 D_2、D_1、D_0，三位并行比较型 A/D 转换器的输入、输出关系如表 7-1 所示。通过观察此表，可确定代码转换网络输出、输入之间的逻辑关系如下所示：

$$D_2 = Q_4$$

$$D_1 = Q_6 + \overline{Q}_4 Q_2$$

$$D_0 = Q_7 + \overline{Q}_6 Q_5 + \overline{Q}_4 Q_3 + \overline{Q}_2 Q_1$$

在并行比较型 A/D 转换器中，输入电压 u_I 同时加到所有比较器的输出端，从 u_I 加入经比较器、D 触发器和编码器的延迟后，可得到稳定的输出。如不考虑上述器件的延迟，可认为输出的数字量是与 u_I 输入时刻同时获得的。并行 A/D 转换器的优点是转换时间短，可少到几十纳秒，其特点是所用的元器件较多，如一个 n 位转换器，所用的比较器的个数为 2^n-1 个。

表 7-1 三位并行比较型 A/D 转换器的输入、输出关系

模拟量输出	比较器输出状态							数字输出		
	C_{07}	C_{06}	C_{05}	C_{04}	C_{03}	C_{02}	C_{01}	D_2	D_1	D_0
$0 \leqslant u_I < V_{REF}/15$	0	0	0	0	0	0	0	0	0	0
$V_{REF}/15 \leqslant u_I < 3V_{REF}/15$	0	0	0	0	0	0	1	0	0	1
$3V_{REF}/15 \leqslant u_I < 5V_{REF}/15$	0	0	0	0	0	1	1	0	1	0
$5V_{REF}/15 \leqslant u_I < 7V_{REF}/15$	0	0	0	0	1	1	1	0	1	1
$7V_{REF}/15 \leqslant u_I < 9V_{REF}/15$	0	0	0	1	1	1	1	1	0	0
$9V_{REF}/15 \leqslant u_I < 11V_{REF}/15$	0	0	1	1	1	1	1	1	0	1
$11V_{REF}/15 \leqslant u_I < 13V_{REF}/15$	0	1	1	1	1	1	1	1	1	0
$13V_{REF}/15 \leqslant u_I < V_{REF}$	1	1	1	1	1	1	1	1	1	1

单片集成并行比较型 A/D 转换器产品很多，如 AD9012（8 位）、AD9002（8 位）和 AD9020（10 位）等。至于其他类型的常用 A/D 转换器，如反馈比较型和间接型 A/D 转换器在这里就不再多叙述了，如需要，读者可参阅相关专业资料。

三、A/D 转换器的主要技术参数

（一）A/D 转换器的转换精度

在单片 A/D 转换器中，分辨率和转换误差可用来描述转换精度。分辨率是指引起输出二进制数字量最低有效位变动一个数码时，输入模拟量的最小变化量。小于此最小变化量的输入模拟电压，将不会引起输出数字量的变化。也就是说，A/D 转换器的分辨率，实际上反映了它对输入模拟量微小变化的分辨能力。显然，它与输出的二进制数的位数有关，输出二进制数的位数越多，分辨率越小，分辨能力越高。但超出了 A/D 转换器分辨率的极限值，再增加位数，也不会提高分辨率。

转换误差通常以相对误差的形式给出，它表示 A/D 转换器实际输出的数字量与理想输出的数字量之间的差别，并用最低有效位 LSB 的倍数来表示。

（二）转换时间

转换时间表示完成一次从模拟量到数字量之间的转换所需要的时间，它反映了 A/D 转换器的转换速度。例如，逐次比较型的 AD0801～0803、0808～0809 的转换时间为 100 μs；AD571 为 25 μs；AD574 为 35 μs；AD578 为 μs。双积分 A/D 转换器的转换时间一般在几十至一二百毫秒。

此外，还有电源抑制量化误差、偏移误差、功率损耗等指标，不再一一介绍。

第三节　实验与实训

——D/A、A/D 转换器的研究与设计

1. 实验目的

(1)了解 D/A 和 A/D 转换器的基本工作原理和基本结构。

(2)掌握大规模集成 D/A 和 A/D 转换器的功能及其典型应用。

2. 实验设备及器件

(1)双踪示波器:1 台。

(2)直流数字电压表:1 台。

(3)数字电路实验箱:1 台。

(4)DAC0832、ADC0809、μA741、电位器、电阻、电容若干。

3. 实验预习要求

(1)复习 A/D、D/A 转换的工作原理。

(2)熟悉 ADC0809、DAC0832 各引脚功能、使用方法。

(3)绘好完整的实验线路和所需的实验记录表格。

(4)拟定各个实验内容的具体实验方案。

4. 实验原理

在现代电子设备中,单纯的模拟系统和数字系统是越来越少了,取而代之的是模 - 数混合电子系统,其性能更好,功能更强大且使用也更方便。故很多应用场合往往需要把模拟量转换为数字量,称为模/数转换(A/D 转换器,简称 ADC);或把数字量转换成模拟量,称为数/模转换(D/A 转换器,简称 DAC)。完成这种转换的线路有多种,特别是单片大规模集成 A/D、D/A 转换器问世,为实现上述的转换提供了极大的方便。使用者可借助于手册提供的器件查阅性能指标及典型应用电路,即可正确使用这些器件。

1)D/A 转换器 DAC0832

本实验将采用大规模集成电路 DAC0832 实现 D/A 转换,ADC0809 实现 A/D 转换。DAC0832 是采用 CMOS 工艺制成的单片电流输出型 8 位数/模转换器。图 7-9 是 DAC0832 逻辑框图及引脚排列。

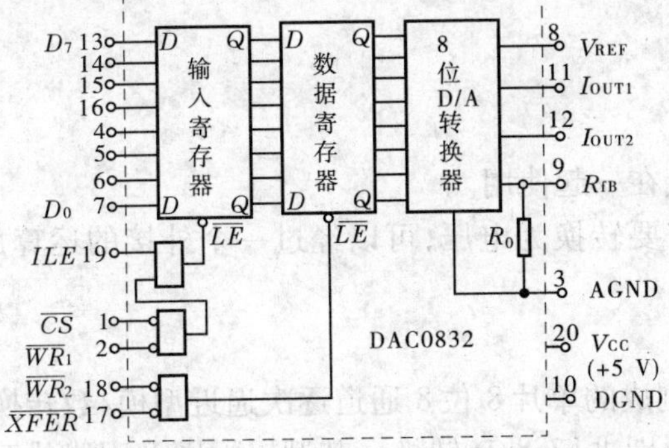

(a)逻辑框图

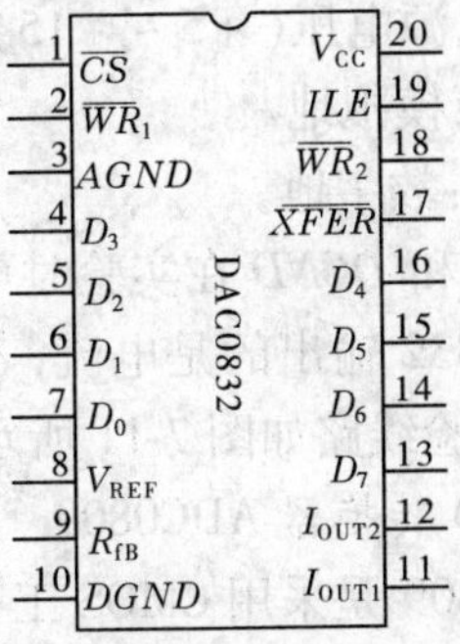

(b)引脚排列图

图 7-9　DAC0832 单片 D/A 转换器逻辑框图和引脚排列图

DAC0832 器件的核心部分采用倒 T 型电阻网络的 8 位 D/A 转换电路，如图 7-10 所示。它是由倒 T 型 R－2R 电阻网络、模拟开关、运算放大器和参考电压 V_{REF} 等四部分组成。

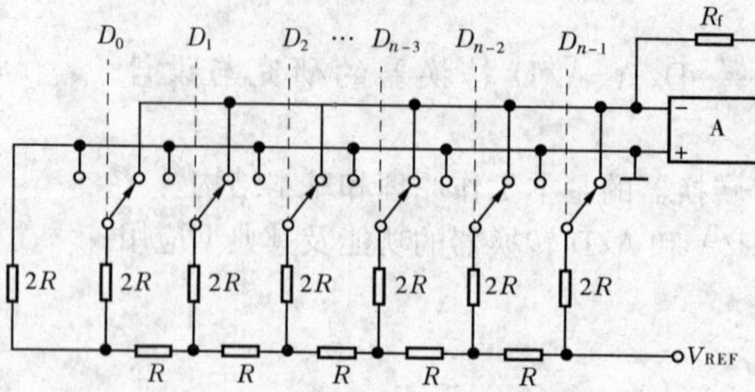

图 7-10　倒 T 型电阻网络 D/A 转换电路

运算放大器的输出为

$$V_O = \frac{V_{REF}R_f}{2^n R}(D_{n-1} \times 2^{n-1} + D_{n-1} \times 2^{n-1} + \cdots + D_0 \times 2^0)$$

由上式可见，输出电压 V_O 与输入的数字量成正比，这就实现了从数字量到模拟量的转换。

一个 8 位的 D/A 转换器，它有 8 个输入端，每个输入端是 8 位二进制数的一位，有一个模拟输出端，输入可有 $2^8=256$ 个不同的二进制组态，输出为 256 个电压之一，即输出电压不是整个电压范围内任意值，而只能是 256 个可能值。

DAC0832 的引脚功能说明如下。

$D_0 \sim D_7$：数字信号输入端。

ILE：输入寄存器允许，高电平有效。

$\overline{CS}$：片选信号，低电平有效。

$\overline{WR_1}$：写信号 1，低电平有效。

$\overline{XFER}$：传送控制信号，低电平有效。

$\overline{WR_2}$：写信号 2，低电平有效。

I_{OUT1}，I_{OUT2}：DAC 电流输出端。

R_{fB}：反馈电阻，是集成在片内的外接运放的反馈电阻。

V_{REF}：基准电压（$-10 \sim +10$）V。

V_{CC}：电源电压（$+5 \sim +15$）V。

$AGND$：模拟地。

$DGND$：数字地。

$AGND$ 和 $DGND$ 在实验时可接在一起使用。

DAC0832 输出的是电流，若需要转换为电压，可以经过一个外接的运算放大器来实现转换，其实验线路如图 7-11 所示。

2）A/D 转换器 ADC0809

ADC0809 是采用 CMOS 工艺制成的单片 8 位 8 通道逐次逼近型模/数转换器，它可以接收多达 8 个通道采集的模拟信号分别进行 A/D 转换。其逻辑框图及引脚排列如图 7-12 所示。器件的核心部分是 8 位 A/D 转换器，它由比较器、逐次逼进寄存器、D/A 转换器及控制器和定时器等五部分组成。

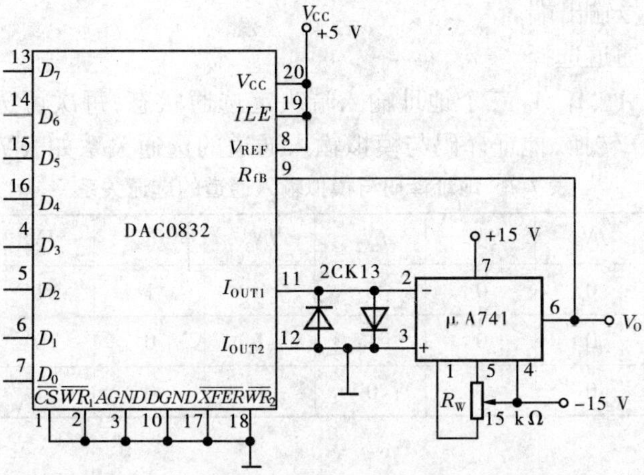

图 7-11　DAC0832 将输出转为电压的转换电路

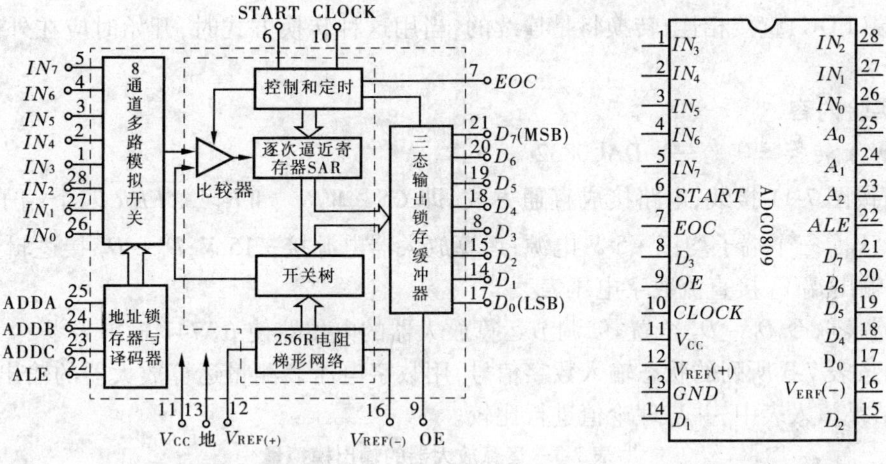

(a)逻辑框图　(b)引脚排列图

图 7-12　ADC0809 转换器逻辑框图及引脚排列

ADC0809 的引脚功能说明如下：

$IN_0 \sim IN_7$:8 路模拟信号输入端。

A_2、A_1、A_0:地址输入端。

ALE:地址锁存允许输入信号,在此脚施加正脉冲,上升沿有效,此时锁存地址码,从而选通相应的模拟信号通道,以便进行 A/D 转换。

START:启动信号输入端,应在此脚施加正脉冲,当上升沿到达时,内部逐次逼近寄存器复位,在下降沿到达后,开始 A/D 转换过程。

EOC:转换结束输出信号(转换结束标志),高电平有效。

OE:输入允许信号,高电平有效。

CLOCK(*CP*):时钟信号输入端,外接时钟频率一般为 640 kHz。

V_{CC}: +5 V 单电源供电

$V_{REF}(+)$、$V_{REF}(-)$:基准电压的正极、负极。一般 $V_{REF}(+)$ 接 +5 V 电源,$V_{REF}(-)$ 接地。

$D_7 \sim D_0$:数字信号输出端。

(1)模拟量输入通道选择。

8 路模拟开关由 A_2、A_1、A_0 三个地址输入端决定选通状态,每次可选通 8 路模拟信号中的任何一路进行 A/D 转换,地址译码与模拟输入通道的选通关系如表 7-2 所示。

表 7-2　地址译码与模拟输入通道的选通关系

被选模拟通道		IN_0	IN_1	IN_2	IN_3	IN_4	IN_5	IN_6	IN_7
地址	A_2	0	0	0	0	1	1	1	1
	A_1	0	0	1	1	0	0	1	1
	A_0	0	1	0	1	0	1	0	1

(2)A/D 转换过程。

在启动端(START)加启动脉冲(正脉冲),A/D 转换即开始。如将启动端(START)与转换结束端(EOC)直接相连,转换将是连续的,当用这种转换方式时,开始时应在外部加启动脉冲。

5. 实验内容

1)D/A 转换器实验——DAC0832

(1)按图 7-11 接线,电路接成直通方式,即 $\overline{CS}$、$\overline{WR_1}$、$\overline{WR_2}$、$\overline{XFER}$ 四个端子均接地;ALE、V_{CC}、V_{REF} 三个端子均接 +5 V 电源;运算放大器电源接 ±15 V;$D_0 \sim D_7$ 接逻辑开关的输出插口,输出端 V_0 接直流数字电压表。

(2)调零,令 $D_0 \sim D_7$ 全置零,调节运算放大器的电位器使 μA741 输出为零。

(3)按表 7-3 所列的状态输入数字信号,用数字电压表测量运算放大器的输出电压 V_0,将测量结果填入表中,并与理论值进行比较。

表 7-3　运算放大器的输出模拟量

输入数字量								输出模拟量 V_0(V)
D_7	D_6	D_5	D_4	D_3	D_2	D_1	D_0	$V_{CC} = +5$ V
0	0	0	0	0	0	0	0	
0	0	0	0	0	0	0	1	
0	0	0	0	0	0	1	0	
0	0	0	0	0	1	0	0	
0	0	0	0	1	0	0	0	
0	0	0	1	0	0	0	0	
0	0	1	0	0	0	0	0	
0	1	0	0	0	0	0	0	
1	0	0	0	0	0	0	0	
1	1	1	1	1	1	1	1	

2)A/D 转换器实验——ADC0809

ADC0809 实验线路接线如图 7-13 所示。

(1)8 路输入模拟信号 1 ~4.5 V,由 +5 V 电源经电阻 R 分压组成;变换结果 D_0 ~ D_7 接逻辑电平显示器(LED)输入插口,CP 时钟脉冲由计数脉冲源提供,取 f=100 kHz;A_0 ~ A_2 地址端接逻辑电平(指拨开关)输出插口。

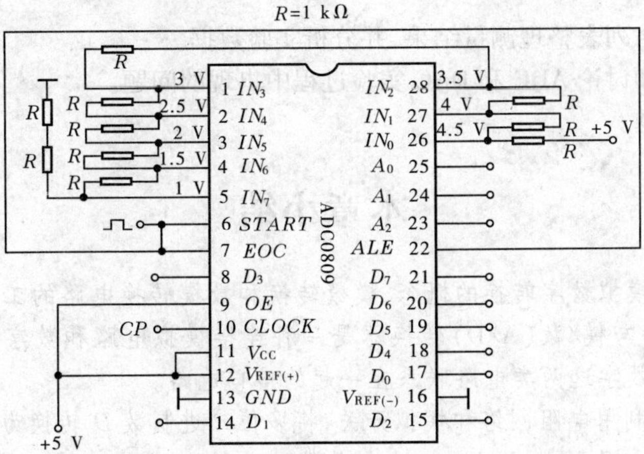

图 7-13　ADC0809 实验线路

(2)接通电源后,在启动端(START)加一正单次脉冲(按钮式),下降沿一到即开始 A/D 转换。

(3)按表 7-4 的要求观察,记录 IN_0 ~ IN_7 共 8 路模拟信号的转换结果,并将转换结果换算成十进制数字表示的电压值,并与数字电压表实测的各路输入电压值进行比较,分析误差原因。

表 7-4　ADC0809 实验结果记录

被选模拟通道	输入模拟量(V)		地址			输出数字量								十进制
	理论	实测	A_2	A_1	A_0	D_7	D_6	D_5	D_4	D_3	D_2	D_1	D_0	
IN_0	4.5		0	0	0									
IN_1	4.0		0	0	1									
IN_2	3.5		0	1	0									
IN_3	3.0		0	1	1									
IN_4	2.5		1	0	0									
IN_5	2.0		1	0	1									
IN_6	1.5		1	1	0									
IN_7	1.0		1	1	1									

6. **思考题**

(1)根据实验的体会,比较一下模拟量与数字量各有何优缺点?为何需要进行两者的互相转换?

(2)ADC 和 DAC 转换器中都有寄存器,寄存器与锁存器是一种器件吗?在转换器中采用的目的是什么?

7. **实验报告要求**

(1)按实验表格列表整理测量结果,并分析实验数据。

(2)分别分析和讨论 ADC 和 DAC 实验过程中出现的问题。

(3)回答思考题。

本章小结

本章主要介绍模拟数字转换的概念,模数转换和数模转换电路的工作原理和典型应用电路。数/模(D/A)与模/数(A/D)转换器是一种连接模拟电路和数字电路的信号变换电路,它是能将模拟、数字这两类电路联系在一起的接口电路。

D/A 转换器是利用电阻网络和模拟开关,将多位二进制数 D 转换为与之成比例的模拟量的一种转换电路。因此,输入应是一个 n 位的二进制数,它可以按二进制数转换为十进制数的通式展开为

$$D_n = d_{n-1} \times 2^{n-1} + d_{n-2} \times 2^{n-2} + \cdots + d_1 \times 2^1 + d_0 \times 2^0$$

而输出应当是与输入的数字量成比例的模拟量,即

$$A = KD_n = K(d_{n-1} \times 2^{n-1} + d_{n-2} \times 2^{n-2} + \cdots + d_1 \times 2^1 + d_0 \times 2^0)$$

式中的 K 为转换系数。其转换过程是把输入的二进制数中为 1 的每一位代码,按每位权的大小,转换成相应的模拟量,然后将各位转换以后的模拟量,经求和运算放大器相加,其和便是与被转换数字量成正比的模拟量,从而实现了数模转换。一般的 D/A 转换器输出 A 是正比于输入数字量 D 的模拟电压量。比例系数 K 为一个常数,单位为伏特。

A/D 转换器的工作原理都是将输入的模拟电压与基准电压直接或间接比较,转换成数字量输出。逐次逼近型 A/D 转换器、并行比较型 A/D 转换器的转换速度快,精度易保证,调准方便。双积分型 A/D 转换器的工作速度低,但是其精度高,抗干扰能力强,测量仪表中应用较多。

习　题

7-1　在图 7-3 所示的倒 T 型电阻网络 DAC 中,已知参考电压 $U_{REF} = -10$ V,计算当 $D_3D_2D_1D_0$ =0001、0010、0100、1000 时,输出电压分别是多少?

7-2　如果希望 DAC 的分辨率优于 0.025%,应选几位的 DAC?

7-3　试画出如图 7-14 所示电路中 u_a、u_O 的波形。假设 R_P 已调整到满度输出。

7-4　一个八位逐次逼近型 ADC,满值输入电压为 10V,时钟脉冲频率为 2.5MHz,试求:

(1)转换时间是多少?

(2)μ_i =3.4V 时,输出数字量是多少?

(3)$\mu_i = 8.3$V 时，输出数字量是多少？

7-5　10 位的逐次渐进 ADC，若时钟信号的频率 $f_{CP} = 1$ MHz，试计算完成一次转换所需要的时间是多少？

7-6　10 位的双积分 ADC，若时钟信号的频率 $f_{CP} = 1$ MHz，试计算最大转换时间是多少？

7-7　模拟信号的最高工作频率为 10 kHz，试采样频率的下限是多少？完成一次 A/D 所需时间的上限是多少？

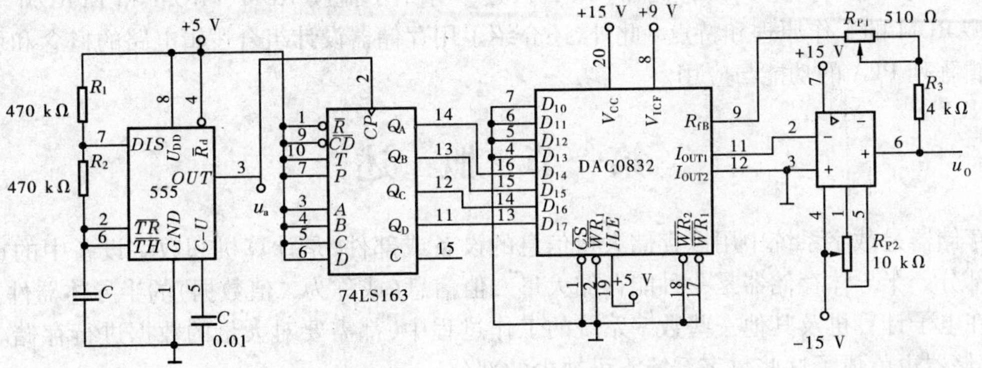

图 7-14　题 7-3 图

第八章　存储器与可编程逻辑器件

本章将系统地介绍各种半导体存储器的工作原理和使用方法。

针对随机存取存储器(RAM),分别介绍了静态随机存取存储器和动态随机存取存储器两种不同的类型。针对只读存储器(ROM),逐一介绍了掩膜 ROM、PROM 和 EPROM 等不同类型 ROM 的工作原理和特点。此外,还介绍了用存储器设计组合逻辑电路的概念和可编程逻辑阵列 PLA 的功能与应用。

第一节　概　述

存储器是数字系统中用以存储大量信息的设备或部件,是计算机和数字设备中的重要组成部分。半导体存储器是一种能存储大量二值信息(或称为二值数据)的半导体器件。

在电子计算机及其他一些数字系统的工作过程中,都需要对大量的数据进行存储。因此,存储器也就成了这些数字系统不可缺少的部分。

由于计算机处理的数据量越来越大,运算速度越来越快,这就要求存储器具有更大的存储容量和更快的存取速度。通常将存储量和存取速度作为衡量存储器性能的重要指标。目前,动态存储器的容量已达 10^9 位/片,而一些高速随机存储器的存取时间仅 10 ns 左右。

因为半导体存储器的存储单元数目极其庞大而器件的引脚数目有限,所以在电路结构上就不可能像寄存器那样把每个存储单元的输入和输出直接引出。为了解决这个矛盾,在存储器中给每个存储单元编了一个地址,只有输入地址代码指定的那些存储单元才能与公共的输入/输出引脚接通,进行数据的读出或写入。

半导体存储器的种类很多,从存取功能上可以分为只读存储器(简称 ROM)和随机存储器(简称 RAM)两大类。另外,从制造工艺上又可以把存储器分为双极型和 MOS 型。鉴于 MOS 型电路(尤其是 CMOS 电路)具有功耗低、集成度高的优点,目前大容量的存储器都是采用 MOS 工艺制作的。

第二节　随机存取存储器

随机存储器(RAM)既可向指定单元存入信息,又可从指定单元读出信息。任何 RAM 中存储的信息在断电后均要丢失,所以 RAM 是易失性存储器。

一、RAM 的结构及存储容量

图 8-1 为 RAM 的一般结构形式,图中有三大类总线,即地址总线 ABUS、数据总线 DBUS 和控制总线 CBUS,其中地址输入线有 n 条。经过地址译码器译码输出的线称为字线,因为每条字线对应一个 n 输入地址变量的一个最小项,所以有 W_0、W_1、W_2、…、W_{2^n-1} 共 2^n 条字线也就有 2^n 个最小项。每条字线只能选通存储矩阵中的一个存储单元,故存储矩阵

中共有 2^n 个存储单元。每个存储单元称为一个字，它由 M 个可以存放一位二进制信息(0 或 1)的基本存储电路组成。一个存储单元所含有的基本存储电路的个数，即能存放的二进制数的位数，称为存储器的字长。显然，字长 $=M$，也可以说字长为 M 位，通常所说的十六位机、三十二位机指的就是它的字长 M 为 16 位和 32 位。

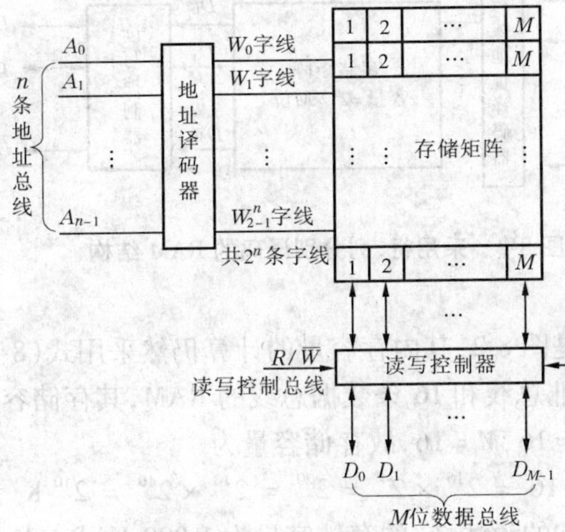

图 8-1 RAM 的一般结构形式

由以上分析看出，对于有 n 位地址和 M 位字长的存储器来说，其存储容量可以表示为

$$存储容量 = N 个字 \times M 位 = 2^n \times M \tag{8-1}$$

即存储容量为 $2^n \times M$ 位二进制数位。

如图 8-1 所示，n 位地址经译码后，每次 2^n 条字线中仅有一条有效，这条有效字线选中存储矩阵中对应的一个存储单元(一个字)，通过 M 位数据总线 $D_0D_1\cdots D_{M-1}$ 对该存储单元进行读出数据的操作或写入新数据的操作。

读/写控制器既用于对电路的工作状态进行控制，又用于各存储单元的输入/输出缓冲器，且受外界片选 CS 信号和 $R/\overline{W}$ 信号的控制。因此，CS、$R/\overline{W}$ 这类线又常称为控制总线。当 $CS=1$ 时，若 $R/\overline{W}=1$，电路执行读出操作；若 $R/\overline{W}=0$，电路执行写入操作。当 $CS=0$ 时，读/写控制器不工作，数据输入/输出总线呈高阻状态，即此时该片集成电路 RAM 被禁止读/写操作，使得它让出整机的数据总线以便对其他集成的 RAM 片进行操作。请注意：有些集成电路中用$\overline{CS}$表示片选信号，即该端为 0 时有效。

在计算内存容量时，常把 $2^{10}=1\,024$ 简称为 1 K。对于一个内存为 64 K 的计算机来说，若字长 $M=16$ 位，由式(8-1)可得

$$64\ \text{K} = 64 \times 2^{10} = 2^n \times 16$$

由此可求出 $n=12$，即该机有 12 条地址输入线。此时，由地址译码器译出的字线数 $N=2^{12}=4\,096$ 条，这对地址译码器要求就太高了。为此，计算机常采用的地址译码器是由行线译码器和列线译码器组成，如图 8-2 所示，只有被行和列同时选中的存储单元才能被进行读/写操作。

同样是 12 个地址输入变量，采用行、列分别译码，则总的字线条数仅有 $2^6+2^6=64+64=128$ 条，这个数字比上面提到的 4 096 要小得多。因此，计算机大都采用如图 8-2 所示

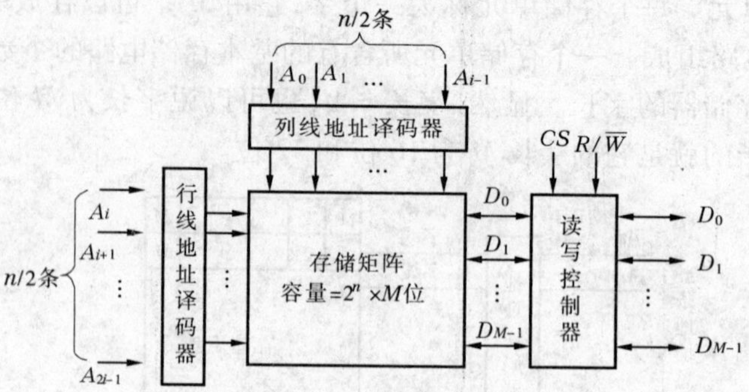

图 8-2 采用行、列分别译码的 RAM 结构

的 RAM 结构。

无论 RAM 是图 8-1 还是图 8-2，其内存容量的计算仍然采用式(8-1)。

【例 8-1】 有 16 条地址总线和 16 条数据总线的 RAM，其存储容量是多少位？

解 由式(8-1)知道：$n=16, M=16$，故存储容量为

$$2^{16}\times 16 = 2^{16}\times 2^{4} = 2^{20} = 2^{10}\times 2^{10} = 2^{10}\ \text{K}$$

因为 $2^{10}=1$ K，故按通常的说法，它的存储容量为 1 000 K 或 1 M。

【例 8-2】 容量为 16 K×8 的 RAM 芯片，有多少根地址输入线？

解 由式(8-1)得，16 K×8 中的数据输出位线 $M=8$，而

$$16\ \text{K} = 16\times 2^{10} = 2^{4}\times 2^{10} = 3^{14}$$

故地址输入线 $n=14$ 条。

【例 8-3】 试将容量为 1 K×4 的 RAM 扩展成容量为 1 K×8 的 RAM。

解 1 K 指的是字线数，由 $2^n = 1\ \text{K} = 2^{10}$ 可知，地址输入线 $n=10$ 条，即 $A_0\sim A_9$。1 K×4 说明它的位线 $M=4$ 位。现要将 M 扩展成 8 位，可将两片 1 K×4 的 RAM 地址线对应相连，如图 8-3 所示，将片选线 $\overline{CS}$ 对应相连，读/写线 $R/\overline{W}$ 对应相连即可。请注意图 8-3 地址总线的画法，其含义是片(1)的 A_0 与片(2)的 A_0 接在一起，片(1)的 A_1 与片(2)的 A_1 接在一起，…，片(1)的 A_9 与片(2)的 A_9 接在一起。

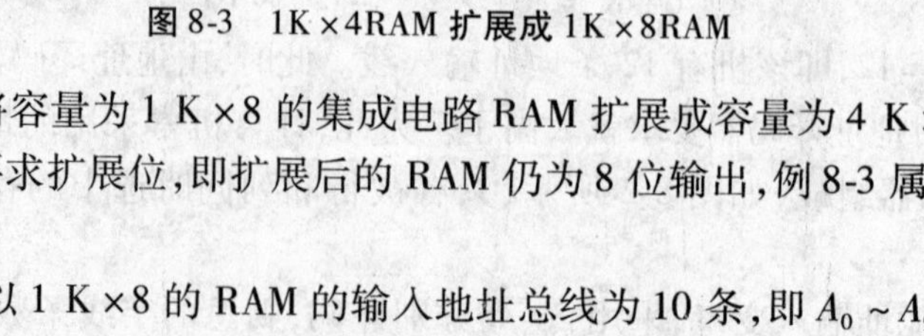

图 8-3 1K×4RAM 扩展成 1K×8RAM

【例 8-4】 试将容量为 1 K×8 的集成电路 RAM 扩展成容量为 4 K×8 的 RAM。

解 本题并未要求扩展位，即扩展后的 RAM 仍为 8 位输出，例 8-3 属于位扩展，而本题则属于字扩展。

因 $1\ \text{K}=2^{10}$，所以 1 K×8 的 RAM 的输入地址总线为 10 条，即 $A_0\sim A_9$，现在要扩展为 4 K，即 $4\times 2^{10}=2^{12}$，这就要求地址输入线为 12 条，即 $A_0\sim A_1$。因此，可用四片 1 K×8 的

RAM，通过两条高位地址线 A_{11}、A_{10} 作为 2－4 译码器的输入端，用 2－4 译码器的输出 $\overline{Y_0}=\overline{A_{11}}\,\overline{A_{10}}$、$\overline{Y_1}=\overline{A_{11}}A_{10}$、$\overline{Y_2}=A_{11}\overline{A_{10}}$、$\overline{Y_3}=A_{11}A_{10}$ 分别控制 4 片 1 K×8 RAM 的片选端 $\overline{CS}$，并将 8 条输出位线对应相连，将 $R/\overline{W}$ 线也对应连在一起，就可以构成如图 8-4 所示的 4 K×8 RAM。

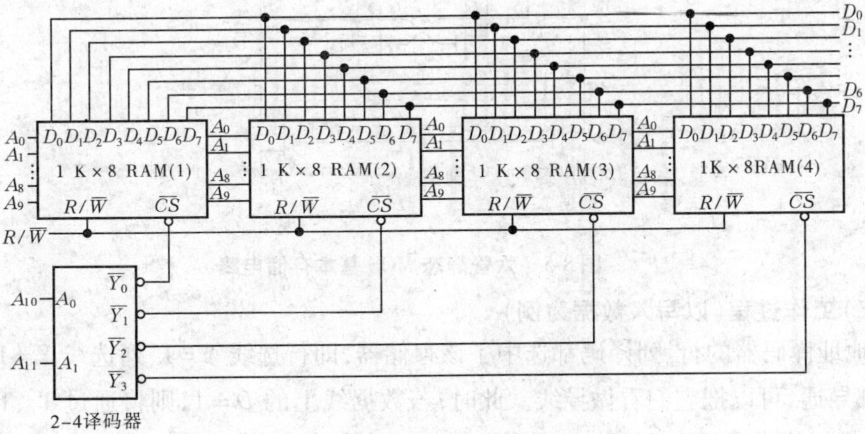

图 8-4　1 K×8 RAM 扩展为 4 K×8 RAM

其工作工程如下：

将 12 位地址用十六进制数表示为 $(000)_{16}\sim(\mathrm{FFF})_{16}$，当 $A_{11}A_{10}=00$ 时，2－4 译码器的 $\overline{Y_0}$ 输出低电位，使片(1)的 $\overline{CS}$ 有效，此时片(1)工作，可对地址为 $(000)_{16}\sim(3\mathrm{FF})_{16}$ 的 RAM 中的八位数据进行读/写操作；当 $A_{11}A_{10}=01$ 时，2－4 译码器的 $\overline{Y_1}$ 使片(2)的 $\overline{CS}$ 有效，此时片(2)工作，可对地址为 $(400)_{16}\sim(7\mathrm{FF})_{16}$ 的 RAM 中的数据进行读/写操作；当 $A_{11}A_{10}=10$ 时，2－4 译码器的 $\overline{Y_2}$ 使片(3)的 $\overline{CS}$ 有效，此时片(3)工作，可对地址为 $(800)_{16}\sim(\mathrm{BFF})_{16}$ 的 RAM 中的数据进行读/写操作；当 $A_{11}A_{10}=11$ 时，2－4 译码器的 $\overline{Y_3}$ 使片(4)的 $\overline{CS}$ 有效，此时片(4)工作，可对地址为 $(\mathrm{C}00)_{16}\sim(\mathrm{FFF})_{16}$ 的 RAM 中的数据进行读/写操作。

综上所述，任何时候，只有一片 1 K×8 的 RAM 处于工作状态，整个系统的字数扩大了四倍，而字长 M 仍然为八位。

二、六管静态 MOS 基本存储电路(SMOS)

(一) 电路组成

六管静态 MOS 存储器的基本储存电路如图 8-5 所示。

图中虚线框内为六管存储器电路，只能存一位数。以图中 Q 点为准，若 $Q=1$，则该存储器中存的数为 1；若 $Q=0$，则该存储器中存的数就是 0。

图中 T_2、T_4 可看做电阻，即可认为 T_2、T_4 分别为 T_1、T_3 的负载电阻，这样就可以把 T_1、T_3 看做两个反相器，它们交叉耦合后构成一个基本 RS 触发器。

图中 T_5、T_6 为行选通管，当行选线 $X=1$ 时，T_5、T_6 导通，将 Q 经 T_5 送往位线 D，将 $\overline{Q}$ 经 T_6 送往位线 $\overline{D}$。这时，能否把存储的数据 Q 送到数据总线 D 上或者把数据总线 D 的数据写入 Q，就取决于列选线 Y 是否有效。若 $Y=1$，即列选线也选中了该存储器，使 T_7、T_8 管导通，就能把存储器 $Q=D$ 读出到数据总线或者把数据总线上的数据 D 写入 Q。

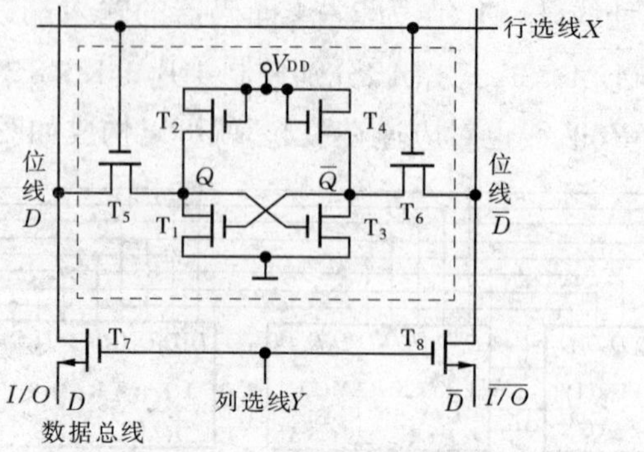

图 8-5　六管静态 MOS 基本存储电路

(二)工作过程(以写入数据为例)

若地址译码器的行、列译码都选中了该存储器,即行选线 $X=1$、列选线 $Y=1$,则 T_5、T_6、T_7、T_8 都导通,可以把它们看做导线。此时,若数据线上的 $D=1$,则将通过 T_7、T_5 将 1 送往 Q 使 T_3 栅极为高电平 1,因而 $\overline{Q}=0$,将 $\overline{Q}=0$ 反馈到 T_1 栅极,经 T_1 倒相输出后使得 $Q=1$,即相当于把"1"写入了该存储器;若 $D=0$,经 T_7、T_5 将使 T_3 栅极为 0,反相后 $\overline{Q}=1$,$\overline{Q}$ 又与 T_1 栅极相连,经 T_1 反相后将使 $Q=0$,即相当于把"0"写入了该存储器。信息一旦写入后,只要不断电,触发器状态便能保持不变。

如果要读出该数据,只要地址译码器选中了该存储器,即 $X=1$、$Y=1$,则 Q 的状态将经过 T_5、T_7 送上数据总线 D,而本身的值仍然保持为原数据不变。

三、动态 RAM(DRAM)

(一)电路组成

动态 RAM 的基本存储电路是利用 MOS 管栅 - 源间的电容对电荷的暂存效应来实现信息存储的,该电容中存储的电荷,在栅源间处于高阻抗的情况下,能保持数毫秒至数百毫秒的短暂时间。为了避免所存信息的丢失,必须定时给电容补充漏掉的电荷,这一操作称为"刷新"。常见的 MOS 动态存储电路有单管、三管和四管电路。为了提高存储器的集成度,目前大容量的动态 RAM 大多采用单管 MOS 动态存储电路,其结构如图 8-6 所示。

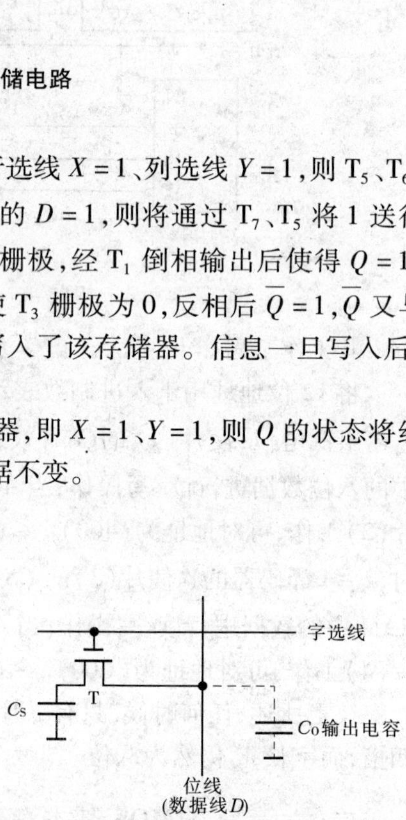

图 8-6　单管 MOS 动态存储电路

(二)工作原理

写入数据时,字线为"1",选中该管,使 T 导通,来自数据线 D 的待写入信息经由位线和 T 管存入电容 C_S。写入"1"时,位线 D 为"1",电容 C_S 充电为"1";写入"0"时,位线为"0",电容 C_S 通过 T 管向位线 D 放电,从而使 C_S 上的值为"0"。

读出数据时,也使字线为"1",T 管导通,若电容 C_S 上有电荷,即有"1",便会通过位线向分布电容 C_O 放电,位线上有电流流过,表示读出了信息"1";若 C_S 上无电荷,位线上便没有电流流过,表示读出的信息为"0"。

读出"1"信息后，C_S 上的电荷因转移到 C_0 上而无法维持"1"的状态，即所存信息已被破坏，这种现象称为"破坏性读出"。所以，读出"1"信息后必须进行再生操作。再生与刷新是两个不同的概念，再生是对某一位存储单元读出"1"后进行的操作，而刷新是对 RAM 中全部存储单元进行的常规定时操作。

动态单管 RAM 电路的优点是结构简单，集成度高，功耗比静态 MOS 型 RAM 低，速度比静态 MOS 型 RAM 快，价格更便宜；其缺点是需要刷新和再生操作，而且因电容中信号较弱，读出时还需要经过放大处理。

第三节　只读存储器(ROM)

ROM 为只读存储器，除固定存储数据、表格、固化程序外，在组合逻辑电路中也有着广泛用途。ROM 的一般结构如图 8-7 所示。只读存储器中的信息一旦写入，在正常工作时就只能读出而不能写入了，断电后信息也能保持。

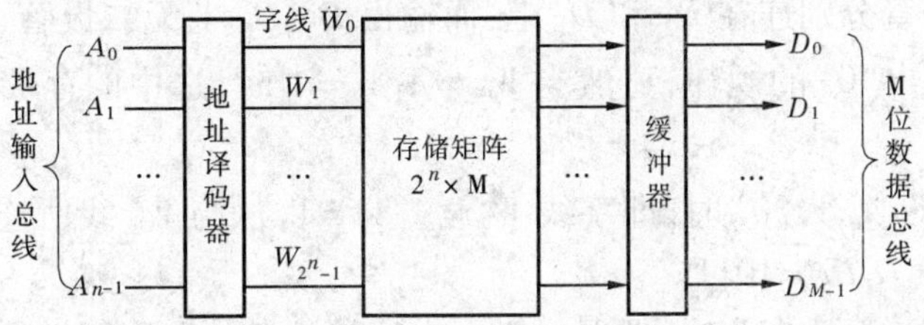

图 8-7　ROM 的一般结构

一、ROM 电路原理

(一)电路组成

图 8-8 为用二极管制作的 ROM 结构图。为了把问题阐述明了，图中地址线仅用了 A_1、A_0 两条，即 $n=2$，字线数 $N=2^n=2^2=4$，所以可以寻址 4 个字长为 M 的存储单元，字长 M 可以任意设置，本图中取字长 $M=4$。

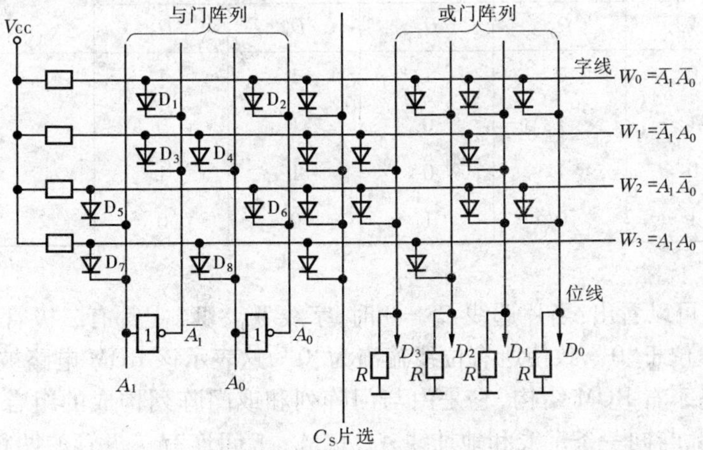

图 8-8　二极管 ROM 结构图

图中 A_1、A_0 为地址输入线，当片选线 $CS=1$ 即 CS 为高电平时，与 CS 相连的 4 个二极管全部截止。这时，CS 线左侧由二极管 $D_1 \sim D_8$ 的“与门阵列”组成了 2－4 译码器来作为地址译码，译码器输出 $W_0 \sim W_3$ 四条字线。ROM 的存储矩阵由 CS 线右侧二极管“或门阵列”组成。

（二）工作过程

（1）当 A_1 为“0”、A_0 为“0”时，则$\overline{A_1}$、$\overline{A_0}$两根线为高电平“1”，与$\overline{A_1}$、$\overline{A_0}$相连的二极管、D_1、D_2 截止，故字线 W_0 为高电平“1”，其他字线为“0”。与 $W_0=\overline{A_1}\,\overline{A_0}$线相接的或阵列中的 3 个二极管通过电阻 R 接地导通，输出 $D_2=1$、$D_1=1$、$D_0=1$，而 D_3 线上未连二极管，故 $W_0=1$ 的高电平不会从 D_3 输出，因 D_3 通过 R 连在地线上，因而它为低电平 0，即 $D_3=0$。综上所述，当 $W_0=\overline{A_1}\,\overline{A_0}=1$时，选中的存储单元读出的数据为 $D_3D_2D_1D_0=0111$。显然，在或门阵列中，字线上连有二极管的输出为“1”，无二极管的输出为“0”，这是该图所示 ROM 的统一规律。

（2）当 A_1 为“0”、A_0 为“1”时，则$\overline{A_1}$、A_0 两根线分别为“1”，即字线 $W_1=\overline{A_1}A_0=1$。此时，W_1 线上有两个二极管分别连在 D_3 和 D_1 上，而输出 D_2、D_0 上无二极管，根据连有二极管者输出“1”、未连者输出“0”的规律，显然当 $W_1=\overline{A_1}A_0=1$ 时，选中的存储单元输出的数据为 $D_3D_2D_1D_0=1010$。

（3）当 A_1 为“1”、A_0 为“0”时，即字线 $W_2=A_1\overline{A_0}=1$，从与 W_2 线所连接的二极管位置知道，此时输出为 $D_3D_2D_1D_0=1011$。

（4）当 A_1 为“1”、A_0 为“1”时，即 $W_3=A_1A_0=1$，从与 W_3 线所连接的二极管位置知道，此时输出为 $D_3D_2D_1D_0=0100$。

综上所述，可得图 8-8 所示 ROM 的功能表如表 8-1 所示。当地址为 00 时，选中第 1 个存储单元，读出所存数据 0111；当地址为 01 时，选中第 2 个存储单元，读出所存数据 1010；当地址为 10 时，选中第 3 个存储单元，读出所存数据 1011；当地址为 11 时，选中第 4 个存储单元，读出所存数据 0100。

表 8-1　图 8-8 的功能表

地址		输出数据				说明存储单元
A_1	A_0	D_3	D_2	D_1	D_0	
0	0	0	1	1	1	1
0	1	1	0	1	0	2
1	0	1	0	1	1	3
1	1	0	1	0	0	4

由图 8-8 还可以看出：当片选线 $CS=0$ 时，字线 $W_0 \sim W_3$ 上都有二极管与 CS 相连，因而所有字线都被置位于“0”，致使所有位线输出为“0”，这表示该 ROM 电路被禁止读出。

从逻辑关系来看 ROM 结构，它是由与门阵列和或门阵列构成的组合电路。与门阵列组成地址译码器，与同一条字线和地址线 A_1、$\overline{A_1}$、A_0、$\overline{A_0}$间连有二极管的两根线为相与关系，即横线为相与关系。例如，字线 W_2 在与阵列上有 D_5、D_6 两个二极管分别连在 A_1 和$\overline{A_0}$上，故 $W_2=A_1\overline{A_0}$。总之，全部字线包括了输入变量的全部最小项。

由于或门阵列上的二极管位置不会变化，所以断电对 ROM 中存的数据毫无影响，下次再通电时，这些数据依然存在。

为清晰起见，图 8-8 中的 ROM 电路可省去不画所有的电阻及电源 $+V_{CC}$，将跨接有二极管的字线与地址线的交叉处以及字线和位线的交叉处（即功能表 8-1 中输出“1”的点），用小黑点代替二极管，无二极管的交叉处不加小黑点。根据此规定，图 8-8 可用图 8-9 的简化图（即符号矩阵）画出，该图也称为 ROM 的与、或门阵列图。

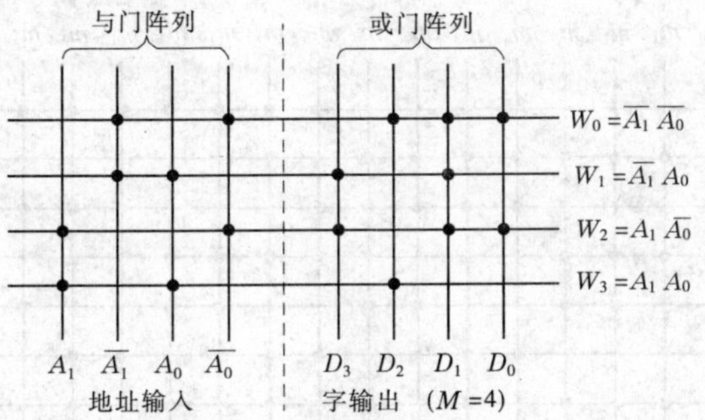

图 8-9　ROM 的与、或门阵列图

从图 8-9 看出，与门阵列横线上的两个小黑点表示与其交叉的两条竖线变量的相与关系，例如第一条横线的两个小黑点对应的两条竖线分别为$\overline{A_1}$和$\overline{A_0}$，所以相与的结果为$\overline{A_1}\,\overline{A_0}$，即对应的横线为最上边的字线。

在或门阵列中，每根竖线上的小黑点之间为相加（或）的关系，该线上的每一个小黑点都分别对应左边与门阵列的一个与项。

二、ROM 在组合电路中的应用

只要有了真值表，我们无需化简就可以设计出各种需要的组合电路，并画成与或门阵列图，交给工厂大批量生产。

【例 8-5】　某组合电路，要求输入变量为四位二进制数，试用 ROM 设计出输出为格雷码的组合电路。

解　四位二进制码转换成格雷码的真值表如表 8-2 所示。

表 8-2　四位二进制码转换成格雷码的真值表

二进制数				格雷码				二进制数				格雷码			
B_3	B_2	B_1	B_0	G_3	G_2	G_1	G_0	B_3	B_2	B_1	B_0	G_3	G_2	G_1	G_0
0	0	0	0	0	0	0	0	1	0	0	0	1	1	0	0
0	0	0	1	0	0	0	1	1	0	0	1	1	1	0	1
0	0	1	0	0	0	1	1	1	0	1	0	1	1	1	1
0	0	1	1	0	0	1	0	1	0	1	1	1	1	1	0
0	1	0	0	0	1	1	0	1	1	0	0	1	0	1	0
0	1	0	1	0	1	1	1	1	1	0	1	1	0	1	1
0	1	1	0	0	1	0	1	1	1	1	0	1	0	0	1
0	1	1	1	0	1	0	0	1	1	1	1	1	0	0	0

由表中看出,各位格雷码的最小项表达式为

$$G_3 = \Sigma(8,9,10,11,12,13,14,15)$$

$$G_2 = \Sigma(4,5,6,7,8,9,10,11)$$

$$G_1 = \Sigma(2,3,4,5,10,11,12,13)$$

$$G_0 = \Sigma(1,2,5,6,9,10,13,14)$$

只要画出与门阵列后,在或门阵列相应最小项上打点即可得出图 8-10 所示的阵列图。

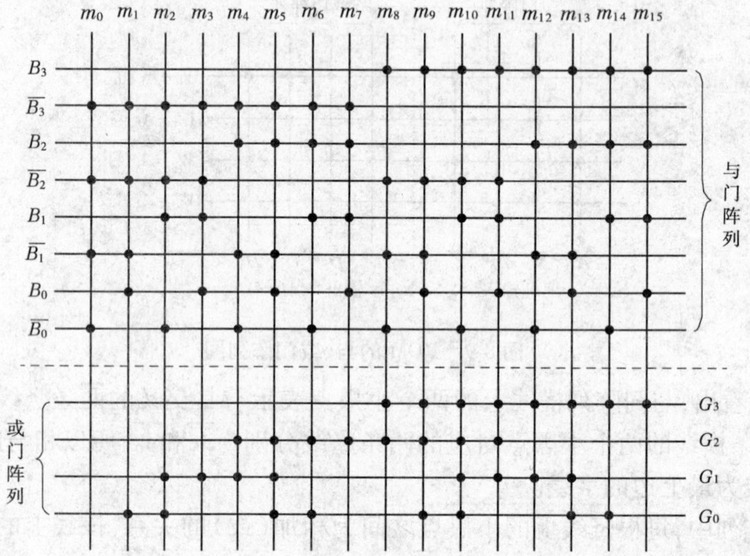

图 8-10 四位二进制码转换成四位格雷码的阵列图

三、用于研究开发或者小批量生产的 ROM

(一)可编程 ROM(PROM)

1. 熔丝型 PROM

图 8-11 为熔丝型 PROM,每个字线、位线交叉处均接有带易熔金属丝的晶体三极管或 MOS 管。图 8-11 (a)中增强型 MOS 管接成源极跟随器形式,因而当字线为 1 时将由位线输出 1,即熔丝通表示 1、熔丝断表示 0,显然出厂时内存是全为“1”的;对于图 8-11 (b)中的 MOS 管来说,它是由漏极 D 输出信号到位线的,即图 8-11 (b)的 MOS 管是接成反相输出的,因而字线为 1 时输出 0,即熔丝通表示 0、熔丝断表示 1,所以出厂时内存全部为“0”。用

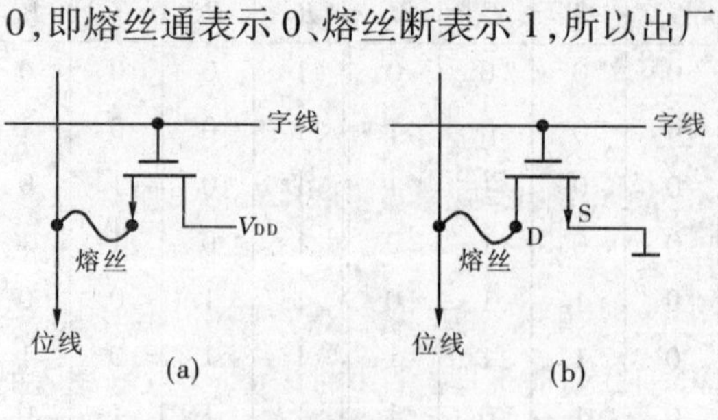

图 8-11 熔丝型 PROM

户写入信息时，通过地址输入线逐字、逐位扫描 PROM 中的基本耦合单元，并根据要写入的数据内容有选择地将某些 MOS 管的熔丝用规定宽度和幅度的脉冲电流烧断，而其余 MOS 管的熔丝则保留。

2. 结破坏型 PROM

图 8-12 为结破坏型 PROM。出厂时，字线和位线交叉处均接有一对正、反相连接的肖特基二极管，如图 8-12(a)所示，这种二极管反向击穿电压较低，当字线为 1 时，二极管 D_2 处于反向连接，因而出厂时位线输出总是 0。若需要将该单元改写为 1，可使用规定的脉冲电流(一般为 100 ~ 150 mA)将 D_2 管击穿短路，存储单元只剩下一个正向连接的二极管 D_1，如图 8-12 (b)所示，这时若字线为 1，显然输出的位线上也为 1，即相当于该单元存储了“1”。

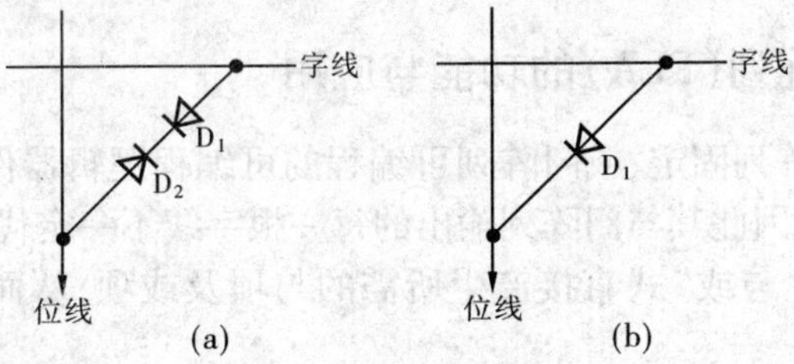

图 8-12　结破坏型 PROM

综上所述，PROM 一旦写入数据后，便不能再做修改，因而只适于小批量而且已经定型的产品生产。在做题过程中，通常对 ROM 与 PROM 是不加区分的，当题目要求用 ROM 实现某一组合电路功能时，实际上指的就是用 PROM 来实现。

(二) 可多次修改编程的 ROM(EPROM)

可多次修改编程的 ROM 中存储的数据可多次擦除和修改，特别适用于未成熟带有试验性质的新产品的研制开发，当然也适于小批量生产。

图 8-13 为 EPROM 的基本耦合单元，图中 MOS 管 T_3 的作用相当于一个电阻，T_2 为浮栅雪崩注入 MOS 管，也称为 FAMOS 管。FAMOS 管的栅极完全被二氧化硅绝缘层包围，因无导线外引而呈悬浮状态，故称为“浮栅”，出厂时，所有 FAMOS 管的浮栅都不带电荷。由于 T_2 和 T_1 都属于增强型 N 沟道 MOS 管，所以 FAMOS 管 T_2 是不导通的。位线由于通过 T_3 接正电源 V_{DD}，故全部内存都呈现“1”状态；若 FAMOS 管漏极 D 接高于正常工作电压(5 V)的正电压(+25 V)，则漏源极间瞬时产生雪崩击穿，浮栅极内将累积正电荷，使 FAMOS 管导通，高压撤销后，由于浮栅中的正电荷被二氧化硅包围而无处泄漏，故 T_2 管总处于导通接地状态；这时若字线为“1”使 T_1 管饱和导通，则把 FAMOS 管接地的零电平送入位线，即相当于该单元中存入了信息“0”。

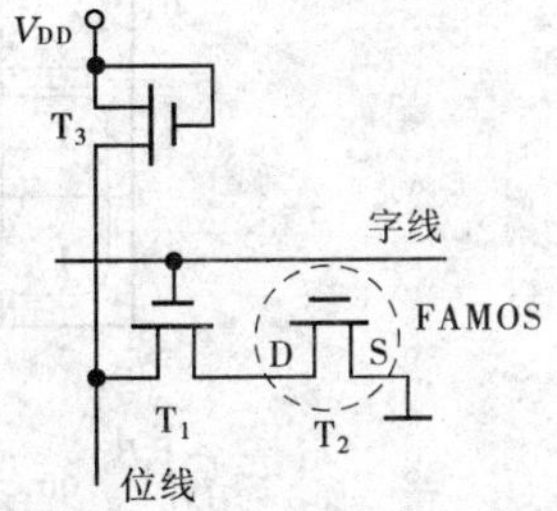

图 8-13　EPROM 基本耦合单元

若用紫外线灯照射 EPROM 芯片上的玻璃窗口 20 min 左右，则所有 FAMOS 浮栅中的电荷都会消失，使 EPROM 恢复到出厂时的全“1”状态，又可再次写入新的内容，因此 EPROM 常用于实验性开发和少批量生产中。一旦 EPROM 写好内容后，其玻璃窗要用黑色胶带贴上，以免紫外线透入，这样通常可使数据保持十年以上。

除可反复写入和擦除的 EPROM 外,还有用电压信号擦除的 E^2PROM 和快闪 ROM 等,它们的擦除速度要比 EPROM 用紫外线擦除快得多。关于这方面的知识,读者可参考有关书籍。

第四节　可编程逻辑器件

可编程逻辑器件(Programmable Logic Device)简称 PLD,是可以由用户编程、配置的一类逻辑器件的泛称。从构成逻辑函数的功能来说,上节讲到的 PROM 就是一种 PLD 器件。除此之外,本节将要介绍的可编程逻辑阵列(Programmable Logic Array,简称 PLA)、可编程阵列逻辑(Programmable Array Logic,简称 PAL)和通用阵列逻辑(Generic Array Logic,简称 GAL)都是典型的 PLD 器件。

一、可编程逻辑阵列(PLA)的功能与应用

PROM 是一种与门阵列固定、或门阵列可编程的可编程逻辑器件。PLA 的与门阵列和或门阵列都是可以编程的,因此其与门阵列输出的每一根字线不一定代表一个最小项,而是可以根据逻辑函数 F 的最简"与或"式直接产生所需的与项及或项,从而使存储空间得到充分利用。

【例 8-6】　试用 PLA 实现例 8-5 所要求的组合电路,即将输入的四位二进制数 $B_3B_2B_1B_0$ 变成格雷码 $G_3G_2G_1G_0$ 输出。

解　第一步:将输入变量与输出变量相对应的表 8-2 所示的真值表化简,其化简过程如图 8-14 所示。

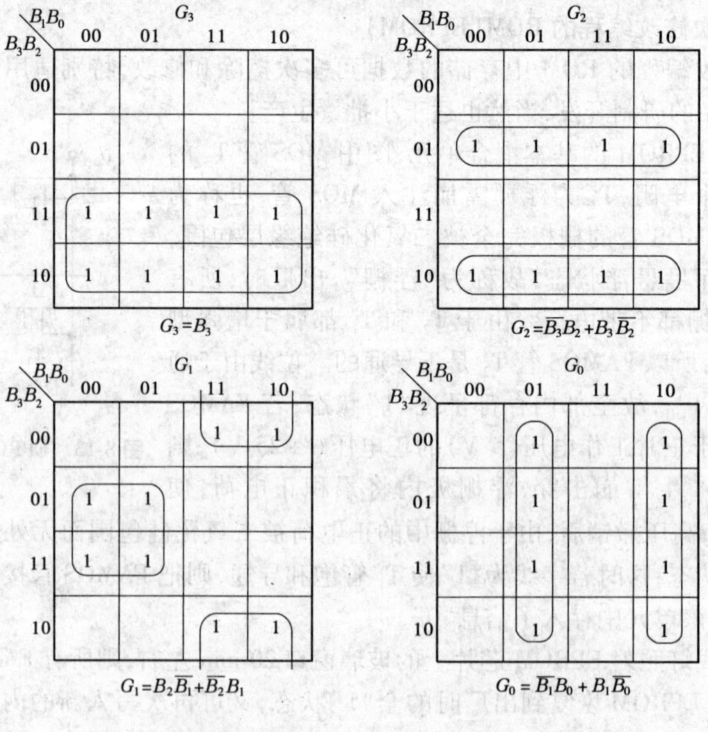

图 8-14　四位二进制码转换成格雷码的化简过程

第二步：画 PLA 阵列逻辑图。由 G_3、G_2、G_1、G_0 的最简与或式看出，与阵列只需要 B_3、$B_3\overline{B_2}$、$\overline{B_3}B_2$、$B_2\overline{B_1}$、$\overline{B_2}B_1$、$\overline{B_1}B_0$、$B_1\overline{B_0}$共 7 个与项，因此不必像 ROM 将输入变量 $B_3B_2B_1B_0$ 译成 $2^4=16$ 个最小项的“与门阵列”，而只用 7 个与项即可，输出或门阵列也相对简单多了。

图 8-15 即为本题的 PLA 阵列逻辑图。图中需要的存储容量为 $7\times4=28$，而图 8-10 实现同样功能的电路却需要存储容量为 $16\times4=64$，显然用 PLA 代替 PROM 大大节省了存储容量。

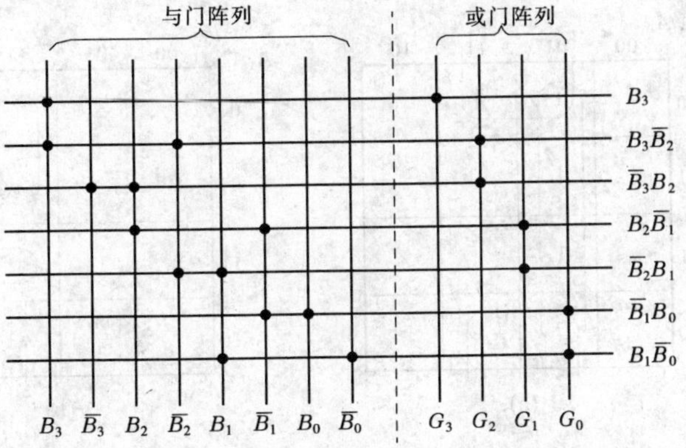

图 8-15　二进制码转换到格雷码的阵列图

【例 8-7】　图 8-16（a）为已编程的 $2^4\times2$ 位 ROM（即 PROM），图 8-16（b）为已编程的 PLA 阵列，要求：

（1）试分别写出输出函数 F_1、F_2、F_3、F_4。

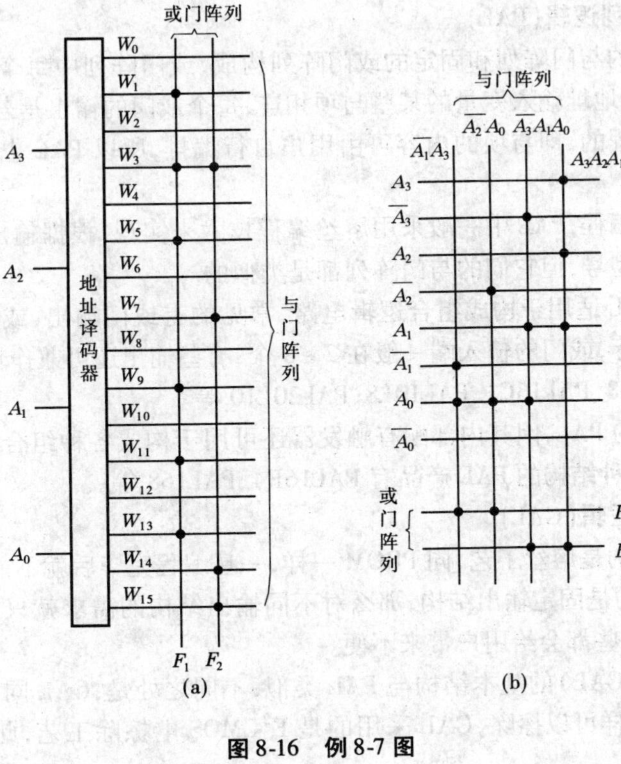

图 8-16　例 8-7 图

(2)对 F_1、F_2 化简,比较图 8-16 (a)和图 8-16 (b)逻辑功能的异同。

解　(1)$F_1 = \sum(1,3,5,9,11,13)$,　$F_2 = \sum(3,7,14,15)$

$$F_3 = \overline{A_1}A_3 + \overline{A_2}A_0,\quad F_4 = \overline{A_3}A_1A_0 + A_3A_2A_1$$

(2)由图 8-17 化简后,输出函数 F_1、F_2 分别为

$$F_1 = \overline{A_1}A_0 + \overline{A_2}A_0,\quad F_2 = \overline{A_3}A_1A_0 + A_3A_2A_1$$

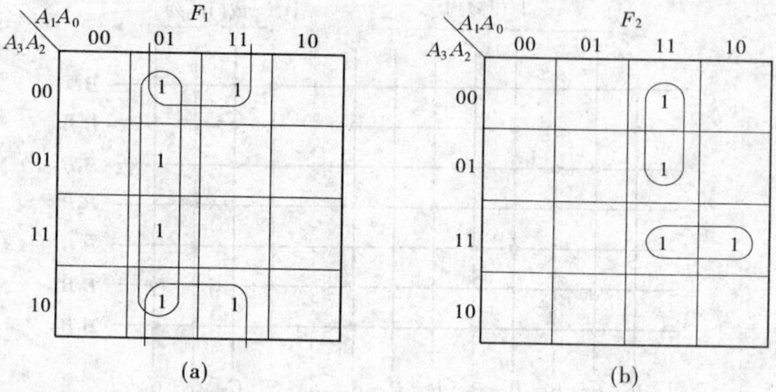

图 8-17　化简 F_1、F_2

可见图 8-17 (a)、图 8-17 (b)实现的函数功能完全相同,但 PROM 却使用了 $16\times2=32$ 位存储容量,而 PLA 仅使用了 $4\times2=8$ 位存储容量。

二、其他可编程逻辑器件简介

(一)可编程阵列逻辑(PAL)

PAL 由可编程的与门阵列和固定的或门阵列构成,或门阵列中每个或门的输入与个数固定的与门输出、即地址输入变量的某些与项相连,每个或门的输出是若干个与项之和。由于与门阵列是可编程的,即与项的内容可由用户自行编排,所以 PAL 也可用于实现各种逻辑关系。

对于各与项的编程,PAL 中一般采用熔丝编程技术来实现,根据输出结构类型的不同,PAL 有多种不同的型号,但它们的与门阵列都是类似的。

组合输出型 PAL 适用于构成组合逻辑电路,常见的有或门输出、或非门输出和带互补输出端的或门输出等,或门的输入端一般在 2 ~ 8 个,有些输出还可兼作输入端,这类产品目前常用的有 PAL10H8、PAL16C1、PAL10L8、PAL20L10 等。

寄存器输出型的 PAL,因其内部配有触发器还可用于构成各种组合电路与时序电路的混合多用途电路,这种结构的 PAL 产品有 PAL16R4、PAL168 等。

(二)通用阵列逻辑(GAL)

由于 PAL 采用的是熔丝工艺,同 PROM 一样,一旦编程完毕后就不能再做修改。另外,PAL 的输出级采用的是固定输出结构,那么对不同输出结构的需求就只能通过选用不同型号的 PAL 来实现,这些都会给用户带来不便。

通用阵列逻辑(GAL)的基本结构与 PAL 类似,不同之处是,GAL 同 EPROM、E^2PROM、快闪 ROM 等器件一样可以擦除,GAL 采用的是 E^2CMOS 电擦除工艺,此外,它的输出结构也是可编程的。

GAL 按门阵列的可编程程度可以分为两大类:一类是与 PAL 基本结构类似的普通型 GAL 器件,即与门阵列可编程、或门阵列固定连接,如 GAL16V8 就是这一类器件;另一类与 PLA 相似,是与门阵列和或门阵列都可编程的,如 GAL310V18 等。

GAL 采用的高速 E^2CMOS 工艺,使用户可在数秒内用电擦除的方法完成芯片的擦除工作。另外,GAL 的输出结构采用的输出逻辑宏单元(OLMC)是可编程的,用户可以自行定义所需要的输出结构和功能。因此,一片 GAL 芯片可以反复编程使用数百次,并且一种型号的 GAL 器件可以兼容数十种 PAL 器件,这些给开发工作带来了极大的灵活性。加之,GAL 配有丰富的计算机辅助设计软件,使其应用起来更为方便,同时更便于普及。

第五节　组合逻辑电路设计方法总结

在本书中,我们已经学习了用五种方法来实现各种组合逻辑电路,即

(1)用 PROM(或简称 ROM)实现,要求用最小项表达式,而且可同时实现多函数输出。

(2)用 PLA 实现,要求化简成最简与或表达式,而且能实现多函数输出。

(3)用各种逻辑门实现,要求化简成最简与或式,也可实现多函数输出。

(4)用译码器实现,要求用最小项表达式,可实现多函数输出。

(5)用数据选择器实现,仅能单函数输出。

下面将这些方法进行比较,通过用两个例题予以说明,以使读者对组合逻辑电路的设计方法能形成一个完整的概念。

【例 8-8】　试用五种方法实现三变量表决器。

解　三变量表决器的真值表如表 8-3 所示。

表 8-3　三变量表决器真值表

A	B	C	F	A	B	C	F
0	0	0	0	1	0	0	0
0	0	1	0	1	0	1	1
0	1	0	0	1	1	0	1
0	1	1	1	1	1	1	1

由真值表可以得到 F 的表达式为

$$F = \sum(3,5,6,7)$$

即

$$F = \overline{A}BC + A\overline{B}C + AB\overline{C} + ABC$$

或

$$F = m_3 + m_5 + m_6 + m_7$$

由卡诺图化简后,得

$$F = AC + BC + AB$$

(1)用 PROM 实现，必须用 F 的最小项表达式，如图 8-18 所示。所用存储器容量为 $2^3 \times 1 = 8$ 位。

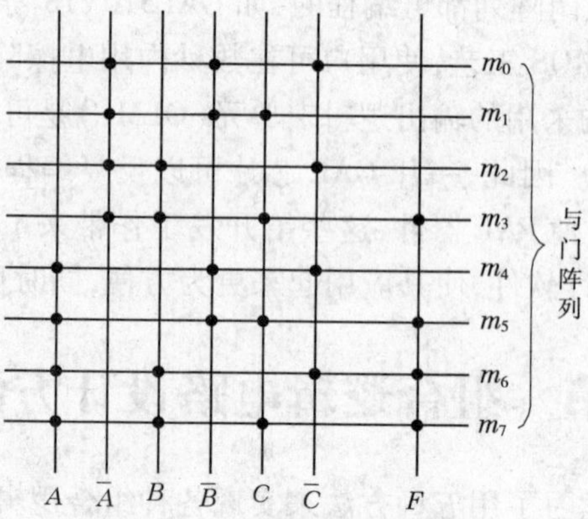

图 8-18　ROM 实现三变量表决器

(2)用 PLA 实现，必须用 F 的最简与或式实现，如图 8-19 所示。所用存储器容量为 $3 \times 1 = 3$ 位。

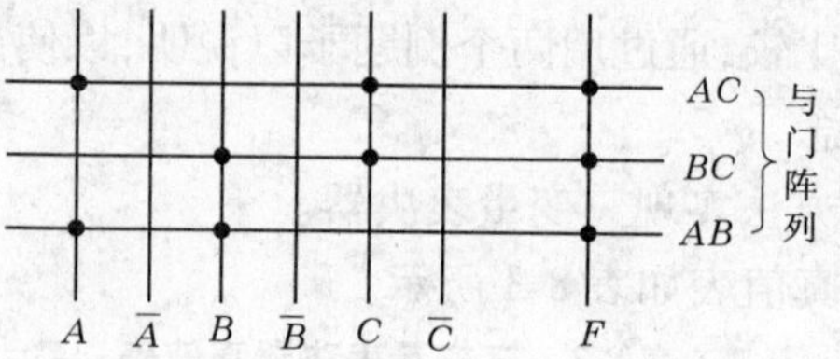

图 8-19　用 PLA 实现三变量表决器

(3)用与非门实现，要用 F 的最简与非式。

因为 $F = AC + BC + AB = \overline{\overline{AC} \cdot \overline{BC} \cdot \overline{AB}}$，故可得电路图如图 8-20 所示。

(4)用译码器实现。只能使用最小项表达式，若用与非门输出，则将真值表 8-3 中 F 对应为 1 的各项连接到与非门的输入端即可，如图 8-21 (a)所示；若用与门输出，则将真值表 8-3 中 F 对应为 0 的各项连接到与门的输入端即可，如图 8-21(b)所示。

(5)用数据选择器实现。因为三变量 A、B、C 作地址控制端可以输出 8 个数，故用 8 选 1 就可以实现，这里选择 74LS151，将数据输入端 $D_0 \sim D_7$ 按真值表 8-3 中 F 的值从上向下按对应关系写入即可，如图 8-22 所示。

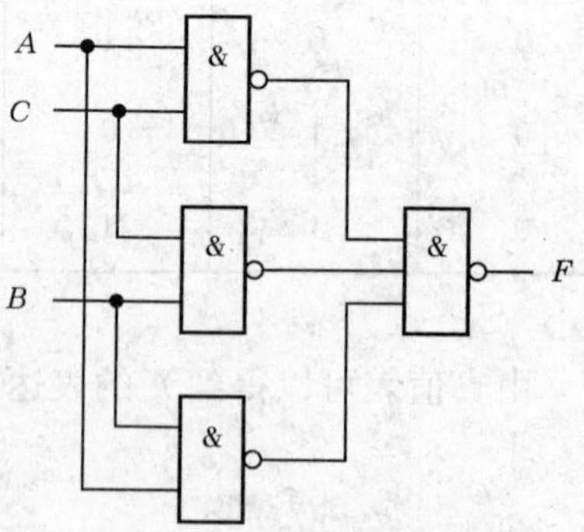

图 8-20　用与非门实现三变量表决器

若用 4 选 1 的 74LS153 实现，并选变量 B、C 作地址 A_1、A_0 的控制端，则变量 A 的作用将体现在输入数据端上，其输入数据端函数可由图 8-23 (a)看出，图 8-23 (b)为其电路图。

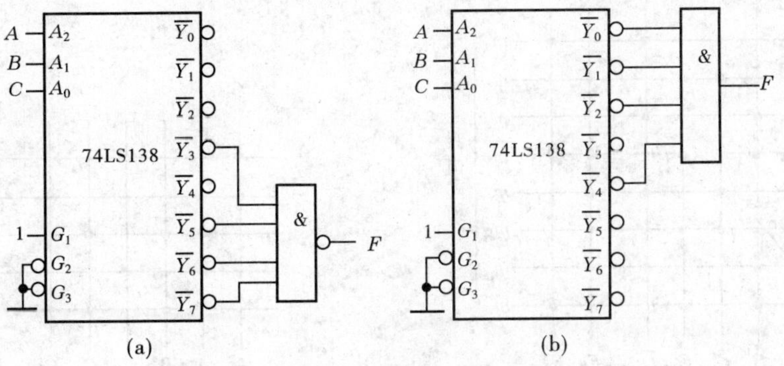

图 8-21　用译码器实现三变量表决器

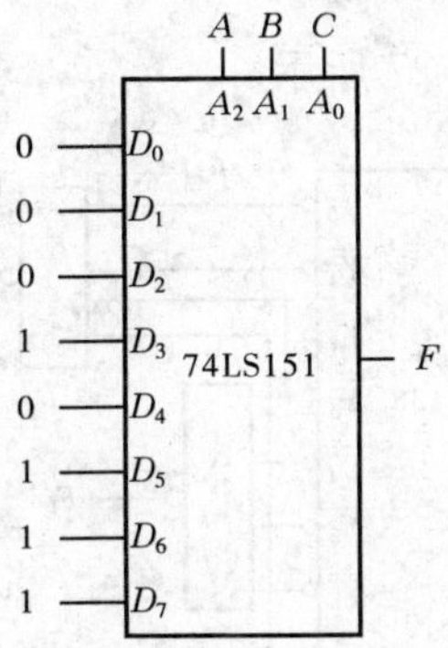

图 8-22　用数据选择器 8 选 1 实现

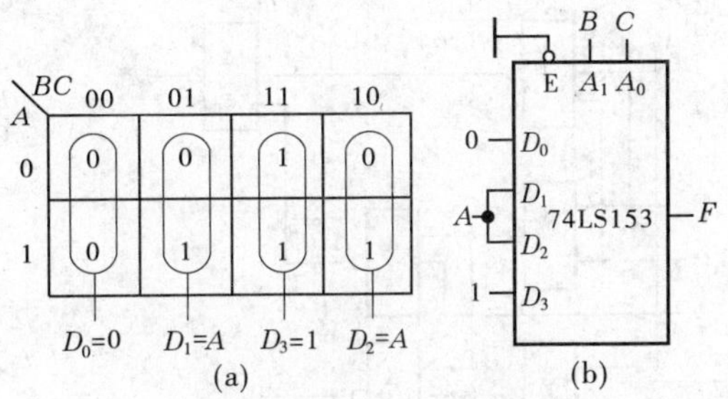

图 8-23　用数据选择器 4 选 1 实现

【例 8-9】　试用四种方法实现下列多输出函数：

$$F_1 = \sum(3,4,5,6),\quad F_2 = \bar{A}\cdot\bar{B}\cdot\bar{C} + \bar{A}\cdot\bar{B}\cdot C + \bar{A}BC + ABC$$

解　上述五种方法中只有数据选择器不能同时实现多输出函数。用 PROM 或译码器输出时，不必化简，要求必须使用最小项表达式；用 PLA 或门电路输出时，必须先化成最简与或表达式才行。

上面两个函数由卡诺图化简后得

$$F_1 = A\bar{B} + A\bar{C} + \bar{A}BC,\quad F_2 = \bar{A}\cdot\bar{B} + BC$$

F_2 的最小项表达式为

$$F_2 = \sum(0,1,3,7)$$

(1)用 PROM 实现，如图 8-24 所示，其存储容量为 $2^3\times2=16$ 位。

(2)用 PLA 实现，用化简后的表达式，如图 8-25 所示，其存储容量为 $5\times2=10$ 位。

(3)用与非门实现，为了使两个函数使用的与非门个数最少，可将 F_1、F_2 进一步化简为

$$F_1 = A\bar{B} + A\bar{C} + \bar{A}BC = A(\bar{B}+\bar{C}) + \bar{A}BC$$
$$= A\overline{BC} + \bar{A}BC = \overline{\overline{A\overline{BC}}\cdot\overline{\bar{A}BC}}$$
$$F_2 = \bar{A}\cdot\bar{B} + BC = \overline{\overline{\bar{A}\cdot\bar{B}}\cdot\overline{BC}}$$

由此画出的逻辑图如图 8-26 所示。

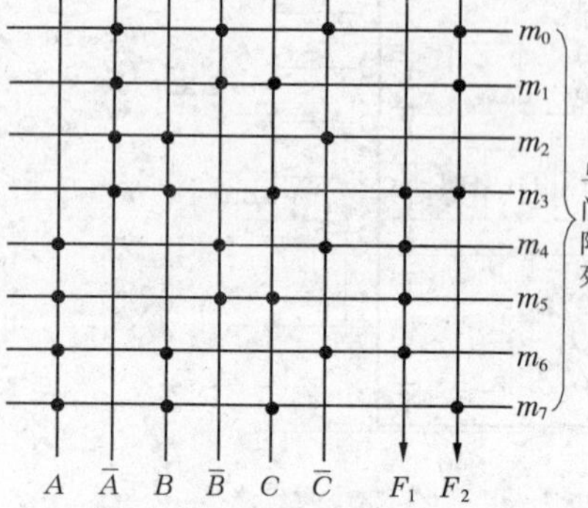

图 8-24　用 PROM 实现 F_1 和 F_2

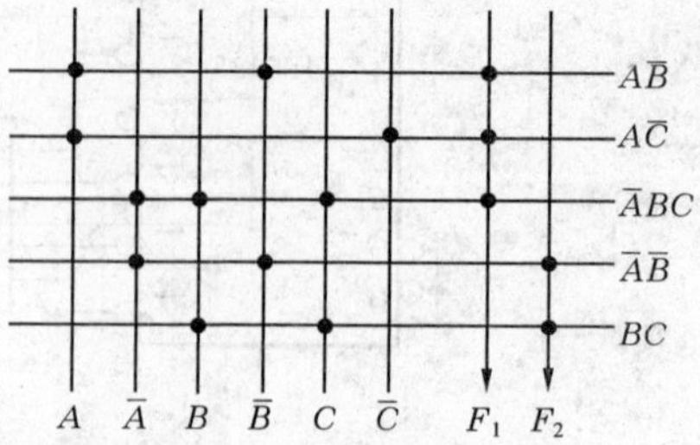

图 8-25　用 PLA 实现 F_1 和 F_2

(4)用 74LS138 译码器实现,且用与非门输出,如图 8-27 所示。

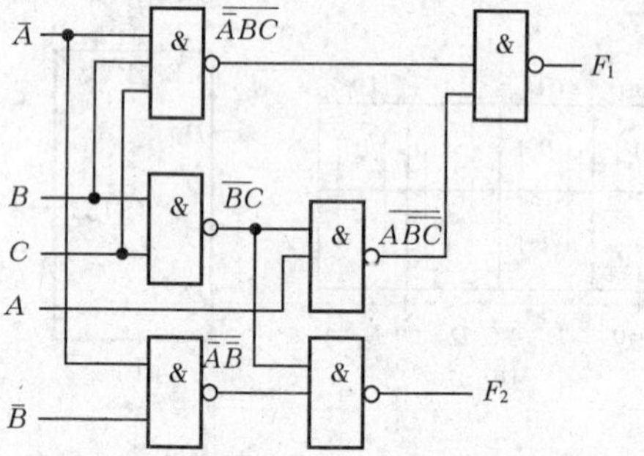

图 8-26　用与非 - 与非门实现 F_1 和 F_2

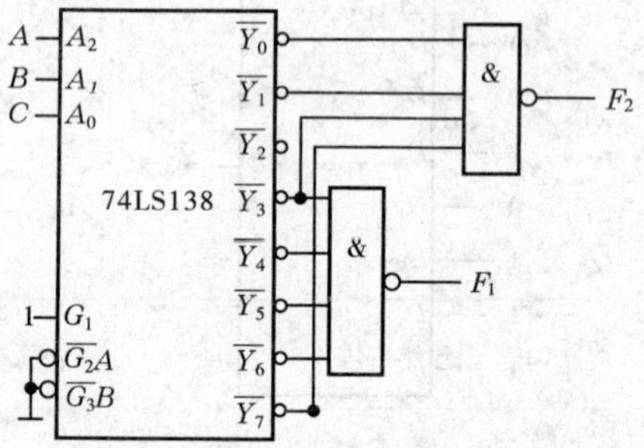

图 8-27　用 3 - 8 译码器实现 F_1 和 F_2

本章小结

半导体存储器是一种能存储大量数据或信号的半导体器件。由于要求存储的数据量往往很大,而器件的引脚数目不可能无限制增加,因而不可能将每个存储单元电路的输入端和输出端都固定地各接到一个引脚上。因此,存储器的电路结构形式与前面讲过的寄存器的不同。

在半导体存储器中采用了按地址存放数据的方法,只有那些被输入地址代码指定的存储单元才能与输入/输出端接通,输入/输出端是公用的。为此,存储器的电路结构中必须包含地址译码器、存储矩阵和输入/输出电路(或读/写控制电路)这三个组成部分。

半导体存储器有许多不同的类型,从读、写的功能上分成只读存储器(ROM)和随机存储器(RAM)两大类。根据存储单元电路结构和工作原理的不同,又将 ROM 分为掩膜 ROM、PROM、EPROM 和 E^2PROM 等几种类型;将 RAM 分为静态 RAM 和动态 RAM 两类。

在一片存储器芯片的存储量不够用时,可以将多片存储器芯片组合起来,构成一个更大容量的存储器。存储器的应用领域极为广阔,凡是需要记录数据或各种信号的场合都离不开它。尤其在电子计算机中,存储器是必不可少的一个重要组成部分。此外,还可以用存储器来设计组合逻辑电路。只要将地址输入作为输入逻辑变量,将数据输出端作为函数输出端,并根据要产生的逻辑函数写入相应的数据,就能得到所需要的组合逻辑电路了。

可编程逻辑器件(Programmable Logic Device)简称 PLD,是可以由用户编程、配置的一类逻辑器件的泛称。它的最大特点是可以通过编程的方法设置其逻辑功能。

习 题

8-1 ROM 主要由哪几部分组成?

8-2 试比较 ROM、PROM 和 EPROM 及 E^2PROM 有哪些异同?

8-3 PROM、EPROM 和 E^2PROM 在使用上有哪些优缺点?

8-4 RAM 由哪几部分组成? 各有什么作用?

8-5 静态 RAM 和动态 RAM 有哪些区别?

8-6 RAM 和 ROM 有什么区别? 它们各适用于什么场合?

8-7 试画出用 1 024 ×4 位的 RAM 扩展成 4 096 ×4 位的 RAM 接线示意图。

第九章　数字系统设计

本章从实践的角度比较全面地介绍了数字系统的设计，包含电子电路设计的一般方法与步骤和数字电路系统的设计方法。其中，本书中未介绍的集成块、计算机语言可参考有关专业书籍。

第一节　电子电路设计的一般方法与步骤

一、总体方案的设计与选择

（一）原理方案的构想

1. 提出原理方案

一个复杂的系统需要进行原理方案的构思，也就是用什么原理来实现系统要求。因此，应对课题的任务、要求和条件进行仔细的分析与研究，找出其关键问题，然后根据此关键问题提出实现系统要求的原理与方法，并画出其原理框图（即提出原理方案）。提出原理方案关系到设计全局，应广泛收集与查阅有关资料，广开思路，开动脑筋，利用已有的各种理论知识，提出尽可能多的方案，以便作出更合理的选择。所提方案必须对关键部分的可行性进行讨论，一般应通过试验加以确认。

2. 原理方案的比较选择

原理方案提出后，必须对所提出的几种方案进行分析比较。在详细的总体方案尚未完成之前，只能就原理方案的简单与复杂，方案实现的难易程度进行分析比较，并作出初步的选择。如果有两种方案难以敲定，那么可对两种方案都进行后续阶段设计，直到得出两种方案的总体电路图，然后就性能、成本、体积等方面进行分析比较，最后确定可行方案。

（二）总体方案的确定

原理方案选定以后，便可着手进行总体方案的确定，原理方案只着眼于方案的原理，不涉及方案的许多细节。因此，原理方案框图中的每个框图也只是原理性的、粗略的，它可能由一个单元电路构成，亦可能由许多单元电路构成。为了把总体方案确定下来，必须把每一个框图进一步分解成若干个小框，每个小框为一个较简单的单元电路。当然，每个框图不宜分得太细，亦不能分得太粗，太细对选择不同的单元电路或器件带来不利，并使单元电路之间的相互连接复杂化；太粗将使单元电路本身功能过于复杂，不好进行设计或选择。总之，应从单元电路和单元之间连接的设计与选择出发，恰当地分解框图。

二、单元电路的设计与选择

（一）单元电路结构形式的选择与设计

按已确定的总体方案框图，对各功能框分别设计或选择出满足其要求的单元电路。因此，必须根据系统要求，明确功能框对单元电路的技术要求，然后进行单元电路结构形式的选择或设计。

满足功能框要求的单元电路可能不止一个，因此必须进行分析比较，择优选择。

（二）元器件的选择

1. 元器件选择的一般原则

元器件的品种规格十分繁多，性能、价格和体积各异，而且新品种不断涌现，这就需要我们经常关心元器件信息和新动向，多查阅器件手册和有关的科技资料，尤其要熟悉一些常用的元器件型号、性能和价格，这对单元电路和总体电路设计极为有利。选择什么样的元器件最合适，需要进行分析比较。首先应考虑满足单元电路对元器件性能指标的要求，其次是考虑价格、货源和元器件体积等方面的要求。

2. 集成电路与分立元件电路的选择问题

随着微电子技术的飞速发展，各种集成电路大量涌现，集成电路的应用越来越广泛。目前，一块集成电路常常就是具有一定功能的单元电路，它的性能、体积、成本、安装调试和维修等方面一般都优于由分立元件构成的单元电路。

优先选用集成电路不等于什么场合都一定要用集成电路。在某些特殊情况，如在高频、宽频带、高电压、大电流等场合，集成电路往往还不能适应，有时仍需采用分立元件。另外，对一些功能十分简单的电路，往往只需一只三极管或一只二极管就能解决问题，就不必选用集成电路。

3. 怎样选择集成电路

集成电路的品种很多，按功能分可分为模拟集成电路、数字集成电路和模数混合集成电路三大类。模拟集成电路有集成运算放大器、比较器、模拟乘法器、集成功率放大器、集成稳压器、集成函数发生器以及其他专用模拟集成电路等；数字集成电路有集成门、驱动器、译码器/编码器、数据选择器、触发器、寄存器、计数器、存储器、微处理器、可编程器件等；混合集成电路有定时器、A/D 转换器、D/A 转换器、锁相环等。

按集成电路中有源器件的性质，集成电路又可分为双极型和单极型两种。同一功能的集成电路可以是双极型的，亦可以是单极型的。双极型与单极型集成电路在性能上的主要差别是：双极型器件功耗大，工作频率高，温度特性差，输入电阻小等；而单极型器件正好相反。至于采用哪一种，这要由单元电路所要求的性能指标来决定。

数字集成电路有：双极型的 TTL、ECL 和 I^2L 等，单极型的 CMOS、NMOS 和动态 MOS 等。选择集成电路的关键因素主要包括性能指标、工作条件、性能价格比等，集成电路选择流程如图 9-1 所示。

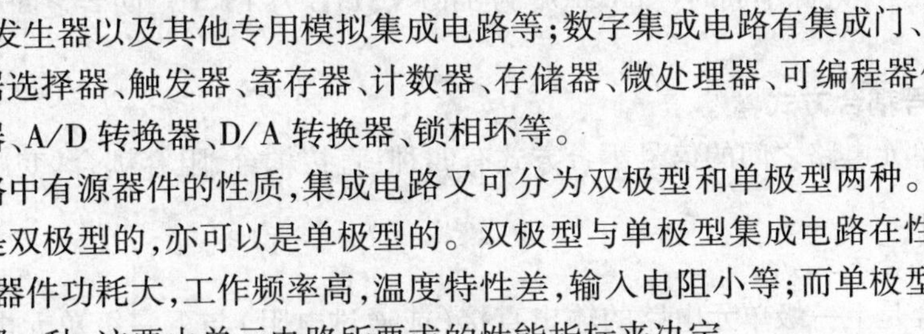

图 9-1　集成电路选择的流程

三、单元电路之间的级联设计

各单元电路确定以后,还要认真仔细地考虑它们之间的级联问题,如电气特性相互匹配、信号耦合方式、时序配合及相互干扰等问题。

(一)电气特性相互匹配问题

关于单元电路之间电气特性相互匹配的问题主要有阻抗匹配、线性范围匹配、负载能力匹配、高低电平匹配等。前两个问题是模拟单元电路之间的匹配问题,最后一个问题是数字单元电路之间的匹配问题,而第三个问题(负载能力匹配)是两种电路都必须考虑的问题。

从提高放大倍数和带负载能力考虑,希望后一级的输入电阻要大,前一级的输出电阻要小,但从改善频率响应角度考虑,则要求后一级的输入电阻要小。

对于线性范围匹配问题,这涉及前后级单元电路中信号的动态范围。显然,为保证信号不失真地放大,后一级单元电路的动态范围要求大于前级。

负载能力的匹配实际上是前一级单元电路能否正常驱动后一级单元电路的问题。这在各级电路之间均有,但特别突出的是在后一级单元电路中,因为末级电路往往需要驱动执行机构。如果驱动能力不够,则应增加一级功率驱动单元。在模拟电路中,如对驱动能力要求不高,可采用运算放大器构成的电压跟随器,否则需采用功率集成电路或互补对称输出电路。在数字电路中,则采用达林顿驱动器、单管射极跟随器或单管反向器。

高低电平匹配问题在数字电路中经常遇到。若高低电平不匹配,则不能保证正常的逻辑功能。为此,必须增加电平转换电路。尤其是 CMOS 集成电路与 TTL 集成电路之间的连接,当两者的工作电源不同时(如 CMOS 为 +15 V,TTL 为 +5 V),两者之间必须加电平转换电路。

(二)信号耦合方式

常见的单元电路之间的信号耦合方式有四种:直接耦合、阻容耦合、变压器耦合和光电耦合。

1. 直接耦合方式

直接耦合是上一级单元电路的输出直接(或通过电阻)与下一级单元电路的输入相连接。这种耦合方式最简单,它可把上一级输出的任何波形的信号(正弦信号和非正弦信号)送到下一级单元电路。但是,在这种耦合方式在静态情况下,两个单元电路存在相互影响,因此在电路分析与计算时,必须加以考虑。

2. 阻容耦合方式(如图 9-2 所示)

阻容耦合即是通过电阻、电容将前级输出接至下一级输入。

阻容耦合的优点:由于前、后级是通过电容相连的,所以相应各级放大电路的静态工作点是相互独立的,不互相影响,这给放大电路的分析、设计和调试带来了很大的方便。因此,阻容耦合方式在分立元件组成的放大电路中得到广泛的应用。

但它也存在不足之处。首先,它不适用于传送缓慢变化的信号,因为电容的容抗很大,使信号衰减很大。至于直流信号的变化,则根本不能传送。

其次是大容量电容在集成电路中难于制造。所以,阻容耦合在线性集成电路中无法被采用。

3. 变压器耦合方式

变压器通过磁路的耦合，把初级的交流信号传送到次级，而直流电流、电压通不过变压器。变压器耦合主要用于功率放大电路，它的优点是可变换电压和实现阻抗变换；缺点是体积大，重量大，不能实现集成化，频率特性也较差。

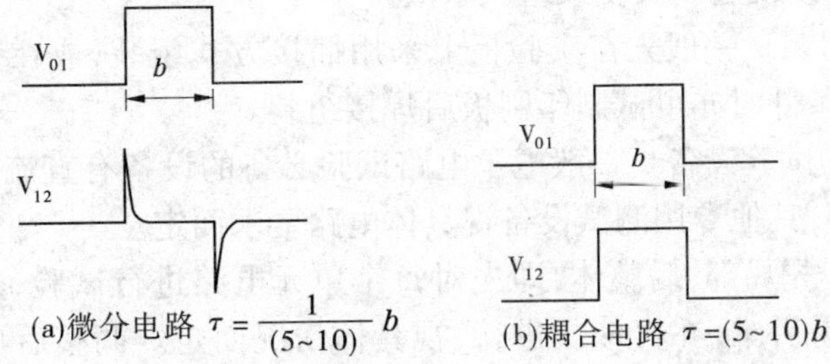

图 9-2　阻容耦合传递脉冲信号

4. 光电耦合方式

光电耦合方式是一种常用的方式，其主要是通过光电信号的转换完成信号的传输，以达到前后级隔离的目的。

(三)时序配合

单元电路之间信号作用的时序在数字系统中是非常重要的。哪个信号作用在前，哪个信号作用在后，以及作用时间长短等，都是根据系统正常工作的要求而决定的。换句话说，一个数字系统有一个固定的时序。时序配合错乱，将导致系统工作失常。

时序配合是一个十分复杂的问题，为确定每个系统所需的时序，必须对该系统中各个单元电路的信号关系进行仔细的分析，画出各信号的波形关系图——时序图，确定出保证系统正常工作下的信号时序，然后提出实现该时序的措施。

四、画出总体电路草图

各单元电路及它们之间连接关系确定后，就可以进行总体电路图的绘制。总体电路图是电子电路设计的结晶，是重要的设计文件，它不仅仅是电路安装和电路板制作等工艺设计的主要依据，而且是电路试验和维修时不可缺少的文件。总体电路图涉及的方面和问题很多，不可能一次就把它画好，而且尚未通过试验的检验，因此不能算是正式的总体电路图，而只能是一个总体电路草图。

对画出总体电路图的要求是：能清晰工整地反映出电路的组成、工作原理、各部分之间的关系以及各种信号的流向。因此，图纸的布局、图形符号、文字标准等都应规范统一。

五、总体电路试验

由于电子元器件品种繁多且性能分散，电子电路设计与计算中又采用工程估算，再加之设计中要考虑的因素相当多，所以设计出的电路难免会存在这样或那样的问题，甚至出现差错。实践是检验设计正确与否的唯一标准，因此任何一个电子电路都必须通过试验检验，未能经过试验的电子电路不能算是成功的电子电路。通过试验可以发现问题、分析问题，找出解决问题的措施,从而修改和完善电子电路设计。只有通过试验,证明电路性能全部达到设计的要求后,才能画出正式的总体电路图。

电子电路试验应注意以下几点:

(1)审图。电子电路组装前应对总体电路草图全面审查一遍。尽早发现草图中存在的问题,以避免试验中出现过多反复或重大事故。

(2)电子电路组装。一般先在实验板上采用插接方式组装,或在多功能印刷板上采用焊接方式组装。有条件时亦可试制印刷板后焊接组装。

(3)选用合适的试验设备。一般电子电路试验必备的设备有直流稳压电源、万用表、信号源、双踪示波器等,其他专用测试设备视具体电路要求而定。

(4)试验步骤。先局部,后整体,即先对每个单元电路进行试验,重点是主电路的单元电路试验。可以先易后难,亦可依次进行,视具体情况而定。调整后再逐步扩展到整体电路。只有整体电路调试通过后,才能进行性能指标测试。性能指标测试合格才算试验完结。

六、绘制正式的总体电路图

经过总体电路试验后,可知总体电路的组成是否合理,各单元电路是否合适,各单元电路之间连接是否正确,元器件参数是否需要调整,是否存在故障隐患,以及解决问题的措施,从而为修改和完善总体电路提供可靠的依据。画正式总体电路图应注意的几点与画草图一样,只不过要求更严格、更工整,一切都应按制图标准绘图。

第二节　数字电路系统的设计方法

一、数字电路系统的组成与类别

(一)数字电路系统的组成

在电子技术领域里,用来对数字信号进行采集、加工、传送、运算和处理的装置称为数字电路系统。一个完整的数字电路系统往往包括输入电路、输出电路、控制电路、时基电路和若干子系统等五个部分,如图9-3所示。各部分具有相对的独立性,在控制电路的协调和指挥下完成各自的功能,其中控制电路是整个系统的核心。

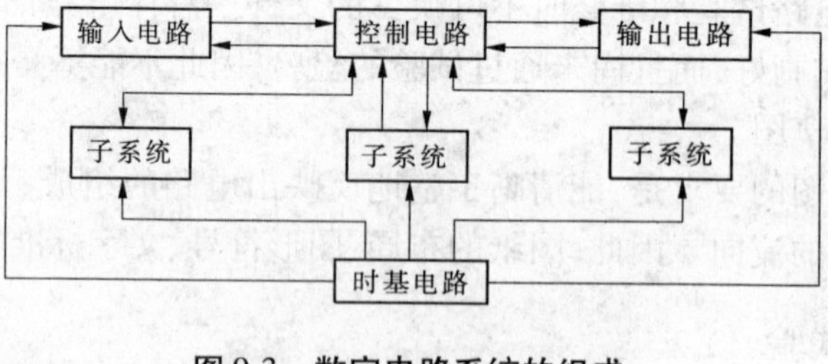

图9-3　数字电路系统的组成

1. 输入电路

输入电路的任务是将外部信号变换成数字电路能够接受和处理的数字信号。外部信号通常可分成模拟信号和开关信号两大类,如声、光、电、温度、湿度、压力及位移等物理量属于模拟量,而开关的闭合与打开、管子的导通与截止、继电器的得电与失电等属于开关量。这些信号都必须通过输入电路变换成数字电路能够接受的二进制逻辑电平。

2. 输出电路

输出电路将经过数字电路运算和处理之后的数字信号变换成模拟信号或开关信号去推动执行机构。当然,在输出电路和执行机构之间常常还需要设置功放电路,以提供负载所要求的电压和电流。

3. 子系统

子系统是对二进制信号进行算术运算或逻辑运算以及信号传输等功能的电路,每个子系统完成一项相对独立的任务,即某种局部的工作。子系统又常称为单元电路。

4. 控制电路

控制电路将外部输入信号以及各子系统送来的信号进行综合、分析,发出控制命令去管理输入、输出电路及各子系统,使整个系统同步协调、有条不紊地工作。

5. 时基电路

时基电路提供系统工作的同步时钟信号,使整个系统在时钟信号的作用下顺序完成各种操作。

(二)数字电路系统的类型

(1)在数字电路系统中,有的全由硬件电路来完成全部任务,有的除硬件电路外,还需要加上软件,即使用可编程器件,采用"软硬"结合的方法完成电路功能。后者的功能要比前者强得多,而且能使硬件投资减少,使用灵活方便。

根据系统中有无可编程器件,数字电路系统可分为可编程和不可编程两大类。可编程器件最典型的是微处理器,一片微处理器配上若干外围芯片构成硬件电路,再加上相应的软件就可以构成一个功能很强的应用系统。除微处理器外,如存储器 ROM、EPROM、E^2PROM、RAM,可编程逻辑阵列 PAL、通用可编程逻辑阵列 GAL,以及各种可编程接口电路,这些器件的功能均可以通过软件来设置。一片 GAL 就能代替 20 ~ 50 片小规模集成芯片,而且可以使系统的可靠性大大提高。

(2)由于微处理器在可编程器件中具有一定的特殊性,因此,根据系统中是否使用微处理器,可将数字电路系统分成微处理器控制和无微处理器控制两大类。

(3)根据数字电路系统所完成的任务性质,可将其分成数字测量系统、数字通信系统和数字控制系统三大类。

二、数字电路系统的设计步骤

由于数字电路系统完成的任务不同,设计的数字电路系统规模有大有小,电路的结构也有繁有简。无论系统规模是大是小,其设计步骤是大体一致的,具体如下所述:

(1)分析设计要求,明确性能指标。

具体设计之前,必须仔细分析系统的要求、性能指标及应用环境等。分清楚要设计的电路属于何种类型,输入信号如何获得,输出执行装置是什么,工作的电压、电流参数是多少,主要性能指标如何,等等。然后查找相关的各种资料,广开思路,构思出各种总体方案,绘制结构框图。

(2)确定总体方案。

对各种方案进行比较,以电路的先进性、结构的繁简、成本的高低及制作的难易等方面作综合比较,并考虑各种元器件的来源,最后确定一种可行的方案。

(3)设计各子系统。

将总体方案化整为零,分成若干个子系统或单元电路,然后逐个进行设计。每一个子系统一般均能归结为组合电路与时序电路两大类。在设计时,应尽可能选用合适的现成电路,芯片的选用应优先使用中大规模集成电路,这样做不仅能简化设计,而且有利于提高系统的可靠性。若需选用小规模电路,则应先分清设计的电路是属于组合电路还是时序电路,然后按不同的方法分别作具体设计。

(4)设计控制电路。

控制电路的功能诸如系统的清零、复位、各子系统的时序先后及启动停止等,因此控制电路在整个系统中起核心和控制作用。设计时最好画出时序图,根据控制电路的任务和时序关系反复构思电路,选用合适的器件,使其达到功能要求。

(5)组成系统。

各部分子系统设计完成后,要绘制总系统原理图。在一定幅面的图纸上合理布局的方式,通常是按信号的流向,采用左进右出的规律摆布各部分电路,并标出必要的说明。

(6)安装调试,反复修改,直至完善。

(7)总结设计报告。

三、数字系统的设计方法

(一)自下而上的设计方法

数字系统自下而上的设计方法是一种试探法。设计者首先将规模大、功能复杂的数字系统按逻辑功能划分成若干子模块,一直分到这些子模块可以用经典的方法和标准的逻辑功能部件进行设计为止,然后再将子模块按其连接关系分别连接,逐步进行调试,最后将子系统组成在一起,进行整体调试,直到达到要求为止。

这种设计方法有以下两个特点:

(1)没有明显的规律可循,主要靠设计者的实践经验和熟练的设计技巧,用逐步试探的方法最后设计出一个完整的数字系统。

(2)系统的各项性能指标只有在系统构成后才能分析测试。如果系统设计存在比较大的问题,也有可能需要重新设计,使得设计周期加长、资源浪费也较大。

(二)自上而下的设计方法

自上而下的设计方法是,将整个系统从逻辑上划分成控制器和处理器两大部分,采用ASM图或RTL语言来描述控制器和处理器的工作过程。如果控制器和处理器仍比较复杂,可以在控制器和处理器内部多重地进行逻辑划分,然后选用适当的器件以实现各个子系统的功能,最后把它们连接起来,完成数字系统的设计。

这种设计方法的步骤如下所述:

(1)明确所要设计系统的逻辑功能。

(2)确定系统方案与逻辑划分,画出系统方框图。

(3)采用某种算法描述系统。

(4)设计控制器和处理器,组成所需要的数字系统。

四、现代数字系统的实现

随着集成电路技术的发展和计算机应用的普及,数字系统的实现方法也经历了由分立元件、小规模、中规模到大规模、超大规模,直到专用集成电路(ASIC)的发展过程。现在的ASIC芯片规模已经达到几百万个元件。FPGA或CPLD属于ASIC电路一类。一个复杂的数字系统只要一片或几片ASIC即可实现。制作ASIC的方法大体可分为两种:一种是掩膜方法,即由半导体厂家制造;另一种是现场可编程方法,用户可将所设计的电路通过计算机和开发工具,生成关于阵列连接的信息文件,并将信息文件通过编程器"编程"到芯片上。如果采用在系统编程器件,不需要编程器,直接将芯片装在所设计的系统或电路板上,通过编程电缆直接对其编程或修改即可。

一般可编程逻辑器件集成软件开发系统,支持两种设计输入方法或两种输入的混合方式:一种是图形设计输入;另一种是硬件描述语言输入,即计算机对输入文件进行编译、综合、优化、适配等操作,最后生成供编程用的JEDEC文件,就可以编程到芯片中。

所谓硬件描述语言,就是利用该语言描述电路的功能、信号连接关系及定时关系。它能比电路原理图更有效地表示硬件电路的特性。硬件描述语言在硬件设计领域的作用与C语言或C++在软件设计领域的作用类似。软件语言在某一时刻只需执行一条语句,而硬件描述语言可能同时要执行几条语句(在实际系统中许多操作是并行的),这是它与软件语言的最大区别之一。

硬件描述语言有很多种,现在比较流行的有(早期的硬件描述语言)ABEL和(标准硬件描述语言)VHDL。比较而言,ABEL是来描述相对简单的数字系统,而VHDL则是来描述更复杂的数字系统。

第三节　数据采集系统简介

数据采集和控制系统是对生产过程或科学试验中的各种物理量进行实时采集、测试、处理,并可将相应的量输出,以构成反馈控制系统。

数据采集和控制系统多种多样,但其基本工作过程相似,汇集被测控对象的各种模拟量,通过A/D转换器转换为数字信号,再通过计算机、数字信号处理芯片等器件对所采集的信号进行加工处理后,再通过D/A转换器转换成相应的模拟量,实现所需的控制。有关单片机的内容可参考其他课程,本节主要介绍数据采集系统的组成,模/数和数/模转换器等集成电路的使用,以及通过简要介绍一种温度控制器,说明电子电路小系统的设计过程。

一、系统的技术要求

设计一个温度控制器,来控制一个加热器,当环境温度达到设定值时,加热器自动断电。电路应包括:

(1)测温和控制范围:18~65 ℃。

(2)控温精度:≤1 ℃。

(3)电路具有显示温度环节和超温报警指示。

(4)采用单片机作为控制电路,采用继电器作为执行机构。

二、系统方框图

本系统由集成温度传感器、放大电路、A/D 转换器、单片机、D/A 转换器、控制驱动电路、加热器、锁存器、译码显示电路、键盘接口电路、数据存储器 RAM 和程序存储器 EPROM 等部分组成。温度控制器的方框图如图 9-4 所示。

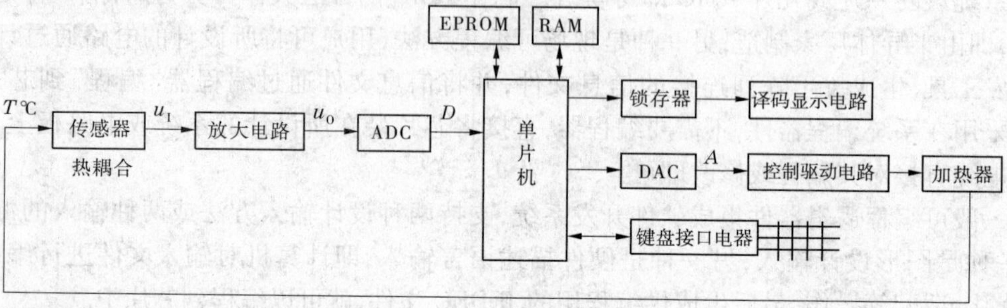

图 9-4　温度控制器的方框图

传感器采用集成温度传感器 AD590,AD590 是按 K 氏度标定的电流型温度传感器。温度每变化 1 K,电流就变化 1 μA。经过放大电路的放大,在温度达到最高温度时,放大电路的输出可以达到 A/D 转换器所需要的最大模拟量数值。模拟信号送入 A/D 转换器,变换成数字信号后,将数字量送往单片机。

单片机将传输过来的数字信号存入单片机中的存储器,如果数据量大,可以转存到外挂的 RAM 中。从数据传感器测得的信号,经单片机处理后通过 LED 数码管显示实时温度。通过键盘,用户可设置温度的上限值。当温度超过上限值时,单片机通过可控硅控制加热器停止工作,并报警显示温度值,直到温度下降至允许范围内。单片机的运行程序应事先存放在 EPROM 之中。如图 9-4 所示,温度控制器主要包括如下元器件:

单片机最小系统	一套;	温度传感器 AD590	一个;
运算放大器 LM324	一片;	共阴极 LED 译码管	四个;
LED 驱动器 MC14495	四片;	八输入与非门 74LS30	一片;
非门 74LS04	一片;	固态继电器	一个;
NPN 三极管 9013	一个;	电阻及导线	若干。

三、电路设计

本设计采用 80C52 单片机对加热器实行自动控制,系统主要电路包括温度测量、数据采集,键盘显示、输出控制等四部分,现分别介绍如下。

(一)温度测量电路

温度测量是整个控制系统的关键,控制的可靠性取决于温度测量的精度。AD590 是一种输出电流信号的高精度温度传感器,它测量范围为 −50 ~ +100 ℃,为了便于对信号进行放大,先利用一个电阻将所测的电流信号转化为电压信号。AD590 在制造时按照 K 氏度标定,即在 0 ℃时的电流为 273 μA,温度每增加 1 ℃,电流随之增加 1 μA,为了在温度为 0 ℃时输出电压为 0 V,应加入一偏移量,来抵消 0 ℃时 AD590 的输出。

在图 9-5 所示的电路中,DW233 是标准稳压二极管,因 $I_{RW} = I_0 + I_{R3}$。在一定温度条件

下 I_0 是固定的,例如0 ℃时 $I_0=273\ \mu A$。调节 R_{W1} 可改变其中的电流 I_{RW},使0 ℃时的

$$I_{R3} = I_{RW} - I_0 = 273 - 273 = 0\ (\mu A)$$

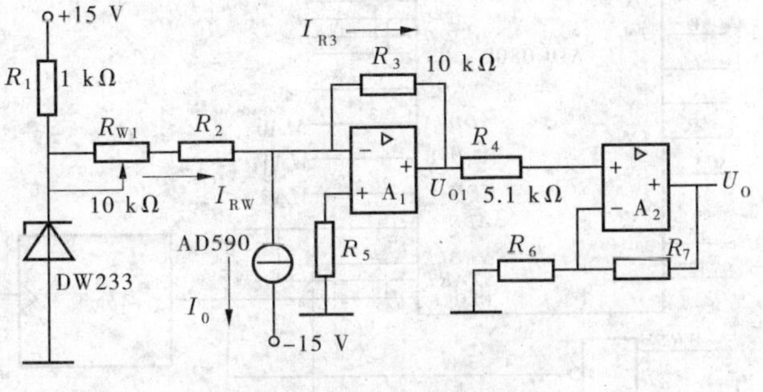

图 9-5　温度测量电路

于是 A_1 的输出 $U_{O1}=0$ V。若温度等于65 ℃,AD590的电流 $I_0=273+65=338\ (\mu A)$,而 I_{RW} 仍然等于273 μA,增加的65 μA电流由 I_{R3} 提供,于是 $I_{R3}=-65\ \mu A$,$U_{O1}=-I_{R3}R_3=650$ mV。由此可以确定电路的温度电压转换当量为10 mV/℃。

由于此时所得的电压信号幅度较小,在进行A/D转换以前需对其进行放大处理,这由图9-5中运算放大器 A_2 构成的同相比例放大电路来完成。

(二)数据采集电路

电压信号通过 A_2 放大后送入模/数转换器ADC0809输入端,单片机将采集ADC0809的输出数字信号进行处理转化为温度值进行显示。

数据采集电路如图9-6所示。外部传感器将采集来的数据(即in0端)送入模/数转换器ADC0809,模/数转换器将模拟数据转化为数字信息然后送到数据线上,单片机通过对地址的选择可以分别选通各个通道并读取信息。图9-6中,Y_3 为单片机地址信号,*WR* 和 *RD* 分别是单片机的写信号和读信号。当 Y_3 和 *WR* 同时为低电平时,与非门输出高电平,即ADC0809的 *ALE* 和 *START* 为高电平,控制ADC0809转换开始;当 Y_3 和 *RD* 为低电平时,ADC0809的 *ENABLE* 为高电平,则ADC0809处于读数状态。四分频电路时钟端所接的 *ALE* 信号即单片机的 *ALE* 输出,频率为单片机输入的晶振频率的1/6,一般单片机晶振频率为12 MHz,则 *ALE* 信号的频率为2 MHz,而ADC0809的工作频率为10～1 280 kHz,若选取500 kHz,则需将单片机的ALE进行四分频。

(三)键盘显示电路

为便于对系统中必要的参数作输入设定,设置了五个键,分别完成的功能如下所述。

(1)"设置"键。此键按下后,可以设置系统温度的上限值。

(2)"工作"键。此键按下的同时,加热器开始工作,LED数码管每隔200 ms显示一次加热器内的温度。

(3)"移动"键。在设置状态下,此键每按一次,标志显示右移一位(可循环移动)。

(4)"修改"键。对设置温度的当前位上的值作修改,按键一次,数据增1。

(5)"确定"键。系统保存对温度上限值所做的修改。

单片机键盘接线电路如图9-7所示。键盘接单片机 *P*1 口,并且与八输入与非门相连接,然后通过非门接入单片机的 *INT*0 中断口,当有按键按下时系统响应中断同时查询 *P*1 口状态以确定键盘值并做处理。

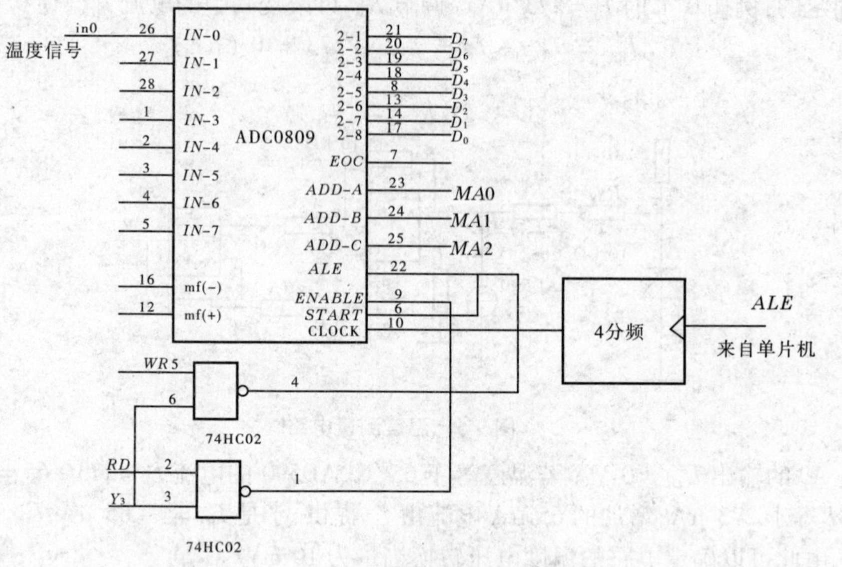

图 9-6　数据采集电路

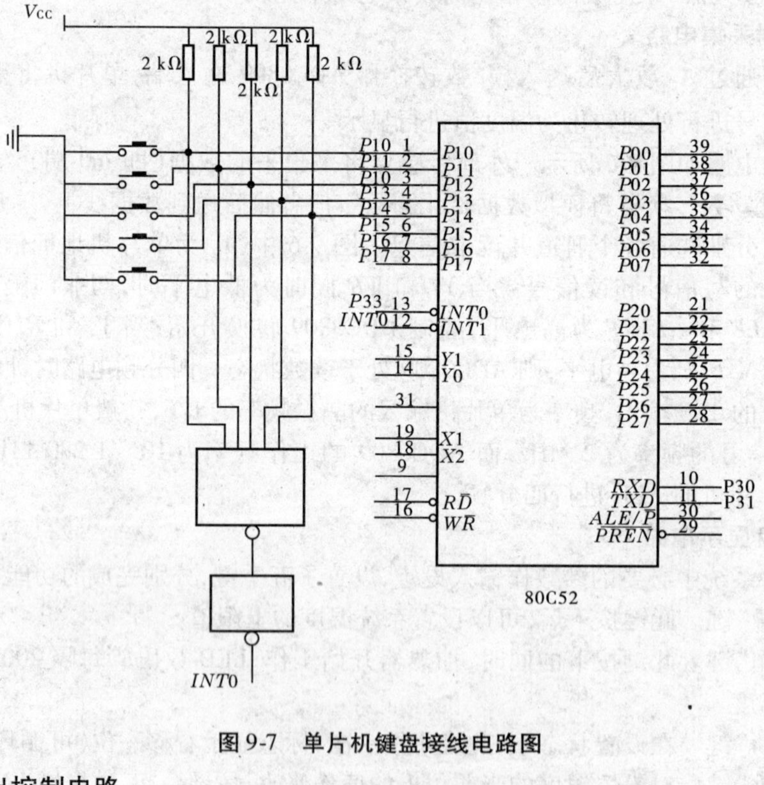

图 9-7　单片机键盘接线电路图

（四）输出控制电路

单片机 P17 口经 74HC04 接 NPN 型三极管的基极，继电器的输出端接 220 V 交流电源带动的负载。作为一种开关电路，*P*17 输出低电平，加热器停止工作，而输出高电平，加热器正常加热。输出电路接反相器是为了在单片机复位的时候，能够保证继电器的断开状态，这是因为单片机各个复位引脚都是高电平有效。

单片机每隔 200 ms 对温度信号进行采集并与温度的上限进行比较，若超过上限值，则控制加热器停止工作，并且显示报警。输出控制基本电路图如图 9-8 所示。

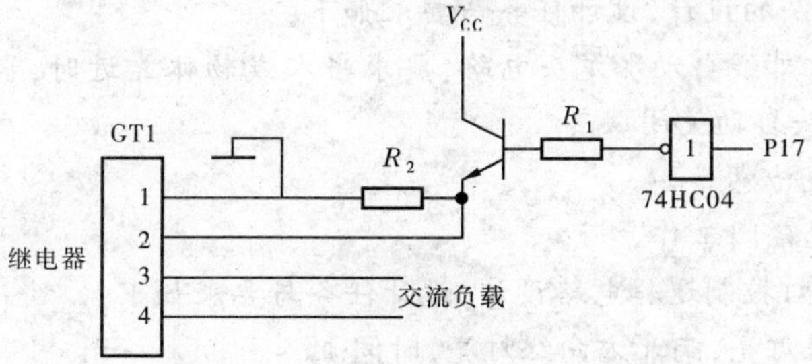

图 9-8　输出控制基本电路图

本章小结

电子电路设计应该从原理方案入手，把系统分成若干单元电路进行设计，并确定单元电路之间的级联方式及时序关系，在此基础上进行电路试验，最后确定总体电路。

数字系统结构主要包括输入电路、输出电路、子系统、控制电路、时基电路等五部分，其中控制系统是数字系统的核心。

数字电路系统设计主要包括分析系统要求、确定总体方案、设计子系统、设计控制电路、系统组装、安装调试等。值得注意的是，系统设计不是一次就能完成，需要反复调试。

数字系统设计方法主要有两类，包括自下而上的设计方法和自上而下的设计方法。

习　题

9-1　设计一个集成数字式闹钟，设计任务与要求如下：

(1)时钟功能：具有 24 小时或 12 小时的计时方式，显示时、分、秒。

(2)具有快速校准时、分、秒的功能。

(3)能设定起闹时刻，响闹时间为 1 min，超过 1 min 自动停；具有人工止闹功能；止闹后不重新操作，将不再发生起闹。

(4)计时准确度：每天计时误差不超过 10 s。

(5)供电方式：220 V、50 Hz 交流供电，当交流中断时，自动接上内部备用电源供电，不影响计时功能。

9-2　直流可变稳压电源的设计，其设计任务与要求如下：

(1)用集成芯片制作一个 0 ~ 15 V 的直流电源。

(2)功率要求 15 W 以上。

(3)测量直流稳压电源的纹波系数。

(4)具有过压、过流保护。

9-3　楼道触摸延时开关，设计任务与要求如下：

(1)设计一楼道触摸延时开关，其功能是当人用手触摸开关时，照明灯点亮，并持续一段时间后自动熄灭。

(2)开关的延时时间约1 min。

9-4　自动水龙头的设计,设计任务与要求如下:

(1)设计一个红外线自动水龙头电路,要求当人或物体靠近时,水龙头自动放水,而人或物体离开时水龙头自动关闭。

(2)采用红外线传感器。

(3)开关使用电磁阀工作。

9-5　简易交通灯控制逻辑电路设计,设计任务与要求如下:

(1)东西方向绿灯亮,南北方向红灯亮,时间15 s。

(2)东西方向与南北方向黄灯亮,时间5 s。

(3)南北方向绿灯亮,东西方向红灯亮,时间10 s。

(4)如果发生紧急事件,可以手动控制四个方向红灯全亮。

9-6　过/欠电压保护提示电路,设计任务与要求如下:

(1)设计一个过/欠电压保护电路,当电网交流电压大于250 V或小于180 V时,经3～4 s本装置将切断用电设备的交流供电,并用LED发光警示。

(2)在电网交流电压恢复正常后,经本装置延时3～5 min后恢复用电设备的交流供电。

9-7　音乐彩灯控制器,设计任务与要求如下:

(1)设计一个音乐声响与彩灯灯光相互组合的彩灯控制电路。

(2)有三路不同控制方法的彩灯,用不同颜色的LED表示。

(3)第一路为音乐节奏控制彩灯,按音乐节拍变换彩灯花样。

(4)第二路按音乐大小控制彩灯,音量大时,彩灯亮度加大,反之亦然。

(5)第三路按因调高低控制彩灯。

部分习题参考答案

第一章　数字电路基础

1-1　(1) $(1011)_2=(11)_{10}$；　(2) $(10101)_2=(21)_{10}$

(3) $(11111)_2=(31)_{10}$；　(4) $(100001)_2=(33)_{10}$

1-2　(1) $(8)_{10}=(1000)_2$；　(2) $(27)_{10}=(11011)_2$

(2) $(31)_{10}=(11111)_2$；　(4) $(100)_{10}=(1100100)_2$

1-3　(1) $(255)_{10}=(11111111)_2=(\mathrm{FF})_{16}=(001001010101)_{8421\mathrm{BCD}}$；

(2) $(11010)_2=(1\mathrm{A})_{16}=(26)_{10}=(00100110)_{8421\mathrm{BCD}}$；

(3) $(3\mathrm{FF})_{16}=(1111111111)_2=(1023)_{10}=(0001000000100011)_{8421\mathrm{BCD}}$；

(4) $(100000110111)_{8421\mathrm{BCD}}=(837)_{10}=(1101000101)_2=(345)_{16}$

1-4　(1) $(10010)_2$；　(2) $(101)_2$；　(3) $(1000001)_2$；　(4) $(11)_2$

1-5

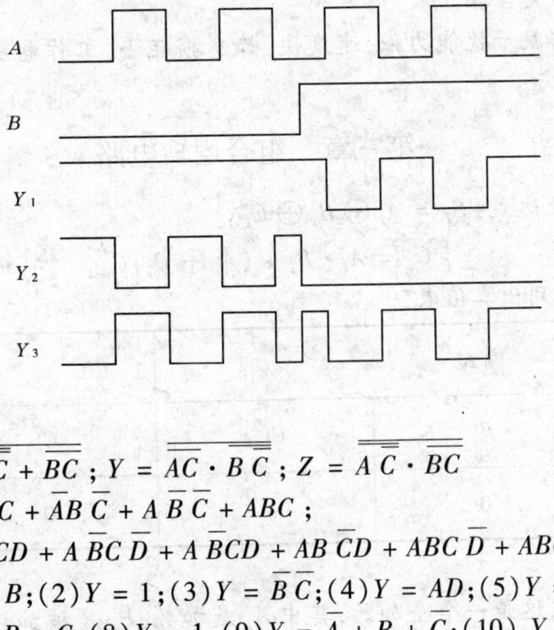

1-6　$X=\overline{\overline{AB+\overline{BC}}+\overline{BC}}$；$Y=\overline{\overline{AC}\cdot\overline{B\overline{C}}}$；$Z=\overline{\overline{A\overline{C}}\cdot\overline{BC}}$

1-7　(a) $Y=\overline{A}\,\overline{B}C+\overline{A}B\overline{C}+A\overline{B}\,\overline{C}+ABC$；

(b) $Y=\overline{A}BCD+A\overline{B}C\overline{D}+A\overline{B}CD+AB\overline{C}D+ABC\overline{D}+ABCD$

1-8　(1) $Y=A+B$；(2) $Y=1$；(3) $Y=\overline{B}\,\overline{C}$；(4) $Y=AD$；(5) $Y=A+CD$；(6) $Y=1$；

(7) $Y=A+B+C$；(8) $Y=1$；(9) $Y=\overline{A}+B+\overline{C}$；(10) $Y=A\overline{C}$

1-9　(1) $Y=\overline{B}\,\overline{C}+A\overline{C}+ABC$；(2) $Y=A\overline{B}+C$；(3) $Y=A\overline{B}+AD+BC+C\overline{D}$；

(4) $Y=AB\overline{C}+\overline{A}BC+ACD+\overline{A}\,\overline{C}D$；(5) $Y=\overline{A}$；(6) $Y=\overline{A}\,\overline{B}+\overline{A}\,\overline{C}+\overline{B}\,\overline{C}+ABC$；

(7) $Y=\overline{A}+\overline{C}$；(8) $Y=A+\overline{B}C+BD$

第二章　逻辑门电路

2-1　二极管：加正向电压导通，相当于开关闭合；反向电压截止，相当于开关断开。三极管：$U_{BE}<0\ \mathrm{V}$时，三极管可靠截止，相当于开关断开；$i_B\gg I_{BS}$时，三极管饱和，相当于开关闭合。

2-2 (1) $R_1\uparrow, R_2\downarrow, |-U_{BB}|\uparrow$。

(2) $R_1\downarrow, R_2\uparrow, |-U_{BB}|\downarrow, R_C\uparrow, \beta\uparrow, U_{CC}\uparrow$。

(3) $R_C\downarrow$。

(4) $R_1\downarrow, R_2\uparrow, |-U_{BB}|\downarrow, R_C\uparrow, \beta\uparrow, U_{CC}\downarrow$。

(5) $R_1\uparrow, R_2\downarrow, |-U_{BB}|\uparrow, R_C\downarrow, \beta\downarrow, U_{CC}\uparrow$。

2-3 (2) $200\ \Omega < R_b < 1\ \text{k}\Omega$。

(3) $200\ \Omega < R_b < 1.5\ \text{k}\Omega$。

2-4 与非门当反相器使用时,把多余输入端接高电平。

或非门当反相器使用时,把多余输入端接低电平。

异或门当反相器使用时,把多余输入端接高电平。

2-5 (a)正确,$Y=\overline{\overline{AB}\cdot\overline{CD}}$。

(b)错误。

(c)错误。

(d)正确, $Y=\overline{AB}$。

(e)正确, $C=0$ 时,$Y=\overline{A}$;$C=1$ 时,$Y=\overline{B}$。

2-6 图 2-40(a)更合理。

2-7 COMS 电路抗干扰能力强,速度快,静态损耗小,工作电压范围宽,有取代 TTL 门电路的趋势。

第三章 组合逻辑电路

3-1 写出逻辑表达式:$S_i = A_i \oplus B_i \oplus C_{i-1}$

$$C_i = A_i \cdot B_i + (A_i \oplus B_i) C_{i-1}$$

根据逻辑表达式列出真值表:

输入			输出	
A_i	B_i	C_{i-1}	C_i	S_i
0	0	0	0	0

根据真值表所得,这是一个全加器,其中 A_i 是加数,B_i 是被加数,C_{i-1} 是来自低位的进位,S_i 是本位和,C_i 是向高位的进位。

3-2 设 Y 为红灯,G 为黄灯,则有:

$$Y=\overline{\overline{AB}\cdot\overline{AC}\cdot\overline{BC}}$$

$$G=\overline{\overline{\bar{A}\,\bar{B}C}\cdot\overline{\bar{A}B\bar{C}}\cdot\overline{A\bar{B}\,\bar{C}}\cdot\overline{ABC}}$$

3-3 画出与非门逻辑如下图所示:

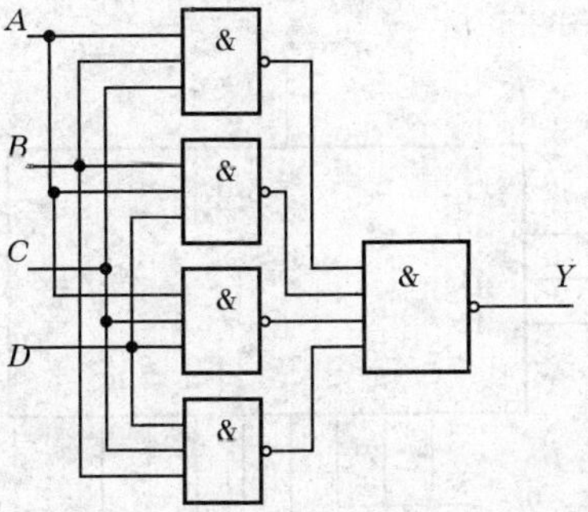

3-4　$Y = \overline{A}\,\overline{B} + \overline{A}\,\overline{C}$。

3-5　设单刀双掷开关向上扳为 1，向下扳为 0。A、B 为两个开关，Y 为灯，则有：$Y = \overline{\overline{\overline{A}\,\overline{B}} \cdot \overline{AB}}$。

3-6　略。

3-7　将 74LS148 高位片$\overline{Y_S}$接低位片 S，$\overline{Y_{EX}}$输出为$\overline{Y_3}$，$I_{10} \sim I_{15}$ 接高电平。

3-8　在每 2 s 内闪烁一次；占空比越大，七段数码管越亮。

3-9　电路设计图如下：

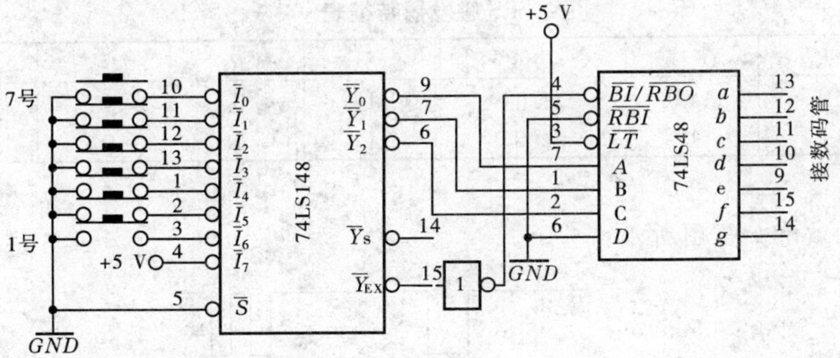

3-10 电路如下图所示：

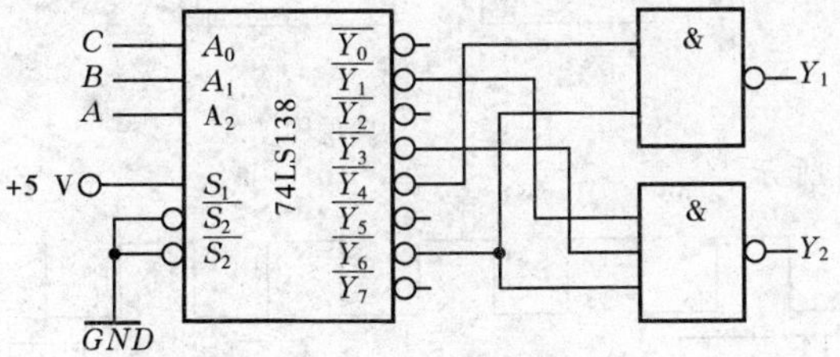

3-11 略。

3-12 略。

3-13 电路如下图所示：

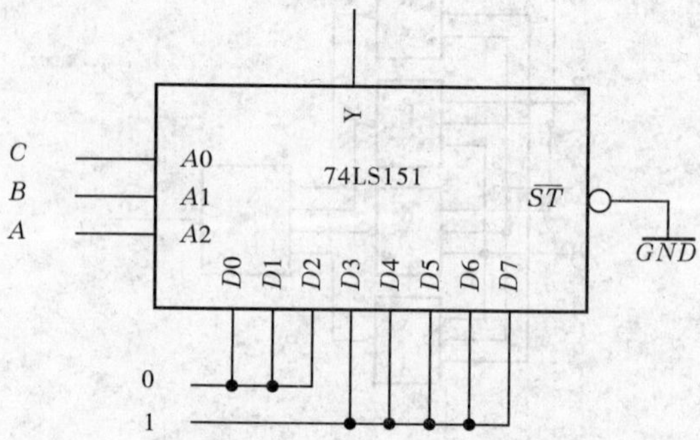

3-14 略。

3-15 $Y = A \oplus B \oplus C \oplus D$。

第四章 触发器

4-1 RS 触发器的功能：置 0，置 1，保持。

RS 触发器特性方程：$\begin{cases} Q^{n+1} = S + \overline{R}Q^n \\ \overline{S} + \overline{R} = 1 \end{cases}$

RS 触发器特征表

$\overline{S}$	$\overline{R}$	Q^{n+1}	功能	$\overline{S}$	$\overline{R}$	Q^{n+1}	功能
0	0	×	禁止	1	0	0	置 0
0	1	1	置 1	1	1	Q^n	保持

4-2 Q 的波形如下图所示：

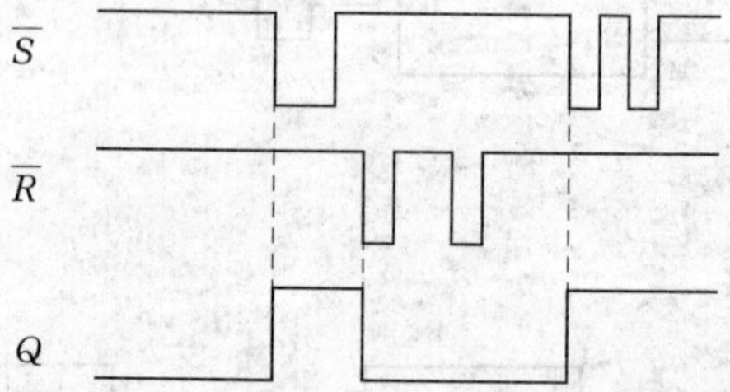

4-3 Q 波形如下图所示：

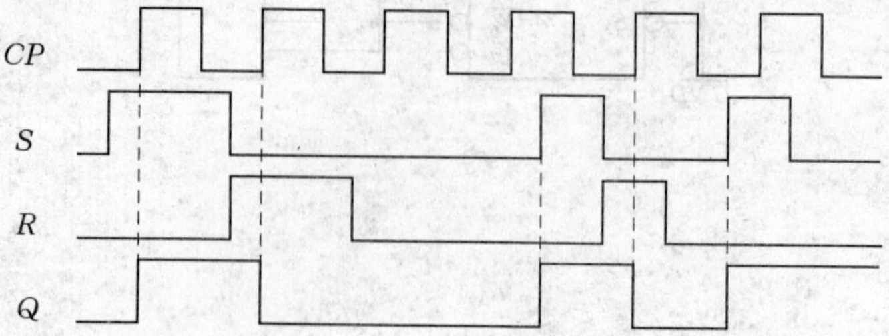

4-4　Q 的波形如下图所示：

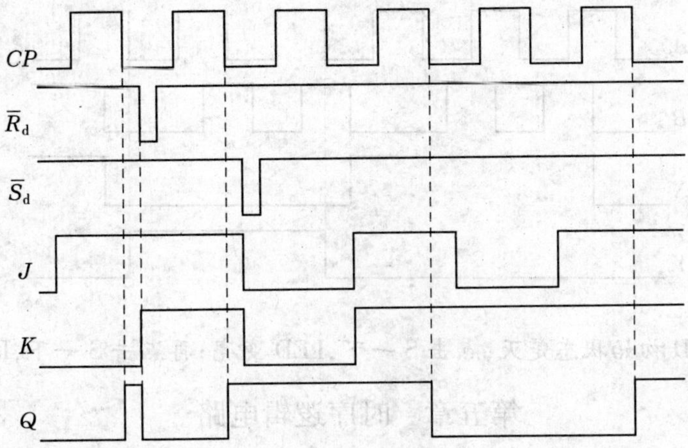

4-5　要求在输入电平有效的情况下，没有干扰信号。

4-6　使能条件越苛刻，触发器的抗干扰能力越强。

4-7　JK 触发器的功能：置 0，置 1，保持，翻转。

4-8　D 触发器的特性方程：

$$Q^{n+1} = D$$

4-9　Q 的波形如下图所示：

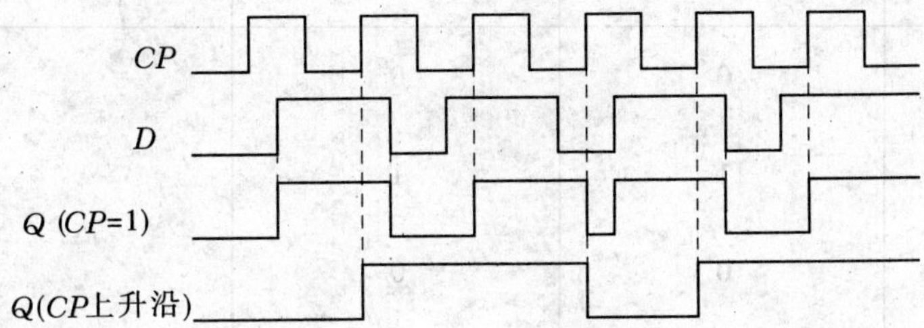

4-10　$Q_1 \sim Q_7$ 的波形如下图所示：

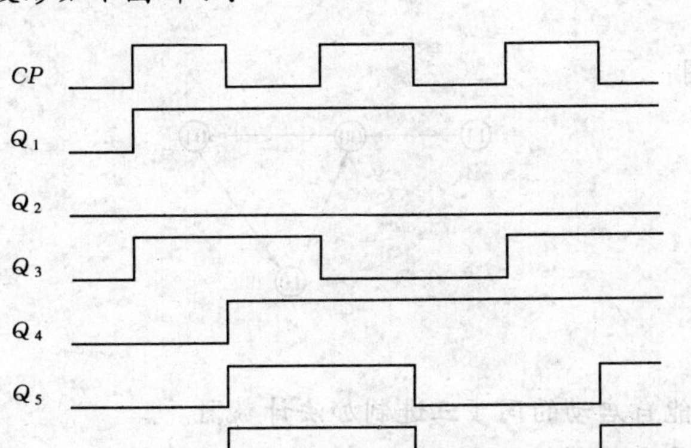

4-11 X、Y的波形如下图所示：

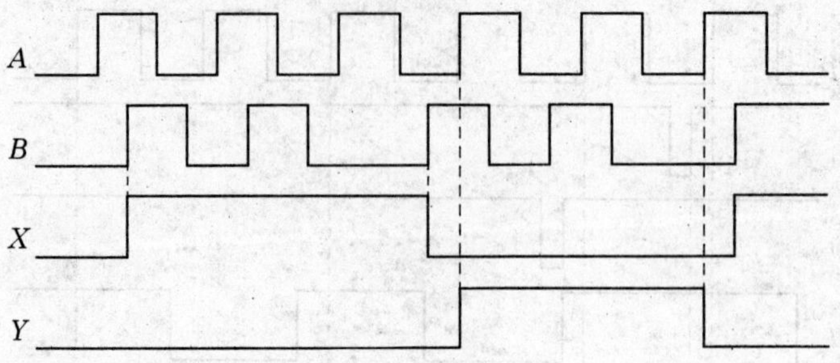

4-12 假设 LED 初始状态是灭，点击 S 一下，LED 变亮；再点击 S 一下，LED 变灭。

第五章　时序逻辑电路

5-1　驱动方程：$J_0 = \overline{Q_1^n}, K_0 = 1;$

$J_1 = Q_0^n, K_1 = 1;$

状态方程：$Q_0^{n+1} = \overline{Q_1^n} \cdot \overline{Q_0^n}$

$Q_1^{n+1} = \overline{Q_1^n} Q_0^n$

状态转换表

Q_1^n	Q_0^n	Q_1^{n+1}	Q_0^{n+1}
0	0	0	1
0	1	1	0
1	0	0	0
1	1	0	0

状态转换图：

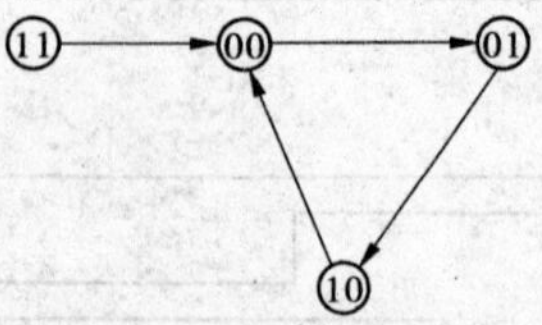

逻辑功能：能自启动的同步三进制加法计数器。

5-2　逻辑功能：异步八进制加法计数器。

5-3～5-8　略。

5-9　图 5-38(a) 八进制；图 5-38(b) 五进制。

5-10

反馈归零法：　　　　　　　　　　　　　　　　　　　预置法：

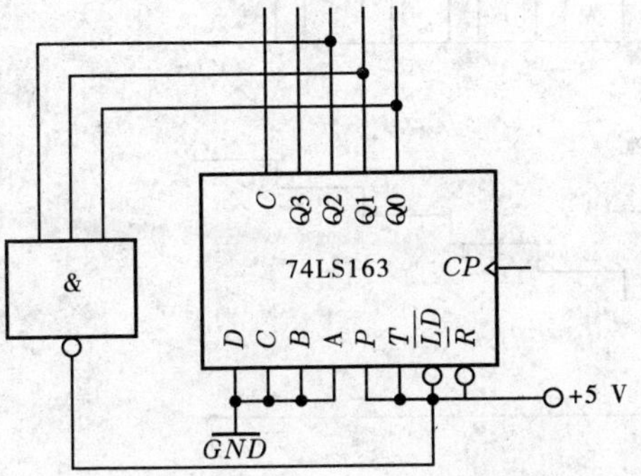

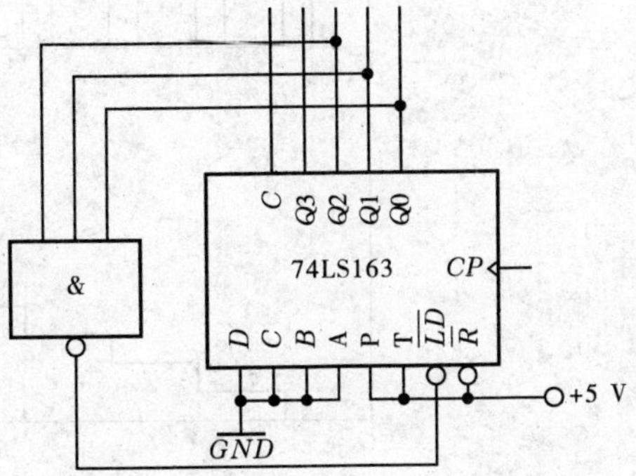

5-11、5-12　略。

第六章　脉冲信号的产生及波形变换

6-1　略。

6-2　回差电压越大，施密特触发器的抗干扰能力越强，但灵敏度越低；当 $U_{DD}=12$ V 时，$U_{T+}=8$ V，$U_{T-}=4$ V，$\Delta U_T=4$ V；$U_{T+}=8$ V，$U_{T-}=4$ V，$\Delta U_T=4$ V。

6-3　u_O 的波形如下图所示：

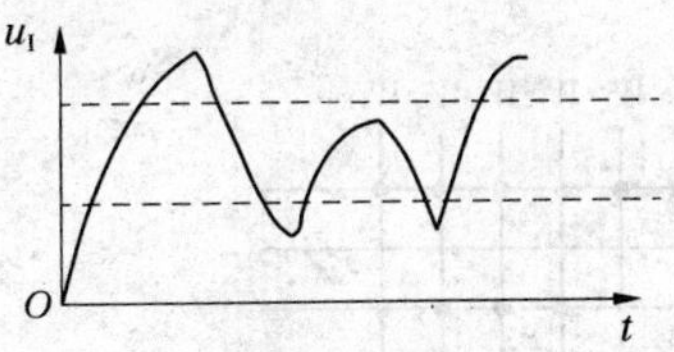

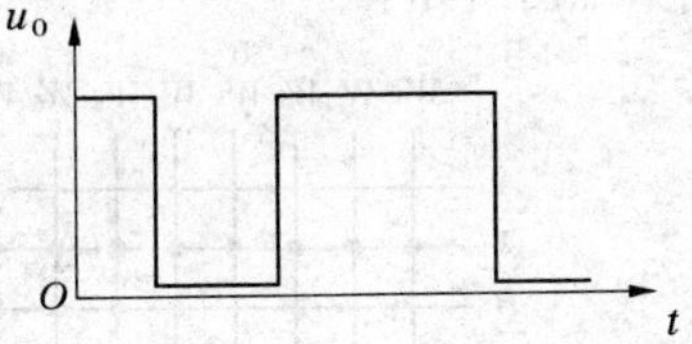

6-4　$f=340$ Hz；$q=85.7\%$。

6-5　可以改变 R 和 C 的值。

6-6　$t_w=1.1$ ms。

6-7　当光线强时，光敏三极管导通，u_I 的值增大，当大于 ΔU_T 时，输出位低电平，发光二极管 LED 灭。

6-8　$f_A=0.2$ Hz；$f_B=1.1$ Hz。图略。

第七章　数/模转换和模/数转换

7-1　$D_3D_2D_1D_0=0001$ 时，$U_0=0.625$ V。$D_3D_2D_1D_0=0010$ 时，$U_0=1.25$ V。
$D_3D_2D_1D_0=0100$ 时，$U_0=2.5$ V。$D_3D_2D_1D_0=1000$ 时，$U_0=5$ V。

7-2　12 位。

7-3　u_o、u_a 的波形如图所示：

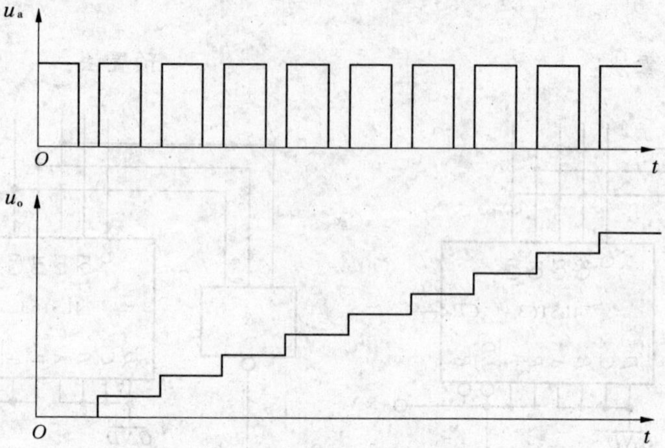

7-4　略。

7-5　$t=10^{-5}$ s。

7-6　$t=10^{-3}$ s。

7-7　$f_{smin}=20$ kHz。

第八章　存储器与可编程逻辑器件

8-1～8-6　略。

8-7　接线如下图所示：

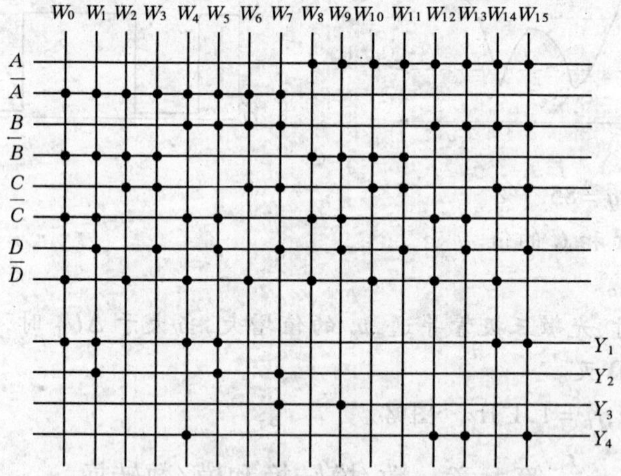

参考文献

[1]阎石. 数字电子技术基础[M]. 4 版. 北京:高等教育出版社,1998.
[2]李士雄,丁康源. 数字集成电子技术教程[M]. 北京:高等教育出版社,1993.
[3]齐怀印,卢锦. 高级逻辑器件与设计[M]. 北京:电子工业出版社,1996.
[4]张建华. 数字电子技术[M]. 北京:机械工业出版社,1994.
[5]江晓安,董秀峰. 模拟电子技术[M]. 西安:西安电子科技大学出版社,2005.
[6]张瑞玲,杨丽. 单片机原理与应用[M]. 西安:西北工业大学出版社,2008.
[7]肖洪兵. 跟我学用单片机[M]. 北京:北京航空航天大学出版社,2002.